山西芮城县广仁王庙（唐代）

山西五台县南禅寺山门殿（唐代）

山西五台县佛光寺大殿（唐代）

山西平顺县天台庵（唐代）

山西平遥市镇国寺万佛殿（五代北汉）

山西平遥市镇国寺天王殿（五代北汉）

山西大同市下华严寺薄伽教藏殿（辽代）

山西大同市下华严寺薄伽教藏殿内壁藏虹桥上天宫楼阁（辽代）

山西大同市下华严寺薄伽教藏殿内壁藏上天宫小佛龛连做（辽代）

山西大同市下华严寺薄伽教藏殿内壁藏上天宫小佛龛连做（辽代）

山西太原市晋祠圣母殿（北宋）

山西太原市晋祠圣母殿前鱼沼飞梁（宋代）

山西长治县法兴寺圆觉殿（北宋）

山西晋城市北义城玉皇庙（北宋）

山西泽州县周村东岳庙（北宋）

山西泽州县周村东岳庙门亭（北宋）

福建福州市华林寺大殿（北宋）

河南登封市少林寺初祖庵（北宋）

浙江宁波市保国寺大殿（北宋）

浙江宁波市保国寺大殿内内槽橡栿、斗栱铺作与瓜楞柱（北宋）

山西应县木塔（辽代）

天津蓟县独乐寺观音阁（辽代）

天津蓟县独乐寺观音阁（辽代）

天津蓟县独乐寺山门殿（辽代）

山西大同市上华严寺大雄宝殿（辽代，金代重修）

山西大同市善化寺三圣殿（辽代，金代重修）

山西大同市善化寺山门殿（金代）

山西五台县佛光寺文殊殿前面（金代）

山西五台县佛光寺文殊殿后面（金代）

山西朔州市崇福寺观音殿（金代）

山西朔州市崇福寺弥陀殿（金代）

山西芮城县永乐宫三清殿（又名无极殿）（元代）

山西芮城县永乐宫纯阳殿（元代）

山西芮城县永乐宫重阳殿（元代）

山西芮城县永乐宫无极门（元代）

河北曲阳市北岳庙德宁殿（元代）

浙江武义县延福寺大殿（元代）

上海普陀区真如寺正殿（元代）

浙江苏州市虎丘云岩寺二山门（元代）

中国唐宋建筑木作营造诠释

李永革　郑晓阳　著

科学出版社

北京

内 容 简 介

　　本书根据宋代《营造法式》和梁思成《营造法式注释》，并结合现存唐、宋、辽、金、元木构建筑实物的测绘资料编写而成。全书首先阐述了唐、宋（含辽、金、元）建筑大木作的材、栔等级制度和做法规则，介绍了地盘布置与各类屋架构造及斗尖（攒尖）亭子，解析了柱额框架、栿（梁）、槫、椽望等部分构件的做法；其次讲解了唐、宋建筑各类小木作的构造做法，有城门、宫门、建筑外窗、格子门、室内隔截与平棊、藻井，同时还包括室外钩阑、隔截，神龛（帐）、神橱（藏）等；最后以大量的篇幅，针对唐宋官式建筑中不可或缺且复杂多样的各类斗栱铺作（涵盖柱头铺作、补间铺作、转角铺作）的基本形制与做法进行了详细介绍；另外，书中对唐宋木构桥梁建筑的形制与做法也进行了简要的阐述。本书图文并茂，榫卯节点及细部尺寸等工艺做法齐全，是古建园林研究、设计与施工领域的一部重要技术工具书。

　　本书适合建筑历史、文物保护、历史学、艺术设计、风景园林等专业领域的技术人员以及高等院校相关师生参考阅读。

图书在版编目（CIP）数据

　　中国唐宋建筑木作营造诠释 / 李永革，郑晓阳著. —北京：科学出版社，2022.3

　　ISBN 978-7-03-071286-8

　　Ⅰ.①中… Ⅱ.①李… ②郑… Ⅲ.①古建筑‒木结构‒建筑艺术‒中国‒唐宋时期 Ⅳ.① TU-881.2

　　中国版本图书馆 CIP 数据核字（2022）第 003265 号

责任编辑：吴书雷 / 责任校对：邹慧卿
责任印制：张　伟 / 封面设计：张　放

科学出版社 出版
北京东黄城根北街 16 号
邮政编码：100717
http://www.sciencep.com

北京厚诚则铭印刷科技有限公司印刷
科学出版社发行　各地新华书店经销

*

2022 年 3 月第　一　版　　开本：889×1194　1/16
2024 年 8 月第三次印刷　　印张：17 1/4　插页：10
字数：480 000
定价：198.00 元
（如有印装质量问题，我社负责调换）

序　言

　　中国古代建筑有着悠久的历史，木结构体系源远流长，在世界建筑体系中独树一帜，在世界建筑史中占有重要的位置，是非常珍贵的世界历史文化遗产。

　　中国古建筑在不同的历史时代，由于社会、经济、文化不断发展变化，因此每个时代的建筑技术、工艺手法也都不尽相同。所以研究不同历史时期古建筑的特征，了解掌握在各个历史时期的不同变化，对于研究中国古代建筑发展史，更深刻的认识古建筑的文化内涵，以及提高保护古建筑的科学性都具有十分重要的意义。不光研究古建筑外在的形制，还应从古建筑结构构造细节上深入研究，其中包括在每个历史阶段中的技术细节的变化。比如榫卯、节点等不同细节做法的变化。这些都是此书的文化、理论和科学基础。

　　唐、宋、辽、金、元是中国古代建筑历史跨越时期较长的阶段，宋《营造法式》也是在这几个历史朝代变化中，对中国古代建筑影响最深的规范性历史著作，从梁思成先生的《营造法式注释》到陈明达先生的《营造法式大木作研究》都是从学术研究的层面和角度对唐、宋建筑加以解读。本书的作者李永革、郑晓阳两位专家，通过自己多年在文物古建保护修缮工作中的实践，从保护传承古代建筑非物质文化遗产的角度出发，编写出版了《中国唐宋建筑木作营造诠释》，书的着重点偏重于木作设计与施工的实用性。是与《中国明清建筑木作营造诠释》同出一辙的姊妹篇，既是一本很好的教材，也是一部研究唐、宋建筑的工具书。此书专业技术性很强，对于古建筑设计、施工，以及文物古建筑修缮，具有重要的指导价值，书中对唐、宋建筑术语、言词的释义通俗易懂，便于学习，在此我先祝贺此书编著成功！应两位作者邀请为此书出版写序不胜欣慰，并希望该书早日出版。

张柏

2021 年 6 月 15 日于北京

前　言

在中国历史的长河中，那些遗留下来的千百年不朽的古代建筑，是中国传统文化的积淀和重要载体，不论是帝王的都城、达官贵人的楼院，还是老百姓的草舍，都承载并见证了所处历史阶段的人文发展。

唐代建筑在我国古代建筑历史发展进程中是一个重要的技术成熟期，那时的建筑基本改变了秦汉之前鹿台高筑的建筑形式，更加显示出建筑规模的雄伟壮观，到了宋代，中国古代建筑发展到了一个高潮，其工艺技术、施工营造水平，都已经达到了前所未有的高度。这个时期李诚编著完成了我国较早的一部由皇帝御敕下诏颁行的古代建筑营造规范标准性的著作《营造法式》，该书图文并茂介绍了木构建筑多方面的规范性做法，不仅反映了当时宋朝的营造制度，同时也彰显出那个时代的建筑技术水平，《营造法式》也成为辽、金甚至元代的建筑营造指导性标准。元代以后中国古代建筑形制逐步发生了变化，到了明、清时期建筑形制发生了很大改变，清雍正十二年（1734 年）工部颁布了共计七十四卷的《工程做法》，这也是中国古代建筑营造规范性的又一部专著。这部营造规范又一直延续影响到清末与民国时期，由于近现代中华民族战乱不断，造成了中国社会生产力等诸多方面的停滞，各行各业都遭到了极大的破坏，为了保护和传承中国民族传统建筑文化，1930 年原中央文史研究馆员朱启钤先生在北平发起创立了中国营造学社，当时梁思成先生与刘敦桢先生分别担任了法式、文献组的主任，从事古代建筑调查研究和搜集整理古代建筑历史文献资料工作，二位先生带领学生对国内一些历史遗存建筑进行实地调研、普查测绘，编辑出版了《中国营造学社汇刊》，其间梁思成先生开始对《营造法式》进行研究（其遗稿《营造法式注释·卷上》于 1983 年正式出版），1946 年中国营造学社停止活动。朱启钤先生、梁思成先生、刘敦桢先生以及后来的陈明达先生分别著书立说，为研究整理中国古代建筑历史学科奠定了坚实的基础，也为中国传统建筑营造及文化发展传承做出了重大贡献。

《营造法式》于北宋元符三年（1100 年）成书，是我国古籍中现存最完善的一部建筑技术专书，《营造法式·总诸作看详》中记载："其三百八篇，三千二百七十二条，系来自工作相传，并是经久可以行用之法。与诸作谙会经历造作工匠详悉讲究规矩，比较诸作利害，随物之大小，有增加之法。各于逐项'制度'、'功限'、'料例'内认行修立，并不曾参用旧文，即别无开具看详，因依其逐作造作名件内，或有须于画图可见规矩者，皆别立图样，以明制度。"这说明《营造法式》除了两卷是考证建筑上的四十八个名词以外，其余三十二卷的三百八十篇三千二百多条，都是来自工匠相传，编写时又与熟练工匠详细讨论研究过，才定下来的制度。

我们在古建筑行业生产一线从事设计、施工、技术管理工作有 40 多年，由于日常工作中对古建筑知识理论的需要，促使我们对《营造法式》和梁思成先生的《营造法式注释》及陈明达先生、傅熹年先生等的著作要进行不断地查阅和研读，久而久之，我们对唐宋时期文物建筑的做法规律有了较为深入的了解，且积累了一些心得体会。基于这些心得体会，并根据《营造法式》和梁思成《营造法式注释》著作，再结合自身在文物建筑修缮中所遇到的做法变化，以及施工工匠操作中所见到的文物建筑中榫卯做份细节的变化，我们从施工匠作的角度出发，使用现今通俗易懂的语言，整理编写出了这本《中国唐宋建筑木作营造诠释》。

本书共分五章：第一章阐述唐代建筑与宋、辽、金、元建筑大木作等级制度与规则，其中又分为六小节，对照《营造法式》讲述了材、栔制度和部分做法规则；第二章为唐、宋、辽、金、元建筑大木作基本构造与构件做法，第一至七小节讲述了地盘布置、各类屋架的构造、斗尖（攒尖）亭子的做法，以及棂星门牌坊与牌楼及部分大木作构件的做法，第八小节是部分文物实测尺寸对照参考；第三章是小木作，共分四节，第一节是门类、窗类形制的不同变化与做法，第二节为室内隔截与平棊、藻井，第三节为室外钩阑、隔截与其他杂件，第四节为唐、宋、辽、金、元神龛、神橱"帐""藏"的形制与做法；第四章是唐、宋时期的四种类型的木梁桥形制与做法；第五章是唐、宋、辽、金斗栱铺作基本形制与做法，由于斗栱铺作在唐、宋官式建筑中是不可或缺的关键环节，并且比较复杂、变化多样（尤其是计心造与偷心造斗栱之间转换时出跳尺寸变化较大，这是因为随着建筑构造与体量的变化，斗栱铺作出跳尺寸及做份也是随着需要而变化的。有些斗栱构件在众多建筑中位置名称相同，长短尺寸及做份却会有不同的变化，这也充分体现出了古代建筑工匠所讲的"规矩是死的，活茬是活的。做活要灵活会变，万变不离规矩"的俗语），因此斗栱铺作一章篇幅较大，共分十五节，除第一节外每一节作为一个级别或一种类型的斗栱进行讲解，涵盖了柱头铺作、补间铺作、转角铺作。本书图文并茂，榫卯节点及细部尺寸等工艺做法齐全，讲解详细，适合初学者在实践操作中进行参考。

目　录

序言⋯⋯⋯⋯⋯⋯⋯⋯⋯⋯⋯⋯⋯⋯⋯⋯⋯⋯⋯⋯⋯⋯⋯⋯⋯⋯⋯⋯⋯⋯⋯⋯张柏　i

前言⋯⋯⋯⋯⋯⋯⋯⋯⋯⋯⋯⋯⋯⋯⋯⋯⋯⋯⋯⋯⋯⋯⋯⋯⋯⋯⋯⋯⋯⋯⋯⋯⋯⋯iii

绪论⋯⋯⋯⋯⋯⋯⋯⋯⋯⋯⋯⋯⋯⋯⋯⋯⋯⋯⋯⋯⋯⋯⋯⋯⋯⋯⋯⋯⋯⋯⋯⋯⋯⋯⋯1

第一章　唐代建筑与宋、辽、金、元建筑大木作材栔制度与做法规则⋯⋯⋯⋯⋯5

　一、材、栔、分°的模数制度⋯⋯⋯⋯⋯⋯⋯⋯⋯⋯⋯⋯⋯⋯⋯⋯⋯⋯⋯⋯⋯6

　二、梁栿架深、用椽之制（包括出檐）与间广的规则⋯⋯⋯⋯⋯⋯⋯⋯⋯9

　三、角梁与转角椽、飞子出冲的做法规则⋯⋯⋯⋯⋯⋯⋯⋯⋯⋯⋯⋯⋯⋯11

　四、举折之制⋯⋯⋯⋯⋯⋯⋯⋯⋯⋯⋯⋯⋯⋯⋯⋯⋯⋯⋯⋯⋯⋯⋯⋯⋯⋯⋯16

　五、厦两头与不厦两头及出际的规制⋯⋯⋯⋯⋯⋯⋯⋯⋯⋯⋯⋯⋯⋯⋯⋯18

　六、平坐层结构构造做法⋯⋯⋯⋯⋯⋯⋯⋯⋯⋯⋯⋯⋯⋯⋯⋯⋯⋯⋯⋯⋯19

第二章　唐、宋、辽、金、元建筑大木作基本构造与构件做法⋯⋯⋯⋯⋯⋯22

　一、平面地盘与柱网分槽的布置⋯⋯⋯⋯⋯⋯⋯⋯⋯⋯⋯⋯⋯⋯⋯⋯⋯⋯22

　二、柱梁式余屋（民居）⋯⋯⋯⋯⋯⋯⋯⋯⋯⋯⋯⋯⋯⋯⋯⋯⋯⋯⋯⋯⋯23

　三、殿堂式、殿阁式、厅堂式（官式）⋯⋯⋯⋯⋯⋯⋯⋯⋯⋯⋯⋯⋯⋯⋯25

　四、斗尖（攒尖）亭子⋯⋯⋯⋯⋯⋯⋯⋯⋯⋯⋯⋯⋯⋯⋯⋯⋯⋯⋯⋯⋯⋯45

　　（一）四方斗尖亭子⋯⋯⋯⋯⋯⋯⋯⋯⋯⋯⋯⋯⋯⋯⋯⋯⋯⋯⋯⋯⋯45

　　（二）六方、八方斗尖亭子⋯⋯⋯⋯⋯⋯⋯⋯⋯⋯⋯⋯⋯⋯⋯⋯⋯46

　五、棂星门牌坊与牌楼⋯⋯⋯⋯⋯⋯⋯⋯⋯⋯⋯⋯⋯⋯⋯⋯⋯⋯⋯⋯⋯⋯47

　六、柱、额框架层⋯⋯⋯⋯⋯⋯⋯⋯⋯⋯⋯⋯⋯⋯⋯⋯⋯⋯⋯⋯⋯⋯⋯⋯49

　　（一）柱高、柱径⋯⋯⋯⋯⋯⋯⋯⋯⋯⋯⋯⋯⋯⋯⋯⋯⋯⋯⋯⋯⋯49

　　（二）侧脚、卷杀⋯⋯⋯⋯⋯⋯⋯⋯⋯⋯⋯⋯⋯⋯⋯⋯⋯⋯⋯⋯⋯50

　　（三）各种额类与顺串、襻间构件⋯⋯⋯⋯⋯⋯⋯⋯⋯⋯⋯⋯⋯⋯51

　七、屋盖层栿（梁）、槫、椽望⋯⋯⋯⋯⋯⋯⋯⋯⋯⋯⋯⋯⋯⋯⋯⋯⋯⋯53

　　（一）各种栿（梁）类构件⋯⋯⋯⋯⋯⋯⋯⋯⋯⋯⋯⋯⋯⋯⋯⋯⋯53

　　（二）槫与椽檐枋⋯⋯⋯⋯⋯⋯⋯⋯⋯⋯⋯⋯⋯⋯⋯⋯⋯⋯⋯⋯⋯55

　　（三）檐椽、飞子与檐部构件⋯⋯⋯⋯⋯⋯⋯⋯⋯⋯⋯⋯⋯⋯⋯⋯56

　　（四）合楷（替木）、驼峰、蜀柱、杈手、托脚、生头木等附件⋯56

　　（五）搏风板、垂鱼惹草⋯⋯⋯⋯⋯⋯⋯⋯⋯⋯⋯⋯⋯⋯⋯⋯⋯⋯58

（六）大木榫卯与不同做法的箍头 …………………………………………… 59

（七）柱、栿（梁）、枋等大径级的拼合料 ……………………………………… 61

八、唐、宋、辽、金、元文物建筑部分实测尺寸参考 ………………………………… 62

（一）唐代建筑 ……………………………………………………………… 62

（二）宋代建筑 ……………………………………………………………… 63

（三）辽代建筑 ……………………………………………………………… 63

（四）金代建筑 ……………………………………………………………… 64

（五）元代建筑 ……………………………………………………………… 65

（六）文物建筑材、分°尺寸实测参考 ……………………………………… 66

第三章　小木作类别与基本构造做法 ……………………………………………… 68

一、唐、宋、辽、金、元时期门类、窗类形制的不同变化与做法 ……………… 69

（一）城门 …………………………………………………………………… 69

（二）宫门 …………………………………………………………………… 71

（三）乌头门 ………………………………………………………………… 73

（四）格子门 ………………………………………………………………… 73

（五）宅户门 ………………………………………………………………… 74

（六）建筑外窗 ……………………………………………………………… 76

二、室内隔截与平棊、藻井 ……………………………………………………… 80

（一）室内隔截 ……………………………………………………………… 80

（二）平棊（棋）、平闇 …………………………………………………… 83

（三）藻井 …………………………………………………………………… 84

三、室外钩阑、隔截与其他杂件 ………………………………………………… 86

（一）钩阑（栏杆）、胡梯钩阑 …………………………………………… 87

（二）拒马义（叉）子、义（叉）子、棵笼子 …………………………… 88

（三）露篱 …………………………………………………………………… 89

（四）牌（匾） ……………………………………………………………… 90

（五）垂鱼、惹草 …………………………………………………………… 90

（六）地棚 …………………………………………………………………… 91

（七）其他杂件 ……………………………………………………………… 91

四、唐、宋、辽、金、元神龛（帐）、神橱（藏）的形制与做法 …………… 92

（一）佛道帐 ………………………………………………………………… 92

（二）牙脚帐 ………………………………………………………………… 95

（三）九脊小帐 ……………………………………………………………… 96

（四）壁帐 ··· 97

（五）转轮经藏 ··· 98

（六）壁藏 ··· 100

五、"小木作"的门窗边框、棂条造型与榫卯 ················· 104

第四章　唐、宋时期的木梁桥形制与做法 ······················· 107

一、平铺水平木梁桥 ·· 107

二、单向对称伸臂与平衡双向伸臂木梁桥 ···················· 108

三、斜撑对称伸臂木梁桥 ··· 109

四、拱式编木叠梁挑搭木梁桥 ··································· 110

第五章　唐、宋、辽、金斗栱铺作基本形制与做法 ············ 113

一、斗栱构件统一的规格做法 ··································· 115

二、杙斡栱、籔斡栱 ·· 118

（一）杙斡栱 ·· 118

（二）籔斡栱 ·· 118

三、单斗只替造、把头绞项造 ··································· 119

（一）单斗只替造铺作 ··· 119

（二）把头绞项造铺作 ··· 119

（三）把头绞项造转角铺作 ··································· 120

四、斗口跳 ··· 121

（一）柱头斗口跳铺作 ··· 121

（二）转角斗口跳铺作 ··· 122

五、四铺作外插昂斗栱与里外并一杪斗栱 ···················· 124

（一）计心造柱头及补间铺作 ································ 124

（二）计心造转角铺作 ··· 127

六、五铺作重栱单杪单下昂里转二杪与重栱两杪斗栱 ······· 131

（一）计心造正身铺作 ··· 131

（二）计心造转角铺作 ··· 134

七、六铺作重栱单杪双下昂里转二杪与六铺作重栱三杪里转两杪斗栱 ···· 141

（一）计心造正身铺作 ··· 141

（二）计心造转角铺作 ··· 145

八、七铺作重栱双杪双下昂里转三杪与重栱四杪里转三杪斗栱 ······ 152

（一）计心造正身铺作 ··· 152

（二）计心造转角铺作 ··· 157

九、八铺作重栱双杪三下昂斗栱 ·· 166

　　（一）计心造正身铺作 ·· 166

　　（二）计心造转角铺作 ·· 170

十、五铺作重栱出上昂挑斡斗栱 ·· 179

　　（一）计心造正身铺作 ·· 179

　　（二）计心造转角铺作 ·· 182

十一、六铺作重栱出上昂挑斡斗栱 ·· 187

　　（一）内档骑斗偷心跳正身铺作 ·· 187

　　（二）内档骑斗偷心跳转角铺作 ·· 191

十二、七铺作重栱出上昂挑斡斗栱 ·· 197

　　（一）内档骑斗偷心跳正身铺作 ·· 197

　　（二）内档骑斗偷心跳转角铺作 ·· 201

十三、八铺作重栱出上昂挑斡斗栱 ·· 206

　　（一）内档骑斗偷心跳正身铺作 ·· 206

　　（二）内档骑斗偷心跳转角铺作 ·· 211

十四、偷心造扶壁栱（影子栱） ·· 218

　　（一）偷心造五铺作二杪里挑斡斗栱 ·································· 218

　　（二）偷心造五铺作一杪一昂斗栱 ···································· 218

　　（三）偷心造六铺作一杪二昂斗栱 ···································· 219

　　（四）偷心造六铺作二杪一昂斗栱 ···································· 219

　　（五）偷心造七铺作二杪二昂斗栱 ···································· 221

　　（六）偷心造八铺作二杪三昂斗栱 ···································· 221

十五、平坐层斗栱铺作 ·· 222

　　（一）五铺作重栱三杪平坐斗栱 ·· 222

　　（二）六铺作重栱三杪平坐斗栱 ·· 222

　　（三）七铺作重栱二杪上昂平坐斗栱 ·································· 224

附录一　古建筑中的棂星门 ··· 225

附录二　"七水""八木"禅口 ·· 226

附录三　古代建筑中使用的传统木作工具 ···································· 228

　一、锛子 ··· 229

　二、斧子 ··· 230

　三、锤子 ··· 230

　四、锯 ··· 230

五、凿子、扁铲、雕铲、雕刀等 ·· 232

六、刨子 ··· 233

七、墨斗 ··· 235

八、木钻 ··· 235

九、尺子 ··· 236

十、勒刀子 ··· 237

十一、羊角撬 ··· 237

十二、磨刀石 ··· 237

十三、鳔胶锅 ··· 238

附录四 《营造法式》木作营造中的字、词释义 ······· 239

后记一 ··· 260

后记二 ··· 263

绪　　论

在原始社会漫长的岁月里，我国原始先民的居住场所经历了从天然洞穴到穴居、巢居的发展变化，在这一演进过程中，逐渐创造出了原始的木构架建筑，而后又经过夏、商、周至明、清数千年的传承和发展，形成了独树一帜的中国传统木结构建筑体系，并影响至今。从中国古代建筑历史的发展进程来看，其有着若干个重要的历史演变时期，且每个时期的建筑都有各自不同的特点。

·秦汉时期

这个时期的木结构建筑已经没有实物存在。我们可以从历史文献中看到有关阿房宫、秦始皇扩建咸阳宫殿等的记载，如唐代大文学家杜牧在《阿房宫赋》中写到"六王毕，四海一；蜀山兀，阿房出。覆压三百余里，隔离天日。骊山北构而西折，直走咸阳。二川溶溶，流入宫墙。五步一楼，十步一阁；廊腰缦回，檐牙高啄；各抱地势，钩心斗角。盘盘焉，囷囷焉，蜂房水涡，矗不知其几千万落！长桥卧波，未云何龙？复道行空，不霁何虹？高低冥迷，不知西东。歌台暖响，春光融融；舞殿冷袖，风雨凄凄。一日之内，一宫之间，而气候不齐。"透过这些华丽的文学辞藻，可以感受到当时阿房宫的宏大结构和规模。

另外，通过诸如古墓葬考古发掘出土的壁画、随葬的陶制建筑模型等文物，以及现存的汉代石阙等，则可以直观地了解到秦汉时期建筑的一些特点。那个时期的建筑除了民居草堂以外，王公贵族的殿堂一般是建筑在高大的承台之上。建筑的屋顶坡度比较平缓，屋面、屋脊、檐口直顺，檐出较大，瓦屋面上屋脊鸱尾衔脊。柱头上多有替木或铺作斗栱，墙体与门窗多以板壁、围栏、栅栏为主。

·隋唐时期

这是中国古代建筑飞速发展的时期。建筑大屋顶造型出现了较大的变化，屋脊缓曲柔顺，飞檐翘角，飘逸优美，如大鹏展翅，瓦屋面上屋脊鸱尾衔脊。柱子有了生起，柱头卷杀圆润，檐口补间铺作大斗栱出跳，间广之中使双额，加人字杈手斗栱与挑斡（俗称插簌斗栱），墙体多以砖墙、板壁为主，门窗多以木板门、栅栏、破子棂为主。目前我国仅存的唐代木构建筑有4处，全部都在山西省境内：芮城县城北的广仁王庙，平顺县城东北的天台庵，五台县西南的南禅寺山门殿，五台县的佛光寺东大殿，都是全国重点文物保护单位。

·宋、辽、金、元时期

北宋时期的建筑在唐代的基础上出现了明显的变化，没有了唐代建筑雄浑的气势，建筑体量趋于细腻纤巧，富于变化，出现了各种复杂形式的殿、台、楼、阁，尤其是歇山建筑形式在官式建筑上被普遍运用，展现出绚烂柔丽的风格，建筑外观呈现出装饰性的趋势，柱子修饰成卷杀梭柱，开间除了双阑额做法外，又有了普拍枋阑额做法，开间内补间铺作增加了一至两朵斗栱，墙体多以砖墙为主，门窗普遍出现了装饰性的变化。从格子门窗逐渐演变出了隔扇、槛窗等多种门窗形制，有了门窗棂条式样的变化。北宋东京（现河南开封）的皇城建筑富丽堂皇，内外城亦如《清明上河图》所呈现的丰富繁荣景象。

北宋时期还产生了对木结构建筑营造技术进行总结的专书。北宋初期浙江杭州人都料匠喻皓，以自己在营造中积累的木结构建造技术经验，在晚年写成了《木经》三卷。不仅促进了当时营造技术的传播和提高，而且对后来的营造技术发展产生了很大的影响。《木经》是一部关于房屋营造方法的书，也是我国古代历史上较早由工匠自编的木结构建筑营造技术实用手册。这部《木经》对于后来李诫编修《营造法式》起到了关键的借鉴作用。可是令人遗憾的是这部书后来失传了，我们只能从宋人沈括的《梦溪笔谈》中知道有关这本书的信息。

北宋时期鉴于营造宫殿、府衙、庙宇、苑囿时，造型豪华、精美铺张，致使国库开支浩大，为了严格营建料例功限，宋哲宗御敕匠作监编纂《营造法式》，于元祐六年（1091年）成书（即元祐《营造法式》），由皇帝下诏颁行。此书因缺乏用材制度，工料太宽，致使营造过程中出现各种弊端，所以北宋绍圣四年（1097年）又诏李诫重新编修。李诫以他10余年的匠作监经验为基础，参阅旧制营建工程，收集各类工匠匠作营造料例、功限与操作实例，在喻皓《木经》的基础上重新编修了《营造法式》，其中把木屋架结构统称为大木作，其他门窗构造装修统称小木作。崇宁二年（1103年）由皇帝下诏颁行全国，此次编修的《营造法式》一直流传至今，它也是我们能够见到的中国现存时代最早的，由中国古代官方颁布的一部施工营造规范专著。

《营造法式》全书共计34卷，分为释名、各作制度、功限、料例和图样5个部分，前面还有"看详"和目录各1卷。主要明确以前各种功限和做法规矩。除了第3卷壕寨制度、石作制度以外。第4卷、第5卷为大木作制度，其中包含了木作屋架中所有权衡标准与功限、料例等做法。第6卷至第11卷为小木作制度，涵盖了室内外门、窗、隔扇装饰装修的功限、料例做法。

南宋时期，民族矛盾与阶级矛盾交织在一起，由于封建经济有较大的发展，农业生产有明显的增长，手工业的发展也很显著。生产力的发展，地方城镇的繁荣，推动了一些地区城镇建筑的活动。南宋私家园林和江南的自然环境相结合，创出了一些因地制宜、曲径通幽、借景生情的造园手法，小型的亭、榭、副阶（廊厦）建筑的发展很快，筑山叠石之风盛行，产生了以莳（shi）花、造山为专职的工匠。

目前全国仅存北宋时期建筑大约只有四十几处，南宋时期建筑不到十处。

　　现存的北宋时期建筑山西省最多，有太原市晋祠圣母殿和"鱼沼飞梁"十字桥、长治市故驿崇教寺大佛殿、正觉寺后殿，长子县法兴寺圆觉殿、崇庆寺千佛殿，平遥县遥慈相寺正殿，泽州府城玉皇庙玉皇殿、二仙庙正殿、青莲寺释迦殿、观音阁、地藏阁、岱庙天齐殿、北义城玉皇庙玉皇殿、周村东岳庙正殿、拜亭、西顿济渎庙、高都景德寺，陵川县南吉祥寺过殿、北吉祥寺前殿、中殿、小会岭二仙庙正殿，平顺县龙门寺大雄宝殿、九天圣母庙圣母殿、佛头寺，阳泉市关王庙正殿，武乡县大云寺大雄宝殿，潞城市原起寺大雄宝殿，芮城城隍庙大殿，高平市崇明寺中佛殿、开化寺大雄宝殿，寿阳县普光寺正殿，忻州市金洞寺转角殿，太谷县安禅寺藏经殿，祁县兴梵寺大雄宝殿，定襄县关王庙无梁殿，乡宁县宁寿圣寺正殿。其他省市的北宋时期木构建筑有：河南省的济源市济渎庙寝宫（始建于隋开皇二年，后经宋初开宝六年大修，是宋代早期建筑）、登封市少林寺初祖庵大殿；河北省的正定隆兴寺摩尼殿；陕西省的韩城司马迁祠献殿、寝宫；福建省的福州市华林寺大殿、元妙观三清殿；浙江省的宁波市保国寺大殿；广东省的肇庆市梅庵。

　　现存的南宋时期建筑有山东广饶县关帝庙大殿，山西长子县丹朱镇小张碧云寺，甘肃武都区福津河畔福津广严院，江苏苏州玄妙观三清殿，四川江油市云岩寺飞天藏，福建罗源陈太尉宫正殿等。

　　辽金盛行佛教，广建寺院佛塔，如天津蓟县的独乐寺观音阁，大同的华严寺、善化寺，山西应县的佛宫寺木塔，至今保存完好，其木建筑结构极其精密牢固，可称建筑史上的奇观。还有辽宁、河北地区遗存不少辽金时期的砖塔。始建于金大定二十九年（1189 年）的卢沟桥。泉州最大的佛教寺院开元寺，泉州清净寺等，都是辽金时期遗留下来的古建筑。这个时期的建筑基本保持了宋代建筑的特点，只是建筑构造门窗装饰装修上不如宋时期的建筑细腻，做法比较粗糙。

　　元代建筑的特点，我们通过今天遗存的元代建筑实物可以看出，无论从外形风格，还是构造结构上，都明显与唐、宋、辽、金时的建筑以及之后的明清建筑有所差别，其处于一个承上启下的过渡变化阶段。

　　·明、清时期

　　明、清建筑在中国古代建筑演变发展历史进程中处于末端。明代在元大都基础上营建了紫禁城、天坛、地坛、日坛、月坛、先农坛等宫殿坛庙，推动了当时北京皇城与四九城的建设。并且大兴土木勘建帝王陵寝、苑囿，此时私家园林也是攀附其风。因此明中后期便形成了中国建筑历史上一个造园高潮。清代营建制度基本沿袭了明朝的旧规旧制，在明代城市建设的基础上，又进一步完善了皇城内宫苑的建设，在北京、承德及其他地方城市又大兴土木，营建行宫、府衙、坛庙、帝陵等。一时间蒙、藏、甘肃、青海等地也广建喇嘛庙，仅承德一地就建有十一座。这些庙宇规模宏大，制作精美。清朝晚期奢靡成风，大兴土木修建园林，仅北京就有北海和西郊的圆明园、颐和园、静明园、静宜园、香山、八大处等多处皇家园林。江南私家小园林、庭园、府邸、祠堂、宅院，也是随风就势遍及全国。清雍正十二年（1734 年）清工部颁布的《工程做法》是我国古代建筑营造的第二部工程施工的专著。此时中国古代建筑已经发展到了一个顶峰阶段，也是最后的阶段。明、清两代的历史距今最近，许多建筑佳作都还完美的保留到了今天。

这个时期的建筑特征与宋、辽金时期的建筑相比，有了很明显的变化，建筑屋顶坡度较大，屋面曲囊较大，屋脊平直、两端吻兽衔脊，垂脊、戗脊跑兽成行，柱子从明中期以后没有了生起，普拍枋、阑枋改造成了纯粹的额枋，开间中斗栱密置，斗栱尺寸明显变小，攒档数量增多。官式建筑与民居建筑制式的划分，署衙与宅邸的区别，以及木屋架与木装修的做法，都有着明显的等级差别。尤其是建筑的权衡算例与部位、构件名词叫法与宋、辽、金时期的叫法有着很大的不同。如宋《营造法式》用材制度与清工部《工程做法》的斗口"口份"制度的区别变化，斗栱几铺作改称为几踩斗栱，几朵斗栱改称为几攒斗栱，副阶与廊步的叫法，椽栿与梁架的叫法，槫与桁檩等很多叫法都已改变。其次建筑构造、内外檐、门窗装饰装修更加多样，逐渐奢华，隔扇、槛窗、支摘窗、横披、吊挂、花罩、博古架、栏杆有了更多的式样，芯屉棂条、菱花式样也有着多种多样不同形式变化。

通过以上对中国古代建筑传承与发展历史的简略阐述，可以看出，无论是历史文献中所呈现出的秦汉建筑，还是山西、河北、河南、陕西等我国南北各地遗存至今的唐、宋、辽、金、元时期的文物建筑，抑或是以北京故宫建筑为首的明、清官式建筑与颐和园、圆明园，以及河北承德避暑山庄中的皇家园林建筑，都无不展示了中华五千年文明绵延不断向前发展的强大生命力，同时也展示了中国古代能工巧匠的聪明才智，证明了中国古代工匠才是中国古代建筑历史的创造者，正是中国古代能工巧匠的创造与代代传承，才缔造了一脉相承的中国优秀传统建筑文化。

第一章　唐代建筑与宋、辽、金、元建筑大木作材栔制度与做法规则

古代建筑木作较早的记载见于成书于战国时的《周礼·冬官考工记》中的记载："凡攻木之工七，攻金之工六，攻皮之工五，设色之工五，刮摩之工五，搏埴之工二。攻木之工：轮、舆、弓、庐、匠、车、梓；……"其中"凡攻木之工七"中有轮人（制作车轮、车盖）、舆人（制作车厢）、弓人（制作弓）、庐人（制作庐器，如戈、戟、殳、矛等长兵器）、匠人（建造城郭、宫室、门墙、道路、开挖沟渠）等，可知古代木工匠作已是分工很细。从考古发掘的商、周、战国宫殿遗址的平面柱网布置中，可见很多为纵向成行，而横向不成行。可推断其屋架构造，系以纵架为主，直至汉代仍有应用，说明纵架应是早期木构建筑较多使用的屋架构造形式。在墓葬遗址考古发掘中发现，自西周开始房柱之上已用栌斗作为柱、梁结合的构件，其后栌斗上逐步出现替木，又发展成栱、昂等组合而成的复杂斗栱构造形式。直至秦汉时期，木作结构与铺作形制，在城郭、宫室建造中得到较快的发展。

隋唐时期建筑木结构发展到了一个成熟的时期，大木结构与斗栱铺作等技术体系已经较为完备，同时也进一步催化了建筑形制等级的形成，唐代对建筑的等级划分已经极为细致，对屋架、藻井、斗栱、门、装饰等都有明确详细的规定。如《唐六典》中规定："王公以下屋舍不得重栱藻井，三品以上堂舍不得过五间九架，厅厦两头门屋不得过五间五架；五品以上堂舍不得过三间五架，厅厦两头门屋不得过三间五架。"其后一直延续到了宋代，并产生了一部由皇家颁布的官式营造规范制度《营造法式》（以下简称《法式》）。在《法式》大木作制度、功限、料例、图样各卷中，明确规定了"柱梁作"、"殿堂式"、"殿阁式"（这里所见的"殿阁"，在梁思成《营造法式注释》中译为"殿堂"）、"厅堂式"四种形制的木构架用材等级制度标准。实际上在宋、辽、金遗存建筑实物中还有楼阁木构架，但在《法式》未见图样与功限说明，我们只能从《营造法式》所述平坐、殿阁、厅堂的"功限"规则中进行参照，再从遗存建筑实物测绘中推研其"功限""料例"的规则。

在古代建筑营造过程中，大木作的权衡标准与构件尺寸的比例关系，决定了古建筑物的体量与等级标准，也是制定瓦作、石作等构造做法与尺度权衡的标准，同时也影响着建筑内槽、外檐小木作的做法和形制标准。

从我国山西遗存的几座唐代建筑（山西芮城广仁王庙、五台县南禅寺、五台山佛光寺大殿）大木结构构造中，可以看到唐代建筑大木结构构造，基本是由下架柱框层和中间铺

作层与上架屋盖层三个部分组成。由于唐代建筑没有功限、料例等营造规则的文字记载可查，我们只能通过遗存的唐代建筑实物资料，来与遗存的宋、辽、金建筑实物资料（如山西省太原市晋祠殿圣母殿、山西应县佛宫寺释迦塔、天津蓟县独乐寺观音阁、河北省正定隆兴寺、宁波的保国寺、苏州市玄妙观的三清殿）进行对照，并依据《法式》中的大木作制度、功限、料例、图样，以及"材、栔、分°"制度，试着对唐代木构建筑的做法规则进行分析。从《法式》对宋代官式建筑大木结构制度的分类可见，有普通简单的房舍、余屋"柱梁作"（柱梁式）构造做法，有高档次的复杂"殿阁式"构造做法与"厅堂式"做法。毕竟唐代建筑延续到宋、辽、金已经相隔了几百年的历史，唐代建筑与宋代建筑在形制上还是有着很多不同的区别。尤其是在一些细部节点做份上存在着不同的差异变化。

一、材、栔、分°的模数制度

《法式》卷四"大木作制度一"中规定"凡构屋之制，皆以材为祖；材有八等，度屋之大小，因而用之"。《法式》中还规定"凡屋宇之高深，名物之短长，曲直举折之势，规矩绳墨之宜，皆以所用材之分以为制度焉"。在《法式》中"材、栔、分°"的模数主要用于大木作构造的权衡中，且多用于构件用料的尺寸衡量标准，而房屋的体量间宽、进深的距离、出挑的檐出、悬山的出际，以及举折、生起、檐角"生出"（出冲）等等……，《法式》中则以丈、尺和寸作为权衡计算标准。在我们与遗存的文物建筑测绘相对照后，可以看出在唐、宋、辽、金时期，一栋建筑在营造前，首先会以丈尺确定出建筑的地盘大小，然后确定出通面阔开间的间数与间广，最后确定出通进深间数与椽架的路数。当然在最初定地盘的尺寸时，也会考虑到间广中是否设置补间铺作斗栱，以及斗栱朵与朵之间的距离，而后的料例再以"材、栔、分°"作为计算权衡标准。

《法式》中把"材、栔、分°"的用料尺寸列出了八个等级标准，现今我们所见到的唐、宋、辽、金的遗存建筑中，有些建筑实物料例与《法式》中的权衡尺度有着明显的差异，这些差异与《法式》中的料例权衡并不矛盾，它实际上是在营造过程中因时而异的权衡调整，以及在选配材料时就地取材，对料例权衡尺寸的变通调整。我们从《法式》中所列的八个"材、栔"等级中看到：一等材广九寸（270mm）、厚六寸（180mm），殿身九间至十一间者用之，副阶及殿挟屋比殿身减一等，廊屋又减一等；二等材广八寸二分五厘（247.5mm）、厚五寸五分（165mm），殿身五至七间者用之，副阶、挟屋、廊屋同上减一等；三等材广七寸五分（225mm）、厚五寸（150mm），殿身三间（重檐）、殿五间、堂七间用之；四等材广七寸二分（216mm），厚四寸八分（144mm），殿身三间厅堂五间用之；五等材广六寸六分，厚四寸四分，殿小三间厅堂大三间用之；六等材广六寸（180mm），厚四寸（120mm），亭榭小厅堂用之；七等材广五寸二分五厘（157.5mm），厚三寸五分（105mm），小殿（花厅类）亭榭用之；八等材广四寸五分（135mm），厚三寸（90mm），殿内藻井、小亭榭施铺作多者用之。每一级的尺寸差额并不是完全相等，其实这些正是"材、栔"等级中为特殊的营造环境预留出调整建筑权衡尺寸的灵活变通区间。如禁军营房专用"广五寸（150mm），厚三寸三分（99mm）"权衡尺寸，八等材常用于亭榭、殿阁内藻井之上，殿阁内实际上还有专用于藻井的"广一寸八分（54mm），厚一寸二分（36mm）"的"材、栔"标准未被列入等级之中（表1-1-1、图1-1-1）。

表1-1-1　《法式》材、栔、分等级模数制度

材栔等级	材（寸）	栔（分°）	使用范围
一等	9×6	6×4	殿身9~11间用之，副阶、挟屋减一等，廊屋又减一等
二等	8.25×5.5	6×4	殿身5~7间用之（7~9亦可用），副阶、挟屋减一等，廊屋又减一等
三等	7.5×5	6×4	殿身3间、殿5间、堂7间用之，副阶、挟屋减一等，廊屋又减一等
四等	7.2×4.8	6×4	殿3间、厅堂5间用之
五等	6.6×4.4	6×4	小殿3间、大厅堂3间用之
六等	6×4	6×4	亭榭、厅堂用之
七等	6.25×3.5	6×4	小厅堂、亭榭等用之
八等	4.5×3	6×4	殿内藻井与较小亭榭用之
专用等	5×3.3	6×4	军事营房、库仓等专用
专用等	1.8×1.2	6×4	殿内藻井专用

以上所述"材、栔、分°"的等级，在实际营造操作过程中，不论哪一等材都可以灵活运用。在《法式》卷二"总例"中规定："诸营缮计料，并于式内指定一等，随法算计。若非泛抛降，或制度有异，应与式不同，及该载不尽名色等第者，并比类增减"。这里所讲的就是相关用料的原则，在遇到用料权衡计算中与制度有差异时，也是可以采用不同的式样与不同的规格权衡进行增减变通的。正如工匠们所讲的"规矩是死的，活是活的"，不可生搬硬套、机械性强求《法式》中的规格，而应以便于使用、有利于建筑工程构造结构为宗旨。

在这里我们顺便了解一下古代的营造尺与寸，唐朝尺有大尺与小尺之分，大尺中的1寸约等于36毫米，小尺中的1寸约等于29.4~30毫米，1尺=10寸，1寸=10分。宋~元代的1尺约等于31.2厘米，1尺=10寸，1寸=10分。明清1尺约等于32厘米，1尺=10寸，1寸=10分。古代民间营造用尺都是从官尺上反复复制，往往误差较大，所以我们在进行文物建筑普查测绘时，还应充分考虑到折算"材、栔、分°"时会有尺寸不同的误差变化。

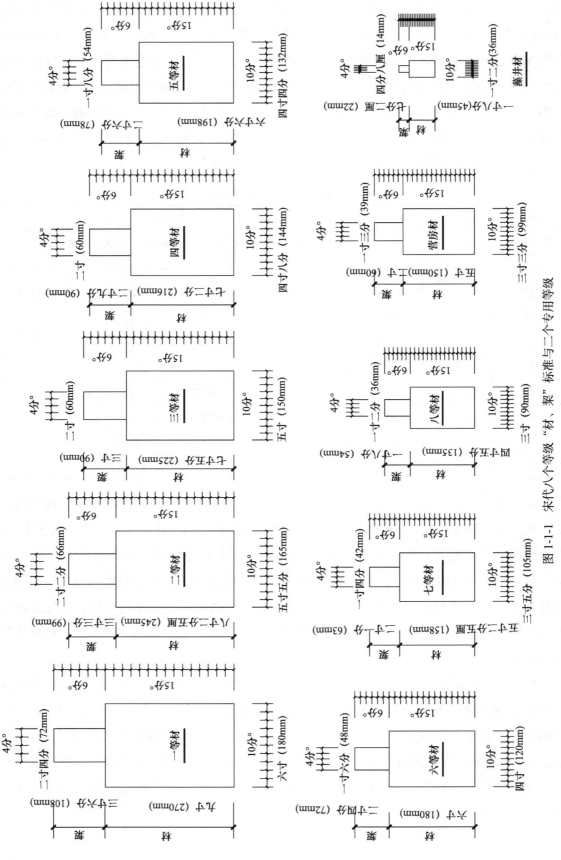

图 1-1-1 宋代八个等级"材、契"标准与二个专用等级

二、梁栿架深、用椽之制（包括出檐）与间广的规则

从《法式》所载的屋架图样中可以看到，大木屋架最大架深是十架椽屋，有三柱、四柱、五柱、六柱等多种式样做法，通架深六十尺，六十尺分成十个椽架。其次是八架椽屋，有三柱、四柱、五柱、六柱等多样做法，通架深四十六尺分成八个椽架。再次是六架椽屋，有三柱、四柱做法，通架深三十二尺分成六个椽架。然后是四架椽屋，有二柱、三柱、四柱做法，通架深十九尺分成四个椽架。最后还有副阶架深通常不大于十二尺，分成两个椽架，每架六尺，不管殿阁、厅堂、余屋架深大小如何、椽架多少，始终是以每一椽架水平间距六尺为基本准绳，每架平均为 120 分°左右，且不超过 150 分°。在古代营建选址过程中，往往会因地理环境等诸多条件的制约而事先限定了地基尺寸，这样就造成了屋架、体量、尺寸因地制宜增减的变化，所以在采用《法式》中规定的某些制度时，椽架长短也会出现若干的增减调整。

在《法式》卷五"椽"的规定中，"用椽之制，椽每架平不过六尺。若殿阁，或加五寸至一尺五寸，径九分°至十分°；若厅堂径七分°至八分°，余屋径六分°至七分°。长随架斜；至下架，即加长出檐。"在这里按照《法式》的规定，通常殿阁每椽架水平定为六尺，也只有使用一等材的大殿（包括重檐大殿），才会加尺为六尺五寸至七尺五寸。但是屋架在实际的营造过程中，椽架是要根据内槽深的总尺寸进行调整分配的，所以椽架在《法式》中规定的六尺范围以内，通常也会做加减法的调整，一般椽架水平间距会采用 100 分°、120 分°或 150 分°几种不同的尺度，甚至较小的建筑中椽架水平间距还会更小。

椽架水平间距的调整相对于椽径的长细也会有适当的变化，就是殿阁椽径不小于 9 分°、不大于 10 分°，厅堂椽径不小于 7 分°、不大于 8 分°，余屋椽径不小于 6 分°、不大于 7 分°。椽至下架撩檐以外时还要加长檐出（老檐出）的尺寸，通常是椽径三寸檐出加三尺五寸，椽径五寸以上者檐出加四尺至四尺五寸，檐椽以外另加飞椽檐出，即椽出一尺飞子出六寸。老檐出与飞檐出的比例是 10∶6 的关系。通常我们所见到的遗存文物建筑中，很多檐出都比《法式》所开列出的最大檐出之比略小，这说明在实际应用中，对于檐出的出挑还应按照建筑体量进行调整，以满足构造外观和结构的需要，不可生搬硬套《法式》中的标准（图 1-2-1、表 1-2-1）。

梁思成先生所著的《营造法式注释》（以下简称《注释》）"大木作制度图样三十""大木作制度图样三十三"二幅图中，均为殿身面广七间加副阶二间共九间，七间殿身间广都是十八尺，副阶面广十二尺。通面广共一百五十尺；两侧架深四间加副阶二间共六间，殿身四间广都是十八尺，副阶面广十二尺。通架深共九十六尺。

《注释》"大木作制度图样三十六"中，殿身面广、间广与图样三十、三十三相同，

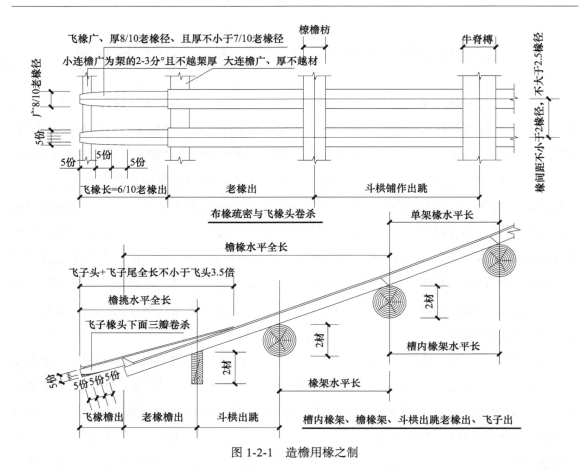

图 1-2-1 造檐用椽之制

表 1-2-1 《法式》造檐用椽之制（檐角生出有调整）

屋类	材等级	椽架水平长（尺）	椽径		檐出（自檐檐枋中出）	飞子出（6/10檐出）	檐角生出（随宜加减）	
			分°	（尺）				
九间至十一间殿	一	6.00～7.50	10	0.60	4.60尺	2.75尺	五间以上	1～1.20尺
五间至七间殿	二	6.00～6.50	9～10	0.50～0.55	4.25尺	2.55尺		
三至五间殿七间堂	三	6.00～6.50	8～9	0.40～0.45	4.10尺	2.45尺	五间	0.70～0.90尺
三间殿或五间堂	四	6.00	8	0.40	3.90尺	2.35尺		
小三间殿大三间堂	五	6.00	7～8	0.31～0.35	3.75尺	2.25尺	三间	0.50～0.70尺
亭榭、小厅堂	六	6.00	7	0.28	3.50尺	2.10尺		
小殿、亭榭	七	4.50～5.50	6～7	0.21～0.25	3.10尺	1.85尺	一间	0.40～0.60尺
小亭榭	八	3.00～5.00	6	0.18	3.00尺	1.85尺		
营房	专	6.00	7	0.28	3.50尺	2.10尺		0.70尺

两侧架深三间加副阶二间共五间，殿身三间广都是十八尺，副阶面广十二尺。通架深共七十八尺。

《注释》"大木作制度图样三十九"中，殿身九间无副阶，间广都是十八尺，通面广一百六十二尺。两侧架深四间无副阶，四间广都是十八尺，通架深共七十二尺。

《注释》"大木作制度图样四十"至"大木作制度图样四十九"中，厅堂等架深间广除了十八尺、十二尺以外，副阶最小间广六尺。

在《法式》中并未规定间广的标准，实际上间广与斗栱铺作有着很大的关系，古代官式建筑的体量、间数受到功能与封建礼制等级的影响，历来都是由官家或主家对建筑体量、通面广、通架深、间数乃至铺作等级事先确定。《新唐书·卷二四·志第十四·车服》中记载："王公之居，不施重栱、藻井；三品，堂五间九架，门三间五架；五品，堂五间七架，门三间两架；六品、七品，堂三间五架；庶人，四架，而门皆一间两架。常参官施悬鱼、对凤、瓦兽、通栿乳梁。"《宋史》卷一五四《舆服志》所载南宋临安大内崇政、垂拱二殿之规模："每殿为屋五间，十二架，修六丈，广八丈四尺，殿南檐屋三间，修一丈五尺，广亦如之。两朵殿各二间，东西廊各二十间，南廊九间，其中为殿门，三间六架，修三丈，广四丈六尺。"

我们通过遗存的文物建筑实物与《注释》图样的间广尺寸对比，可以看到唐、宋、辽、金时期的建筑面广，最大不超过十八尺、最小六尺，与《注释》是吻合的。在遗存的建筑实物中，实际上间广也是根据建筑体量、功能需要进行灵活调整的，纵向架深基本是以一至六等"材"的平均值综合为六尺（110～150 分°）设定一个椽架的基本尺度，椽架的调整都是屋架前后两坡对应做增减，但是根据使用功能的需要单坡增减也是有的，如一些寺庙建筑根据佛像龛橱的单坡增减情况。椽架尺度因地制宜调整，一般定于 120 分°（不小于110 分°、不大于 150 分°），这是因为斗栱横向最长的慢栱长 92 分°，两朵斗栱之间 150 分°时空档剩余 58 分°，折算的尺度不超过 3 尺 5 寸，110 分°时空档只剩余 28 分°，按照一至六等"材"折算的尺度也只剩下 1 尺 5 寸左右，所以以六等"材"以上的殿阁、厅堂椽架，以六尺为标准基数最为合理。既可以保证补间铺作斗栱间距的需要，又可最大限度的满足大木构架用"材"的大径级长短材料能够备料。较小亭榭建筑椽架基本控制在三尺左右。间广也是根据当心间、次间、尽间、副阶中斗栱补间铺作的间距进行调整确定，斗栱铺作朵与朵的档距通常控制在 110 分°～120 分°之间，最大不超过 150 分°。间的分配以尺为调整基数时则以一尺五寸为宜，例如间广十八尺、十六尺五寸、十五尺、十三尺五寸、十二尺、十尺五寸、九尺、七尺五寸直至最小六尺。古代建筑的间是以奇数为单位的，一栋建筑前后檐柱纵向中轴线为一缝梁架，两缝之间为一间。古代建筑一般最少为三间，依次有五间、七间、九间，最多不超过十一间，通常会把处在中间当心间（明间）的间广作为最大的权衡标准间，两侧依次为次间广、末端为梢间广、尽间（厦间）广，当心间间广一般大于次间亦可与次间相同，梢间广应小于次间广亦可与次间相同。不管是殿阁、厅堂、余屋、副阶间广的分配均是以此为序。

三、角梁与转角椽、飞子出冲的做法规则

《法式》卷五的"阳马"中讲到："其名有五：一曰觚（gua）棱、二曰阳马、三曰阙

（que）角、四曰角梁、五曰梁抹"，其实这是宋代对于角梁有几种不同的叫法。宋代建筑营造把四坡顶攒尖顶角位置的屋盖称之为转角做法，其中包含了大角梁、子角梁、隐角梁、续角梁的做法，还包括转角的角椽布椽（翼角椽）做法，与转角飞椽（翘飞椽）的做法。

在《法式》里对于角梁做法的规定："造角梁之制：大角梁其广（高）二十八分°，至加材一倍；厚（宽）十八分°至二十分°，头下斜杀三分之二。子角梁广十八分°，至二十分°，厚减大角梁三分°，头杀四分°，上折七分°。隐角梁，上下广十四分°至十六分°，厚同大角梁，或减二分°。上两面隐广各三分°，深各一椽分。凡角梁长之，大角梁自下平槫、至下架檐头；子角梁随飞檐头外至小连檐下，斜至柱心。隐角梁随架之广，自下平槫至子角梁尾，皆以斜长加之。"这里所说就是大角梁、隐角梁、续角梁处于椽架中的尺度与檐外角梁头的做法，所谓"隐广"就是角梁两侧铺钉角椽的椽位。在《法式》中大角梁转角的生出（出冲），尺度是一间的生出四寸，三间的生出五寸，五间的生出七寸，五间以上的"随宜加减"，给人一种错觉就是生出的尺寸偏小，与文物建筑实际的转角生出不符。其实《法式》所述檐角生出尺寸并未说错，只是《法式》语言上表述不全、明示不清，唐、宋建筑檐角生出的尺寸方式，与飞椽权衡生出方法相同，即"一间飞椽长一尺生出四寸（4/10）、三间飞椽长一尺生出五寸（5/10）、五间飞椽长一尺生出七寸（7/10）"。五间以上的通常转角角梁生出调整增减不超三寸（90mm），生出转角的交点就是大角梁出冲斜长的尺寸（图1-3-1、图1-3-2）。

在《法式》中子角梁的起翘高度也并未明示。实际上角梁的起翘高度与檐角柱生起高度，以及檐角檐出飞子出挑长度有着直接的关联。由于南方与北方建筑地域做法的差异，用材的尺度也存在着明显的差异变化。北方建筑大角梁上的子角梁翘小囊小，子角梁头后的梁身与大角梁基本同长。南方建筑大角梁上的子角梁翘大囊大，子角梁头的后身很短甚至根本就没有梁后身。南北方对于大角梁、子角梁的叫法也不同（参见《营造法原》），南方把大角梁称之为老戗，把子角梁称之为嫩戗。同样把檐角飞子称之为立角飞椽。北方子角梁头基本是仰头4～6分°或者水平出冲。南方子角梁头（嫩戗）仰头较高，嫩戗仰头戳于老戗头之上，嫩戗与老戗夹角扬起角度基本控制在30°～45°之间。甚至还有用六层大头楔木铺作起翘的做法，角梁脊背则采用菱角木、篾木、扁檐木铺垫而组成车（ju）背等找囊做法。总之南方与北方角梁做法在地域上存在着很大的差异变化。

大角梁后尾根据屋架间距和构造的变化，有压槫、扣槫、插柱三种不同做法，不管哪种做法都应保证大角梁头的标高，与檐椽转角起翘椽头升起标高保持一致。不能因定制某种后尾做法，而造成大角梁头标高降低或提升，导致檐角起翘偏低或偏高。所以在选择采用压槫与扣槫的角梁后尾做法时，要根据转角檐椽起翘高度的需要选定，且不可生搬硬套某种做法。

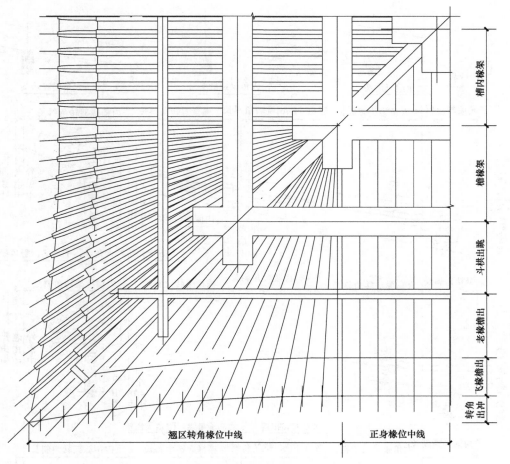

图 1-3-1　檐角用椽、角梁出冲

转角起翘是指老椽檐头上皮水平向上，至大角梁头上皮的垂直高度，通常起翘高度不低于 2 椽径，不高于 2.5 椽径。如果大角梁头起翘不在这个范围之内，就应考虑大角梁后尾加以调整，考虑后尾采取压槫做法还是扣槫做法，以确保大角梁的转角椽头翘起符合构造需要。其上子角梁头起翘则应按照《法式》的规制，或按照地方区域的传统建筑做法进行制作（图 1-3-2）。

唐、宋建筑的老椽与转角椽基本都使用圆椽，转角椽出冲的做法与转角飞椽的制安是密不可分的，每一个转角，都是以角梁两侧左右转角椽、转角飞椽单数对应成角。以转角椽径中线向两侧各 4/10 分出转角椽数，在转角椽后尾拔梢，拔梢最长以一椽架加出跳定尺，由贴梁的第一椽开始拔梢直到正身椽为止（与明清建筑翼角椽做法相同）。转角椽后尾钉于角梁后尾椽槽之内，逐渐内退直至下平槫之上。檐口铺钉在牛脊槫、撩檐枋与生头木之上，第一根转角椽头与大角梁间距半椽档，第二根转角椽头以后的椽头与椽头之间的椽档应控制在一椽左右，椽头的椽档大小是按照转角分派出的位置线确定，其后依次按转角椽的编排根数依次缩减退之，直至退到正身椽出为止（图 1-3-3）。

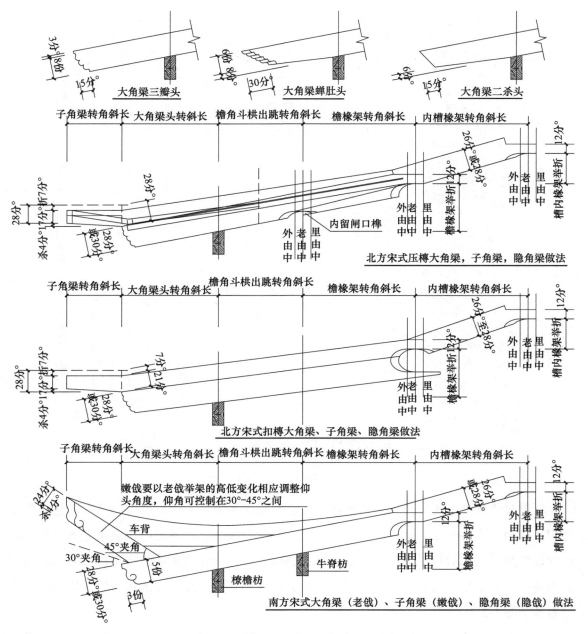

图 1-3-2　檐角大角梁、子角梁、隐角梁

　　转角起翘飞椽与平檐飞椽一样使用规格料加工，转角飞椽随着翘起的高度椽角由下至上逐渐形成菱形撇角，飞椽第一翘菱形撇角是自身椽径的 4/10，以子角梁头上小连檐下皮确定飞椽最高翘度，以椽径的 8/10 确定出冲扭脖斜度，其后按照转角起翘飞椽根数包括菱形撇角和扭脖斜度的角度，依次缩小退之，直至退到正身平檐飞椽为止（图 1-3-4）。

　　南方立角飞椽的做法，基本是按照老戗的昂头角度与高度再增加戗脚斜长，确定出第一翘的长短。其后按照翘区连檐的翘起弧度，以及立角飞椽的根数分位逐一退至正身飞椽，立角飞椽的戗脚也会跟着飞椽的退位逐渐拉长，加长到正身飞椽尾长截止，立角飞椽的最

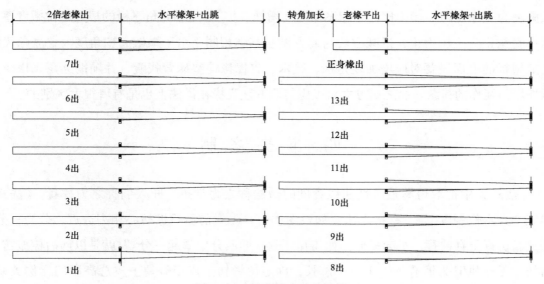

图 1-3-3　转角椽出冲与拔梢

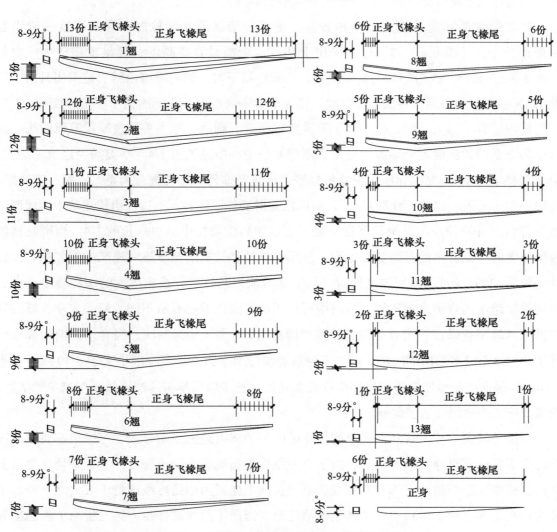

图 1-3-4　转角飞椽翘度、撇度、扭脖尺度变化

大撇度为飞椽径的 8/10（比北方翘飞椽撇度增加一倍）。随着立角飞椽的根数退位撇度逐渐缩小直至正身飞椽为止，退减方法与北方做法基本相同。由于嫩戗起翘角度大，立角飞椽之上望板的上面还要对应增加菱角椽、箴木、扁檐椽铺垫椽背找囊，并辅助立角飞椽受力承托屋面瓦作的荷载。总之南方立角飞椽与北方翘飞椽在做法上也是有着很大区别的。

四、举 折 之 制

《法式》中把取得屋盖斜坡曲线囊度的做法称之为举折，匠人们称之为摔囊。《法式》卷五"大木作制度二""举折之法：如殿阁楼台，先量前后橑檐枋心相去远近，分为三分，从橑檐枋背至脊槫背，举起一分。如筒瓦厅堂，即四分中举起一分。"就是以前后橑檐枋或檐槫（无斗栱时为檐脊槫）中～中总长，确定橑檐枋上皮至脊槫上皮总高度的比例关系，按照营造建筑形制分配脊高。

通常殿堂楼阁前后檐之间内槽较深，重檐十架椽或八架椽时，脊举高度一般设置为橑檐枋中～中总长的 1/3。厅堂采用十架或八椽椽时脊举高度设置是橑檐枋中～中的 1/4～1/3.5，余屋、副阶等的前后檐较短，六架椽以下时，如内檐槽内露明造采用月梁（明栿），为满足槽内每层构件的铺作需要，则屋架脊举高度不小于橑檐枋中～中跨度的 1/3.5。当内檐内装有平棊天花时，栿（梁）不需要露明造，则栿（梁）采用直顺梁草栿做法，同时也为降低屋顶高度，脊举高度通常采用橑檐枋中～中总长的 1/4。亭类攒尖建筑《法式》中规定脊举高 1/2，在实际应用中要根据亭类体量与檐角梁做法进行调整，不可一味照搬。斗尖亭榭（盝顶小建筑）脊举高 2/5，同样根据需要加以调整。不过在唐代建筑中，屋面脊高度都相对普遍较小，脊举总高度一般不超过前后橑檐枋中～中总长的 1/4。当殿堂楼阁椽架较多时，在脊举的总高度确定后，按照椽栿的路数从上至下逐一递减或缩减举高，这就是举折中的"折"，屋面坡度通过"折"递减或缩减比例，找出屋面的缓曲囊度。由于相同椽架跨度的脊举高度不同，折曲中所采用的尺度比例也有所不同。唐、宋建筑屋面基本采取两种举折做法：当脊举为前后橑檐跨度 1/3 时多采用递减法；当脊举为前后橑檐跨度 1/4～1/3.5 时多采用缩减法。唐、宋建筑檐步椽架举折的坡度一般不大于 5/10 且不小于 4/10，为保证檐步椽架举折和屋面弧度缓曲适度，檐步椽架举折递减或缩减到檐步椽架时，递减或缩减的比例可适度调整。

举折递减法：首先从脊槫至橑檐拉一道向下的斜直线为原始母线，每椽架都要从母线上讨要下折比例尺寸。第一折从脊向下第一路椽架折减脊高的十分之一至上平槫，再从上平槫至橑檐拉第一道向下的斜直仔线，第二折向下递减为原始母线高的十五分之一或二十分之一至上中平槫，再从上中平槫至橑檐拉第二道向下的斜直仔线，第三折向下再递减为原始母线高的十五分之一或二十分之一至下中平槫，再从下中平槫至橑檐拉第三道向下的斜直仔线，第四折还是向下递减原始母线高的十五分之一或二十分之一至下平槫，等比例递减，以此类推直至檐檐椽架（图1-4-1）。

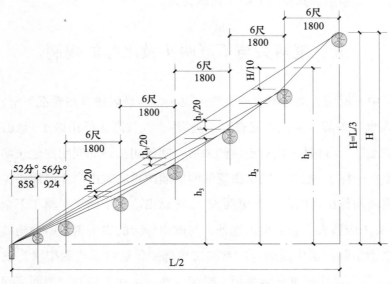

图1-4-1 三分之一脊高举折递减法

当殿堂楼阁采用1/4～1/3.5脊举高度时，或一般厅堂、余屋、副阶跨度较小椽架较少时，通常采取第二种缩减方法，采用第一折向下缩减为脊高的十分之一，第二折向下缩减为母线高的二十分之一，第三折向下缩减第二折母线高的四十分之一，第四折向下缩减第三折母线高的八十分之一，以此类推向下折减都是采取同样的方法，从母线上讨要比例尺寸（图1-4-2）。

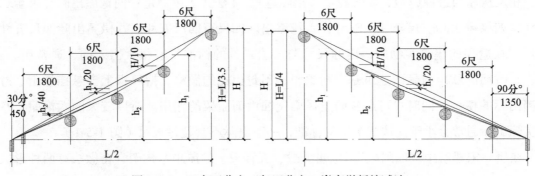

图1-4-2 三点五分之一与四分之一脊高举折缩减法

我们在实测和修缮文物建筑时，发现很多唐、宋、辽、金时期的建筑举折并不完全符合《法式》中的规则。由于历史各个时期建筑的演变，屋架举折也有着不同的变化，历史年代越是久远，文物建筑木构架的举高比值就越小，同样地域不同的匠作手法也是产生差异的主要因素之一。因此我们在实际应用举折之法时不可一味生搬硬套《法式》标准，除了修缮文物建筑时必须保持原尺寸、原做法不可改变以外，我们在复建或仿古建筑营造中对于举折的运用，还要根据不同时代变化、屋架形制的实际需要，进行灵活调整。在这当中还应注意屋脊高度，在同一建筑群体中脊举高度比例应统一，且不可采用脊高比例混用做法，造成建筑群体中屋面高低缓曲的不协调视差。

五、厦两头与不厦两头及出际的规制

在《法式》中有厦两头造与不厦两头造的说法，但是表述有些含混不清，对于初学唐、宋建筑构造的人难以理解，宋代把五脊殿（庑殿）、九脊殿（歇山殿）、悬山等房屋两侧最后一间都叫作"厦间"（这是宋代对于两侧最后一间的叫法，如同明清建筑明间前后加一间门厅叫做"抱厦"一样）。把九脊殿歇山厦间两山墙向里的收山叫作厦两头（又称二厦头），把悬山厦间两山墙向外出挑叫做"不厦两头"，把悬山厦间中的下平槫（下金桁檩）至脊槫（脊桁檩）的槫头（桁檩头）悬挑出山墙外，与歇山椽架的中平槫（中金桁檩）至脊槫的槫头悬挑，都称之为出际。歇山殿阁与厅堂两厦檐部屋盖通常采用两架椽，较小的歇山建筑（敞厅、亭榭等）厦间两山檐部通常采用一椽架，在《法式》卷五中把两厦间山面檐角椽架部位，与厦间前后檐角处于对等位置的椽架，称之为屋盖转角。厦两头槫头的出际通常采用三种尺寸形式：一种是以一椽架的五分之四为槫头出际标准；另一种是在一椽架（一步架）的基础上退回一至二尺；第三种是较小的歇山建筑槫头出际，通常为椽架的五分之三且不小于半个椽架。

唐、宋建筑中悬山"不厦两头"出际，在副阶和余屋中是常用的一种做法，出际的长度与房屋的通进深、屋脊的高度有着直接的关系：房屋通进深越长，屋脊越高，出际越长；相反房屋通进深越短，屋脊越低，出际越短。《法式》中规定：两椽屋出际二尺至二尺五寸，四椽屋出际三尺至三尺五寸，六椽屋出际四尺至四尺五寸，八椽屋出际四尺五寸至五尺。在遗存的建筑实物中，出际尺寸与《法式》的标准是有很大出入的，通常唐、宋、辽、金时期的歇山与悬山建筑是只封象眼、不封山花的做法，搏风板上会悬挂悬鱼、惹草遮挡出际的槫头，同时也可起到防止风雨侵蚀山面屋架的作用。所以较大的六椽屋、八椽屋实际出际通常会小于《法式》中的标准，一般出际不会超过五尺（图1-5-1）。

在唐、宋建筑中"四阿殿"（也叫吴殿、五脊殿）的屋顶木构架脊槫做法有两种形式：一种形式是脊槫出际半椽架（约三尺左右），通过出际拉长正脊的尺度，同时缩短两厦屋面水平尺度增加屋面的陡翘曲度。屋面椽架转角处的脊部续角梁（金步由戗），随着脊槫的出际相交于脊槫之上，以下每椽架转角隐角梁（脊步由戗）随角囊曲的变化顺直交坠于大角梁后尾；另一种形式是不增加脊槫出际，四坡屋面囊曲的坡度长短尺度相同，屋面转角角梁45°水平交角，从脊槫之上续角梁以下，每椽架转角隐角梁随角囊曲的变化交坠于大角梁后尾。四阿殿的这两种做法形式因为没有屋架悬出屋面的硬山头，也与出际的悬山不同，

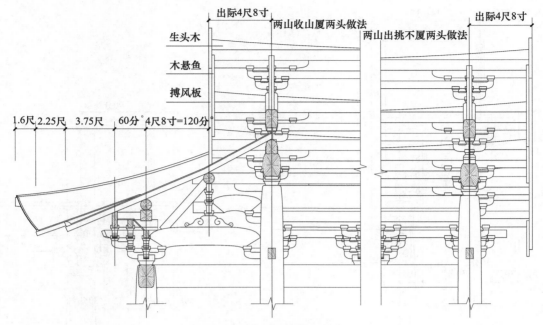

图 1-5-1　厦两头与不厦两头及出际

所以在《法式》中并未归于厦两头或不厦两头的做法中，只是在《法式》卷五的造角梁之制中提到："凡造四阿殿……如八椽五间至十椽七间，并两头增出脊槫各三尺（随所加脊槫尽处，别施角梁一重，俗谓之吴殿，亦曰五脊殿）"。

六、平坐层结构构造做法

在唐、宋、辽、金楼阁建筑的构造中，主要是通过平坐结构层的变化，来满足上层木框架构造的结构稳定性，从而使上下层构造通过平坐层的整合，形成了一个上下层统一、结构稳定的整体框架。在平坐层中，会通过特殊的结构构造处理方式进行互补性的整合，来满足结构受力需要：一是通过平坐层调整上层柱网的变化，满足上层大木构造的需要；二是通过平坐层的斗栱铺作结合大木构造，满足楼阁上下层结构的安全与稳定。

我们从《法式》中只看到平坐"其名有五：一曰阁道，二曰墱道，三曰飞陛，四曰平坐，五曰鼓坐。造平坐之制：其铺作减上屋一跳或两跳，其铺作宜用重栱及逐跳计心造。凡平坐铺作若叉柱造，即每角用栌斗一枚，其柱根叉于栌斗之上。若缠柱造，即每角于柱外普拍枋上安栌斗三枚，每面互见两斗，于附角斗上各别加铺作一缝。凡平坐下用普拍枋，厚随材广，或更加一栔，其广尽所用方木（且不小于上层柱径）。若缠柱造，即於普拍枋里用柱脚枋，广三材，厚二材，上坐柱脚卯。"可见《法式》中仅仅对平坐进行了简略的文字说明，我们再从梁思成先生的《注释》"大木作制度图样十一"中看，也只是造平坐之制斗栱部分的叉柱造与缠柱造两种做法。

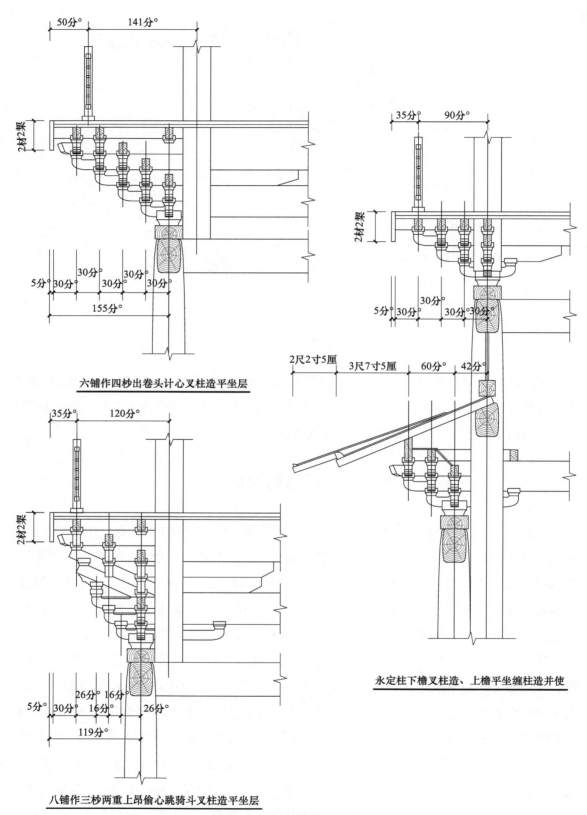

六铺作四杪出卷头计心叉柱造平坐层

八铺作三杪两重上昂偷心跳骑斗叉柱造平坐层

永定柱下檐叉柱造、上檐平坐缠柱造并使

图 1-6-1　平坐层结构构造做法

从辽金时期的建筑——山西大同善化寺普贤阁、天津蓟县独乐寺观音阁、河北正定隆兴寺转轮藏殿及慈氏阁的侧样，以及山西应县木塔的平坐层可以看到，在首层檐柱轴线的基础上，上层檐柱向内错位收缩，收缩的形制根据错位的大小采取了两种不同的方式：

第一种是在墙体内采用檐柱前后紧贴的双柱做法，也叫永定柱做法，檐柱头的斗栱铺作与永定柱前后相插在一起，永定柱头之上的平坐斗栱与上层重檐柱脚结合在一起，形成上层重檐柱脚叉柱造的铺作形式。平坐层内内槽柱子柱脚的铺作叉柱造，与下层内槽柱头斗栱及外檐斗栱铺作串联相结合，保证了上下层结构的稳定，满足了上部荷载向下传导的力矩需要。同时平坐层内采用顺串、襻间等水平拉结构件，增设剪刀戗杆，预防受到外部水平推力的影响，保证上下结构整体受力的安全。

第二种叫作叉柱造，就是下檐柱头上的斗栱铺作与上檐内收的柱脚缠插在一起，上檐柱脚墩坐在承重的柱脚枋之上，通过缠柱斗栱铺作将上层柱根与下檐柱头锁扣在一起，借力悬挑平坐层檐部的出跳重量，同时传导上架荷载于檐柱之上，平坐层上部采用叉柱造缠柱斗栱铺作，形成平坐层楼面与平坐层空间，其间的加固做法与第一种平坐层做法相同，以确保结构的稳定性，满足建筑荷载及使用功能与安全的需要（图1-6-1）。

第二章 唐、宋、辽、金、元建筑大木作基本构造与构件做法

一、平面地盘与柱网分槽的布置

在古代建筑营造活动中，工匠们把建筑基础柱网平面布置称之为撂地，宋《法式》中称之为地盘。唐、宋、辽、金、元建筑群基本都是采取院落布局的形式，主体建筑为中心，强调中轴及左右格局对称。在单体建筑柱网布置上，《法式》卷三十一所载殿阁地盘图中给出了四种形制，其中三种是重檐殿阁的地盘柱网布局，一种是宫门的地盘柱网布局，这四种柱网布局基本是《法式》中规定的宋代建筑等级最高等级地盘。

除了《法式》中给出的四种地盘外，在唐、宋、辽、金时期实际营造活动中，建筑地盘的布置还有很多不同的规定限制与形制变化。如金代、元代的内槽与外檐减柱造做法的地盘，就是特定时代的柱网布置。还有地盘布置首先要有方向性，正房为主坐北朝南，倒座北前南后为次，最后就是两厢配房东西各持。地盘的总长度会有间数的制约，以奇数分之，正房起始为三间、五间、七间、九间，最多不超过至十一间，在这当中包含了两侧的副阶（廊子）。在古代有十三层天与九五为尊的说法，所以官家的宫殿最多九间，加上副阶不超过十一间。

唐、宋建筑间广受到斗栱铺作的制约，当心间最大，通常补间铺作不超过两朵；次间广可与当心间相同，亦可补间铺作一朵；副阶根据尺度大小确定，最多铺作一朵，亦可空置。宋代官式建筑的地盘随着建筑形制与等级的规定，柱网布置基本是根据建筑功能与屋架内外斗栱铺作的范围进行调整，这样就有了不同的分槽变化，也就是室内功能区位的变化。其中，也就考虑到建筑纵向屋架深度中椽架的分配架数，进而考虑到栿（梁）用料的长短，最终形成地盘柱网中柱位的布置，例如《法式》中所列：其一，宫门地盘前后架深分成两槽，叫作殿身九间身内分心槽；其二，殿身七间周围副阶，前后分成殿身内槽与殿身后槽，叫作周围副阶殿身七间身内单槽；其三，殿身七间周围副阶，前后分出殿身内槽与殿身前后各一槽，叫作周围副阶殿身七间身内双槽；其四，殿身七间周围副阶，殿身内槽四围外槽，形成"回字"形的柱网，叫作周围副阶殿身七间身内金箱斗底槽（图 2-1-1）。

在《法式》中我们看到对于"地盘"的描述并不是很清晰，只是用"间"的多少表示房屋规模的大小，这里的间实际上讲的是建筑横向通面广的间数，而纵向进深间数以及间

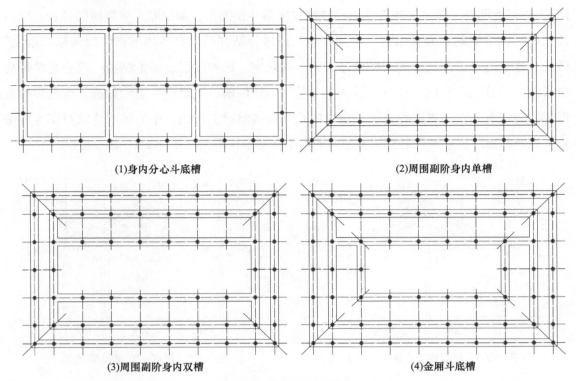

(1)身内分心斗底槽　　　　　　　　　　(2)周围副阶身内单槽

(3)周围副阶身内双槽　　　　　　　　　　(4)金厢斗底槽

图 2-1-1　地盘与柱网分槽布置图

的大小规模，也只是根据槽的柱网分配椽架的多少进行确定。实际上唐、宋建筑地盘中的间广与架深的尺度，是随着建筑铺作选择的材、栔尺度的而确定。例如《注释》中所列开间广十八尺（约 5.4 米）补间铺作两朵，副阶间广十二尺（约 3.6 米）补间铺作一朵。架深同样如此，水平椽架两槽十二尺檐口补间铺作一朵。水平椽架三槽十八尺檐口补间铺作两朵。这里所开列出的尺度实际上是以最大材、栔尺度为标准，在实际营造的八个材、栔等级中，间广与架深并非固定的几丈几尺，而是随着材、栔标准大小的选择加以调整，通常讲一椽架六尺（约 1.8 米），实际上椽架以分°的数值衡量，每椽架基本控制在 110分°～150 分°之间，一般不会超过六尺，在间广与架深的分配与调整中，最后还要考虑到采集木材的材料径级大小，枋、梁、槫的长短径级以及巨大柱、梁料配置选择要有可行性。

二、柱梁式余屋（民居）

在唐、宋、辽金建筑中，柱梁式做法多用于殿阁、厅堂以外的"余屋"及一般普通民用房屋，从《法式》卷五"举折"中看到："举屋之法，如殿阁楼台，先量前后橑檐枋心相去远近，分为三（若余屋柱梁作或不出跳者，则用前后檐柱心）从橑檐枋背至脊槫背举起一分"的法则，这里讲的便是有斗栱铺作的殿堂、殿阁、厅堂式做法和柱上只安栌斗替木不出跳厅堂余屋及普通房屋柱梁式做法。我们通过北宋绘画大师张择端所画《清明上河图》，可以看到与《法式》相符的城门楼檐口转角斗栱铺作，画中除了少数城门楼台、宅门楼以外，大多数临街酒楼馆舍、店铺作坊、民居驿站都是没有斗栱铺作的四架椽"余屋"做法，这也吻合了宋代"庶人屋舍许五架"的规定。这种民居余屋木结构一般会有两种构造形制：一是纵向柱网三柱分心做法，二是纵向柱网前后剳牵四柱副阶做法。这两种构造形制因为没有遗存建筑实物佐证，也只能是参照《清明上河图》中的民居建筑写实与《法式》对照来推测出这种民居建筑五架梁的大木构造结构形制（图2-2-1～图2-2-5）。

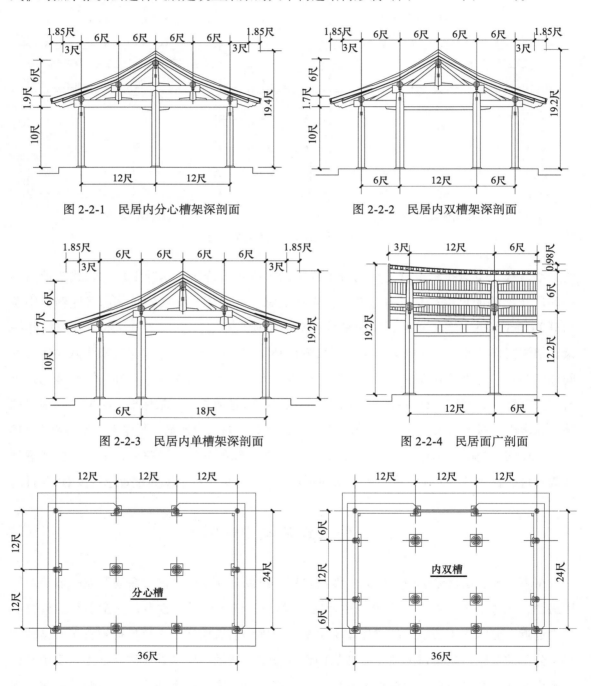

图 2-2-1　民居内分心槽架深剖面　　　　图 2-2-2　民居内双槽架深剖面

图 2-2-3　民居内单槽架深剖面　　　　图 2-2-4　民居面广剖面

分心槽

内双槽

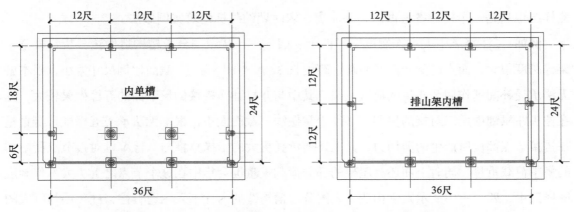

图 2-2-5　民居三间平面（分心槽、内双槽、内单槽、排山架内槽）

三、殿堂式、殿阁式、厅堂式（官式）

殿堂式、殿阁式、厅堂式做法不同于柱梁式的做法，它们是层叠式的木构架。从层面上看，下部是柱网框架层，中间是斗栱铺作层（其中也包括明乳栿），其上面为顶部的屋盖层。如果是楼阁式的建筑，除了以上屋顶的基本层面以外，则会增加出若干个平坐铺作层与重檐屋盖层。我们通过遗存的唐代建筑如山西五台县南禅寺山门殿、五台山寺佛光寺大殿，看到对称的柱网分槽，可见内槽与外槽檐柱额的木框架层与椽栿梁架屋盖层，通过中间铺作斗栱层内外上下左右拉结、支挑剳牵、椽栿叠架形成了大殿整体屋架木结构。通过遗存的宋代建筑山西太原晋祠圣母殿（殿堂式）可以看到重檐的殿堂中前后不对称的柱网分槽方式，副阶下檐柱额斗栱铺作屋盖剳牵、槫、椽等构造关系，看到内槽殿身檐柱上架柱额斗栱铺作，内外上下左右拉结、支挑剳牵、椽栿叠架形成的殿堂式屋架木结构。在天津蓟县独乐寺可以看到辽代观音阁（殿阁式）木构架中的柱网布局，看到首层柱额框架层、内外槽斗栱铺作层、屋盖层，看到平坐柱框层与平坐斗栱铺作层，看到阁上层的柱额框架层和上檐斗栱铺作，内外上下左右拉结、支挑剳牵与椽栿叠架形成的观音阁屋架木结构，还有很多南北各地的唐、宋、辽、金、元建筑不再一一例举。这些层叠式的屋架构造分别彰显了唐、宋、辽、金建筑中殿堂式、殿阁式、厅堂式与混合层次阁楼的做法特点。

《法式》卷三十一中，从两柱四架椽屋侧样直至殿堂等八铺作十架椽双槽侧样图形，共二十余幅殿堂、厅堂、余屋的侧样图。这些图中并未给出用材的比例与屋架深、间广的尺度，侧样图也只是显示出屋架剖面的构造与铺作形制。对照梁思成先生《注释》中的相关图样，相应的图样中细化标出了屋架深与间广的尺度，并给出参考用材的尺度，其中十架椽殿阁中的十椽栿（草栿），由于屋架纵深栿（梁）超长、径级很大，十椽栿与八椽栿必须采用搭接做法，甚至六椽栿也需搭接。在古代实际营造应用中，为确保构造合理、结构稳定，还要考虑到大径级栿（梁）材料的配置是不可或缺的，因此《法式》与《注释》中的侧样图也只是一个构造参考做法，并非唐、宋时期的某栋建筑实例做法。

例如：《注释》中大木作制度图样四十、四十一，从殿阁分心槽构造做法分析，殿堂十架椽跨度很大，而室内阑枋前后两跨，跨度长 36 尺（10.8 米），截面比例尺寸太小，根本就无法承受补间铺作四朵斗栱的荷载重量，其中与斗栱铺作搭接的最下面的五椽栿梁较大，处在柱头斗栱铺中用来对接的榫卯，必须合掌做法，截面太小，根本无法承受五椽栿自身重量在搭接节点部位所产生的剪切力，其上还要承托更大的十椽草栿与八椽草栿对接节点所附加的集中荷载重量，同时上面还有屋架的部分荷载重量也会集中在这个节点之上。大木作制度图样四十、四十一中所示殿堂构造，殿阁分心槽构造的内柱不采用通脊柱，柱额层与巨大的栿（梁）构架结合处于一个水平层面，干摆浮搁互不牵扯，这就导致了屋架受到外力作用时很不安全，上下层构造受力不均很容易出现错位坍塌，因此大木作制度图样四十、四十一的构造做法根本就不成立，是无法实现的。所以我们在参照《法式》指导实践过程中，对于《法式》中屋架的内部构造形制及铺作的方式也要充分加以考量，要因地制宜和考虑到材料径级大小、比例的配置，以及结构构造之间的力矩变化，确保建筑结构安全与稳定。

以下我们根据《法式》及《注释》中的殿堂、厅堂、副阶、余屋侧样图，以五脊殿、九脊殿堂、悬山屋等都能采用的屋架侧样为前提，通过不同等级"材、栔、分°"的对照，在充分考虑到材料大小、径级比例关系后，按照《法式》中的构造规则重新绘制侧样，为研究唐、宋时期古建筑木构造的变化及实践应用提供参考（图 2-3-1～图 2-3-28）。

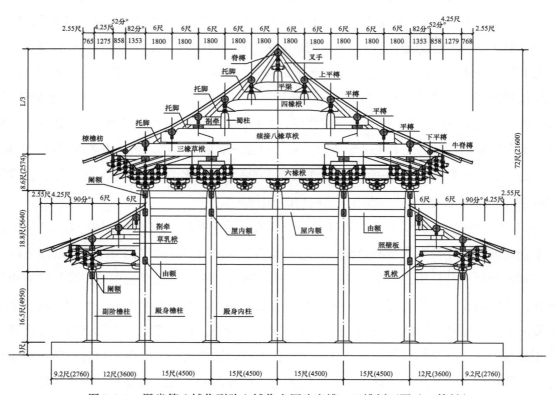

图 2-3-1 殿堂等八铺作副阶六铺作金厢斗底槽、双槽剖面图（二等材）

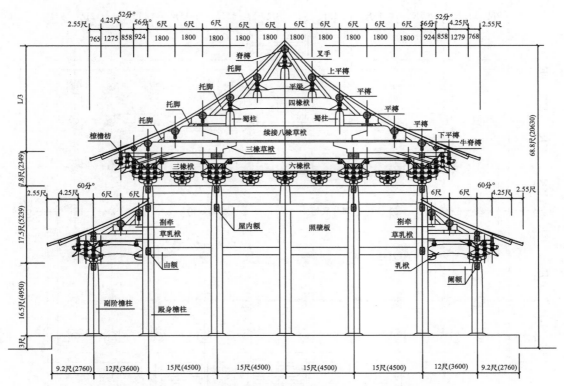

图 2-3-2　殿堂等七铺作副阶五铺作金厢斗底槽、双槽剖面图（二等材）

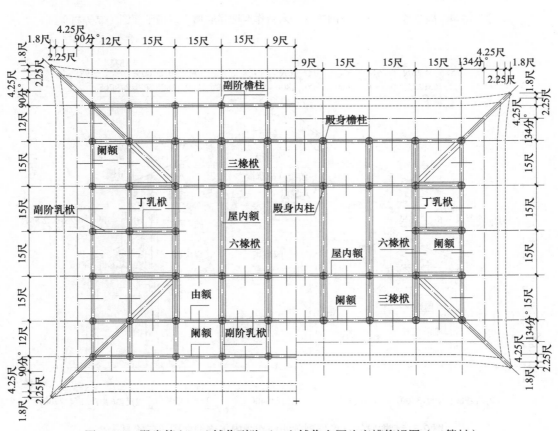

图 2-3-3　殿堂等七、八铺作副阶五、六铺作金厢斗底槽仰视图（二等材）

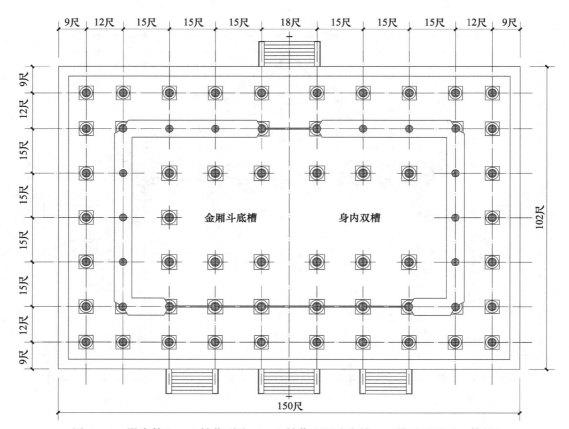

图 2-3-4　殿堂等七、八铺作副阶五、六铺作金厢斗底槽、双槽平面图（二等材）

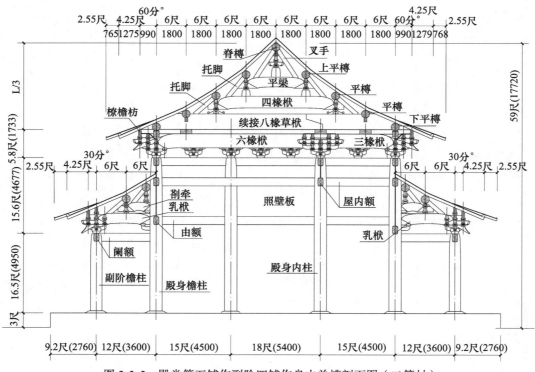

图 2-3-5　殿堂等五铺作副阶四铺作身内单槽剖面图（二等材）

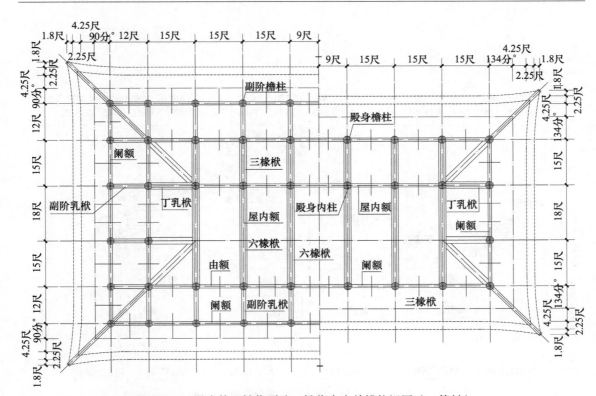

图 2-3-6 殿堂等五铺作副阶四铺作身内单槽仰视图（二等材）

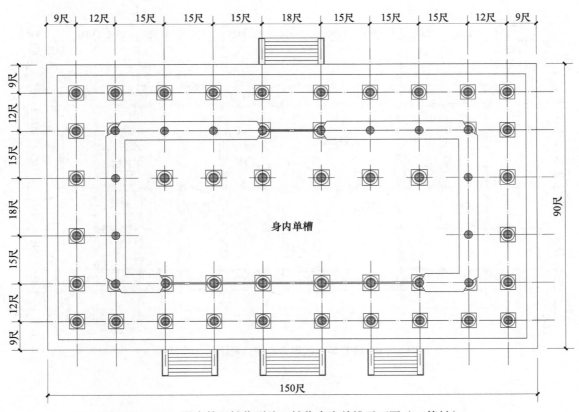

图 2-3-7 殿堂等五铺作副阶四铺作身内单槽平面图（二等材）

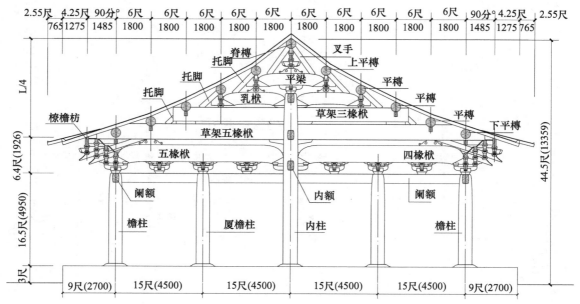

图 2-3-8　殿堂等六铺作分心槽剖面图（二等材）

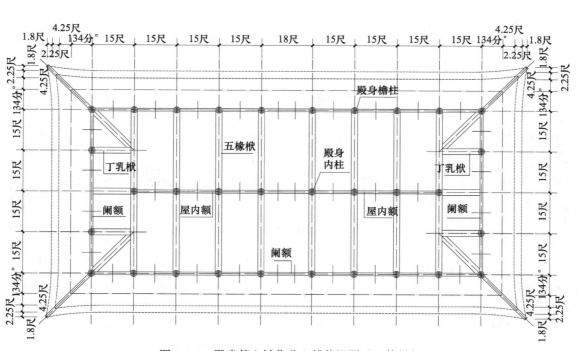

图 2-3-9　殿堂等六铺作分心槽仰视图（二等材）

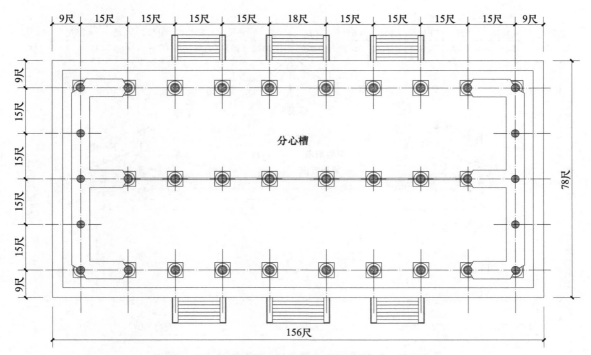

图 2-3-10 殿堂等六铺作分心槽平面图（二等材）

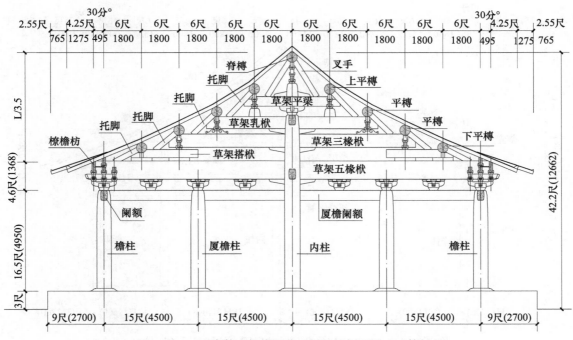

图 2-3-11 厅堂等十架椽屋分心用三柱剖面图（三等材）

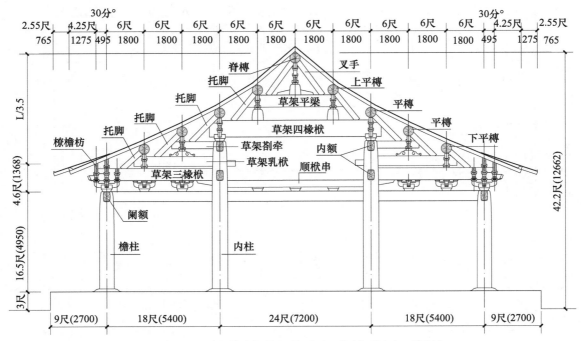

图 2-3-12　厅堂等十架椽屋前后用四柱剖面图（三等材）

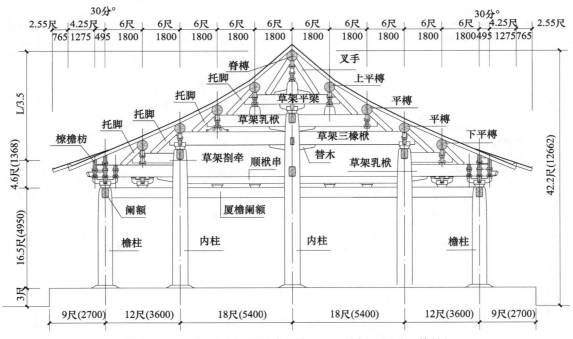

图 2-3-13　厅堂等十架椽屋分心前后用五柱剖面图（三等材）

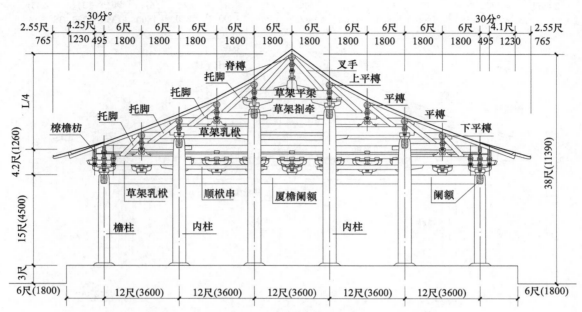

图 2-3-14　厅堂等十架椽屋前后用六柱剖面图（三等材）

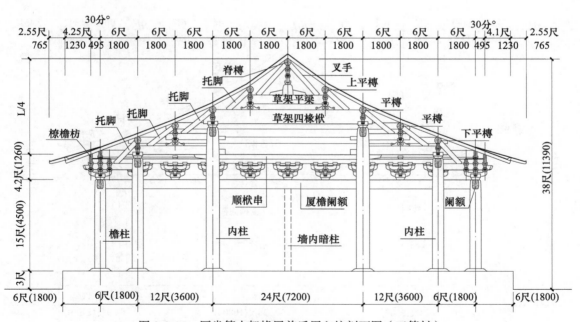

图 2-3-15　厅堂等十架椽屋前后用六柱剖面图（三等材）

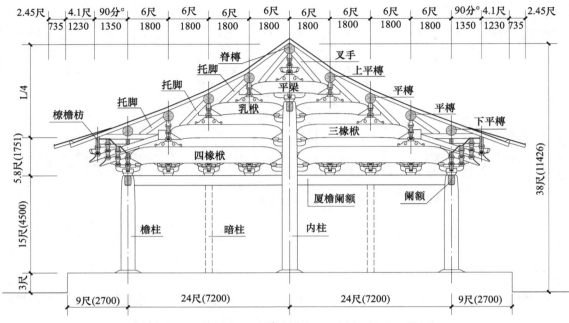

图 2-3-16　厅堂等八架椽屋分心用三柱剖面图（三等材）

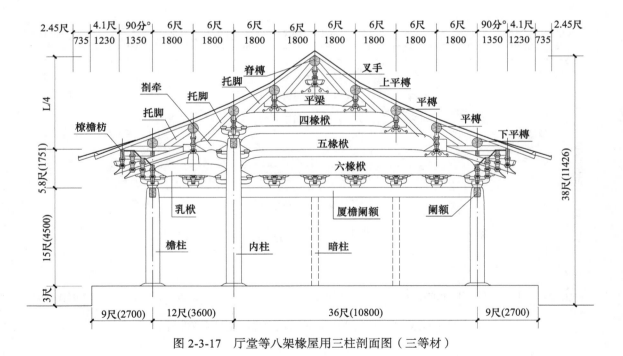

图 2-3-17　厅堂等八架椽屋用三柱剖面图（三等材）

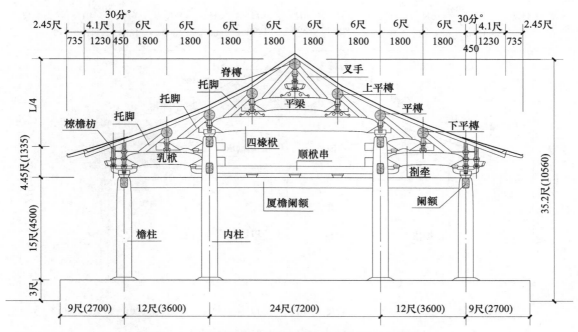

图 2-3-18　厅堂等八架椽屋用四柱剖面图（三等材）

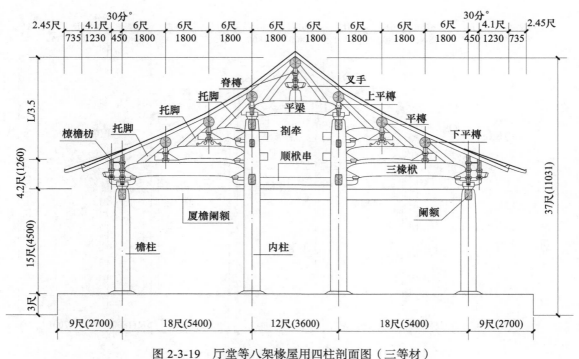

图 2-3-19　厅堂等八架椽屋用四柱剖面图（三等材）

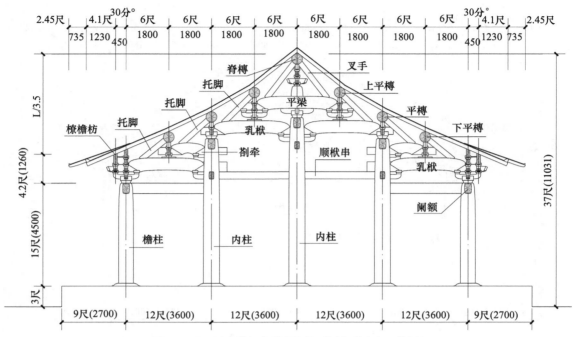

图 2-3-20　厅堂等八架椽屋用五柱剖面图（三等材）

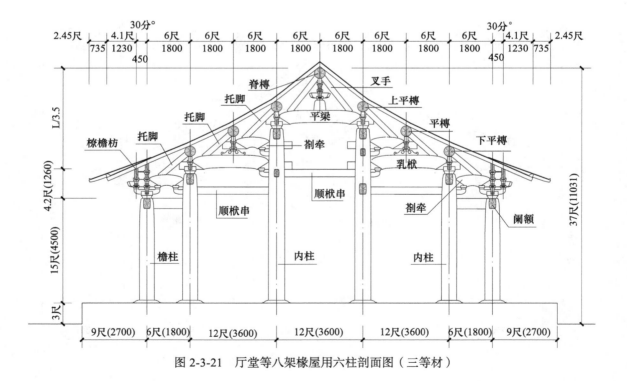

图 2-3-21　厅堂等八架椽屋用六柱剖面图（三等材）

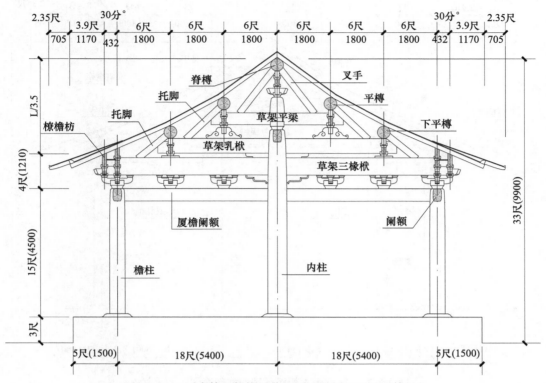

图 2-3-22 厅堂等六架椽屋分心用三柱剖面图（四等材）

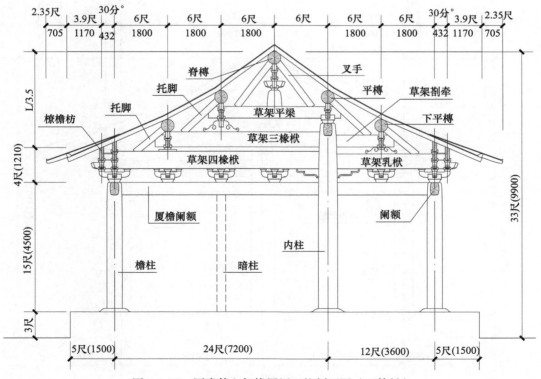

图 2-3-23 厅堂等六架椽屋用三柱剖面图（四等材）

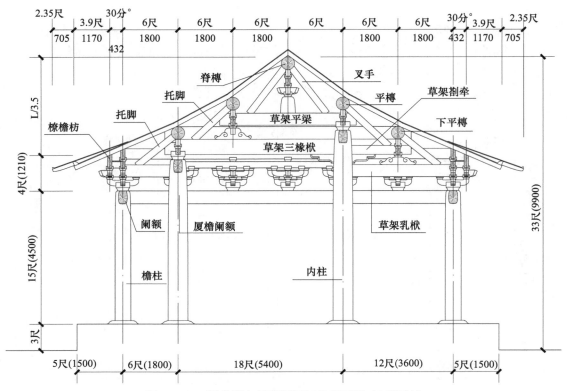

图 2-3-24　厅堂等六架椽屋用四柱剖面图（四等材）

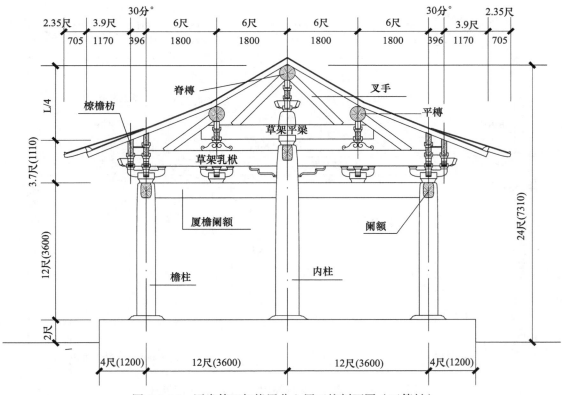

图 2-3-25　厅堂等四架椽屋分心用三柱剖面图（五等材）

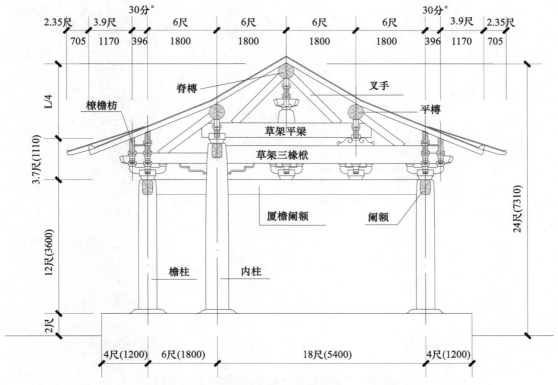

图 2-3-26 厅堂等四架椽屋用三柱剖面图（五等材）

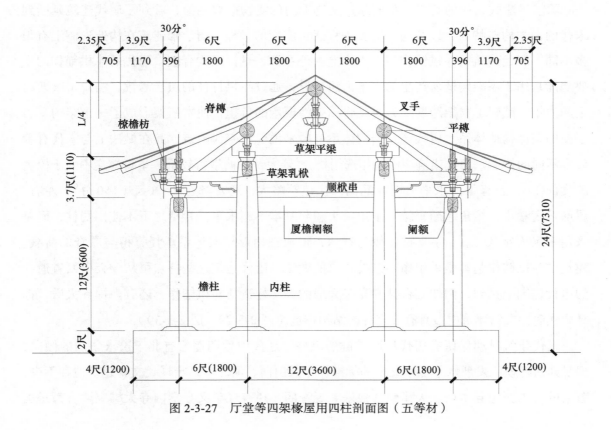

图 2-3-27 厅堂等四架椽屋用四柱剖面图（五等材）

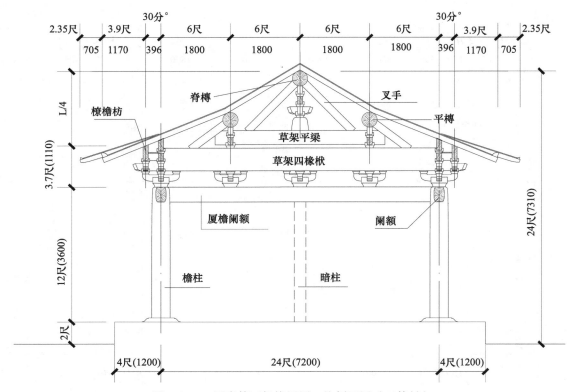

图 2-3-28　厅堂等四架椽屋用二柱剖面图（五等材）

　　除了《法式》中的侧样，我们通过文物部门的实物勘察测绘，看到了唐代建筑延续到宋代的大木构造特征，以及随着历史进程逐步演变的过程。唐、宋建筑在构造形制上有很多不同，唐代建筑的斗栱铺作与大木构造内外穿插，悬挑结构合理，唐代的斗栱铺作的主要功能是用于屋架构造所产生的水平力矩疏导，通过斗栱杆件的层层悬挑，缩短了梁架跨度的力矩，减轻了梁架跨度受力时反作用弹性模量的负担，使木屋架形成了一个结构受力平衡的整体构造体系。唐代建筑结构体系一般来说优于宋代建筑，其在做法上与宋代有着许多不同的特点，唐代建筑斗栱铺作选用材分°较大，屋面举折较小，举折摔囊不大于橼檐跨度的 1/4，且椽架的水平尺度分配比宋代建筑略大，通常都在 7～8 尺（150 分°）左右，屋面坡度囊小，檐角起翘平缓，子角梁头翘起基本不超水平。脊槫之下不使用蜀柱，而是采用平梁人字杈（yì）手支挑斗栱与替木，形成三角形构架体系承托脊槫与屋脊的荷载。建筑中斗栱铺作基本是采用偷心造批竹昂的做法。唐代建筑这些特点可从今天山西省遗存的唐代建筑中见到，例如五台县佛光寺大殿的大木构造与斗栱铺作，还有南禅寺大殿，都是唐代遗存文物建筑中最具有代表性的结构构造（图 2-3-29、图 2-3-30）。

　　辽代建筑早期保留有唐代浑厚雄健的风格，辽代中后期逐渐有北宋追求华丽的倾向，但是建筑规模、发展水平低于北宋的标准。今天山西、河北、辽宁辽代文物建筑遗存不少，著名的有山西应县木塔、天津蓟县独乐寺观音阁，还有辽宁义县奉国寺大雄宝殿，都是国

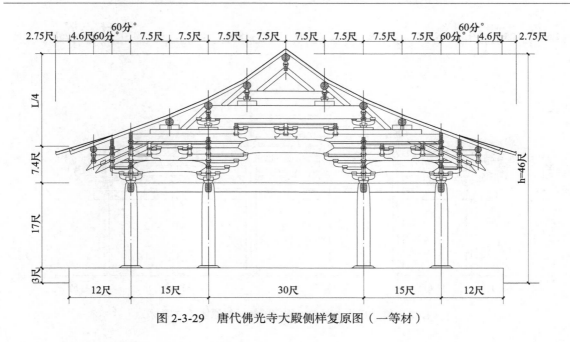

图 2-3-29　唐代佛光寺大殿侧样复原图（一等材）

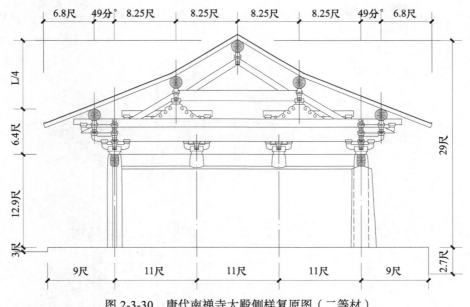

图 2-3-30　唐代南禅寺大殿侧样复原图（二等材）

宝级的文物，这些文物建筑都是辽代建筑营造水平的典型代表。辽代基本与北宋同处一个时期，早期辽代建筑与早期宋代建筑的区别并不是特别明显，只是略显于粗犷，从河北蓟县独乐寺观音阁剖面和辽宁义县奉国寺大雄宝殿的剖面铺作形制，可充分了解辽代建筑的特点（图 2-3-31、图 2-3-32）。

金代建筑与宋代、辽代建筑有着一脉相承之处，从山西大同上华严寺大殿、五台佛光寺文殊殿、朔州崇福寺弥陀殿和观音殿的构架看同属一类，都是采用直梁做法。而大同善化寺三圣殿、山门又具有典型的宋式月梁厅堂构架做法，与宋《法式》中的规定相同。所以唐、

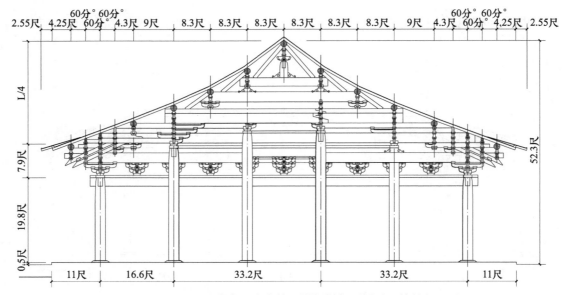

图 2-3-31　辽代奉国寺大雄宝殿侧样复原图（二等材）

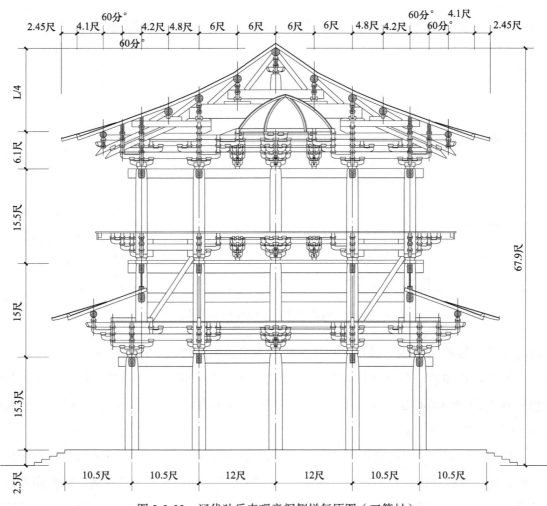

图 2-3-32　辽代独乐寺观音阁侧样复原图（三等材）

宋、辽、金时期的建筑构造大体上可以说是一脉传承，只是随着朝代的更替建筑构造上的做份尺度略有不同的变化。还有就是金代建筑的减柱造，建于金天会十五年（1137年）的山西佛光寺文殊殿横向通面广七间，纵深四间，殿内的内槽前后只用了四根朴柱。始建于金大定二十四年（1184年）的河南济源奉仙观三清大殿，通面广五间，纵深三间，殿内只用了二根后朴柱。这种殿内减柱的做法，应是金代建筑主要的特点（图2-3-33、图2-3-34）。

　　元代官式建筑继承了金代传统，与南宋以后在江南的建筑很明显是两种发展轨迹，南宋以后的建筑逐渐融合江南地方做法。元代北方建筑以元大都营建宫殿为标准，逐渐形成了元代官式做法，由于陕西、四川、云南被元朝攻陷早于江南地区，故而元代官式建筑做法对其

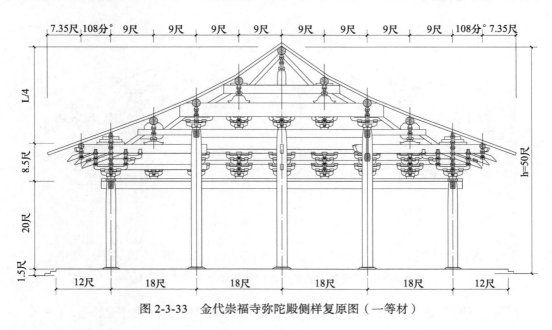

图 2-3-33　金代崇福寺弥陀殿侧样复原图（一等材）

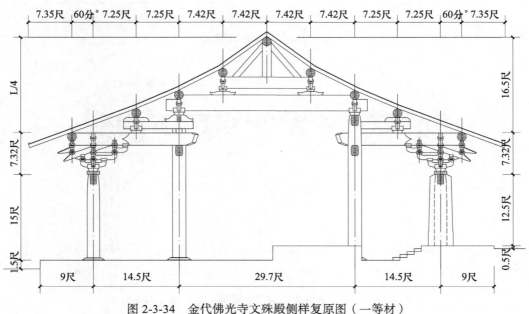

图 2-3-34　金代佛光寺文殊殿侧样复原图（一等材）

有一定程度的影响。现存的元代建筑主要集中在山西、陕西等地。建筑构造有以圆木为梁的纵架结构，甚至使用弯木，具有高度灵活就地取材的西北特征，同样元代也有减柱造做法，如陕西韩城文庙大成殿只是减柱在外檐。就现存的北方元代建筑来说，以山西芮城永乐宫和河北曲阳北岳庙德宁殿为最，这时的大木构造抬梁做法，更接近于后来的明代建筑构造特征，斗栱的做法由斜杆挑斡昂变成了水平的象鼻子耷拉昂。同时斗栱铺作材、栔等级选择取材逐渐收小，斗栱偷心造做法也逐渐被计心造所取代（图2-3-35、图2-3-36）。

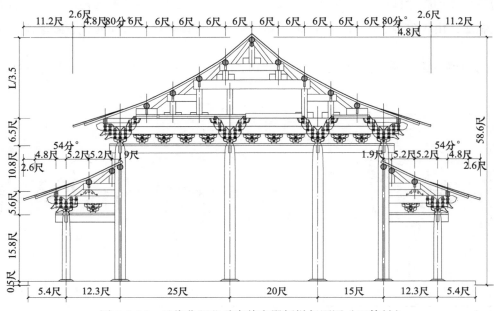

图 2-3-35　元代曲阳北岳庙德宁殿侧样复原图（五等材）

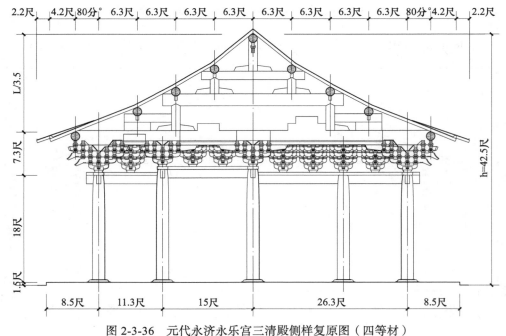

图 2-3-36　元代永济永乐宫三清殿侧样复原图（四等材）

四、斗尖（攒尖）亭子

《法式》卷六"小木作制度一"载"井屋子：造井屋子之制：自地至脊共高八尺。四柱，其柱外方五尺……"，这里所讲的"井屋子"其实就是四柱十字脊的小井亭。从柱子向外出檐五尺（含斗栱出跳约 1.5 米左右）。《法式》卷二十一"小木作功限二"载"井亭子：一坐，镯脚至脊共高一丈一尺，鸱尾在外，方七尺。"这里的方七尺是柱子中～中的尺寸，《法式》中"井亭子"又与"井屋子"说法不符。并且《法式》把亭子类的建筑归纳在"小木作"范畴中也有所不妥。在《法式》卷三十中又有两幅斗尖亭榭图样也并未详解，所以在这里按照后世传统木作分类方法，把亭子归类到"大木作"的范畴之内。

（一）四方斗尖亭子

从《法式》中亭子图样看到：四角亭木架构造基本属于层叠铺作的框架，大角梁后尾一直延伸到枨杆（雷公柱）之上，其上通过上簇角梁、中簇角梁、下簇角梁铺垫找囊至脊步高度。《法式》中的四角亭子图样并不完整，角梁以下斗栱铺作槽内做法并未明示，从宋代绘画当中所见钩阑、鹅项阑槛（美人靠）、坐槛（坐凳）也未有展现。实际上《法式》中四角亭子图样只是一个不完整的构架示意图。在此图基础上我们将补间铺作斗栱加以完善，补充添配完整搭交构造，即可掌握实际完整的结构做法（图 2-4-1、图 2-4-2）。

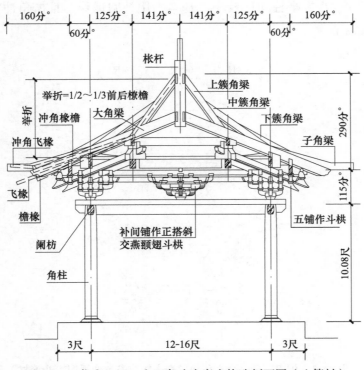

图 2-4-1　仿宋、辽、金四角斗尖亭木构造剖面图（八等材）

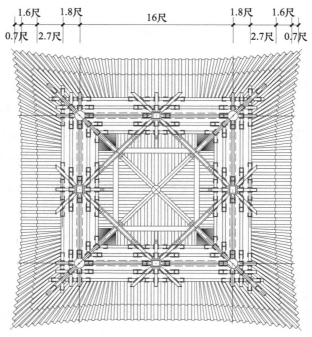

图 2-4-2 仿宋、辽金四角斗尖亭木构造仰视图（八等材）

（二）六方、八方斗尖亭子

除了四角斗尖亭子，六角、八角亭子构造方式与四角基本相同，只是柱距、开间较小，六、八方亭柱头之上一般都采用四铺作以下的简单斗栱，六方亭斗栱铺作最多不超过五铺作，小亭榭与六方、八方亭柱间广较小，基本不用补间铺作，且檐角冲翘尺寸也比较小（图 2-4-3、图 2-4-4）。

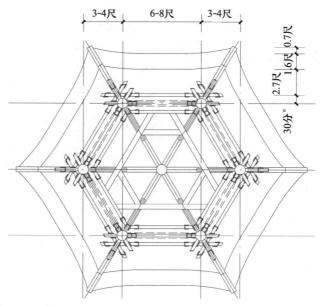

图 2-4-3 仿宋、辽、金六角斗尖亭木构造参考仰视图（八等材）

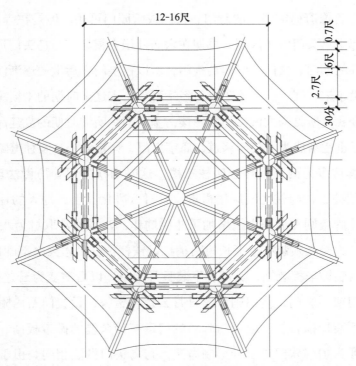

图 2-4-4 仿宋、辽、金八角斗尖亭木构造参考仰视图（八等材）

梁思成先生《注释》"大木作制度图样二十七"中的文字说明述及："亭榭斗尖举折之制：若八角或四角斗尖亭榭，自橑檐枋背举至角梁底，五分中举一分至上簇角梁，即两分中举一分；若亭榭只用甋瓦者，即十分中举四（按角梁与亭榭面45°角，本文所定举高依殿堂例，似就正面正角规定……）。簇角梁之法用三折：先从大角梁背，自橑檐枋心，量向上至枨杆卯心，取大角梁背一半，立上折簇梁，斜向枨杆举分尽处（其簇角梁上下并出榫卯，中下折簇角梁同）。次从上折簇梁尽处，量至橑檐枋心，取大角梁背一半，立中折簇梁，斜向上簇梁当心之下。又次从橑檐枋心，立下折簇梁，斜向中折簇梁当心近下（令中折簇角梁上一半与上折簇梁一半之长同）。其折分并同折屋之制（惟量折以曲尺从弦上取方量之。用甋瓦者同）……"。《注释》中所述亭子举折与簇角梁之法，其实就是亭子角梁举架折算找囊的方法。在古代建筑中，亭榭这类庭园建筑的体量大小变化，随意性很强，在实际操作中因亭子形制及体量变化，斗尖大小、举架高低都是随需要而变化的。在设计与制作亭榭过程中，要考虑到檐部椽子与檐角椽出冲起翘的长短、高差尺度变化，同时还要考虑到下架大木柱高与上架屋盖高度的视觉比例关系，所以亭子的举折角梁与簇梁高低囊折也要随形调整，切不可生搬硬套《法式》中的定式。

五、棂星门牌坊与牌楼

明清牌楼是从唐、宋建筑表楬、阀阅棂星门逐渐演变而成，乌头门在《唐六典》中已有说明，为六品以上官僚府衙宅邸中的邸门、仪门或营园门可用。但是在寺庙与祭祀活动中，棂星门又要与宅邸中乌头门有所区别，早期在宗庙社坛中棂星门与乌头门形制做法近似。为了不同于府衙宅邸的邸门、仪门、营园乌头门，所以棂星门在后世便逐渐演变出了另一种棂星牌楼门做法，由于宋、辽、金、元距今历经千百年，宋辽金时期的木棂星牌楼门并未留有可考证遗物，如今我们所见宋式做法的木牌楼，基本都是明清时期的复建品，这种棂星门牌坊、牌楼明代以后也逐渐成为了陵园墓道、庙宇山门、祠堂祭祀、园林道路等标志性建筑。

早期棂星门牌坊多为两柱一楼或四柱三楼，这时的棂星门牌坊做法已不同于乌头门，立柱的前后辅以戗柱，柱与柱之间眉楼横贯，日月云卧伏其上，冲天的柱头之上多以云罐头封顶。后世复建牌楼则在眉楼之上增加了斗栱铺作，斗栱通常取材为八等 4.5 寸 ×3 寸，多为缠柱造铺做，牌楼必须装有上下长短两趟抗风铁杆拉杠，木梁之下配以龙门枋、串枋，其间辅以额项字匾装饰华板雕饰，其门楣下装日月云鱼（以后演变为云龙雀替）。棂星门牌坊、牌楼亦可装门或不装门，装门则取消日月云鱼或雀替，设置门石内附以槫柱，上装横木连楹或伏兔，下装地栿石枕。棂星门牌坊的门扇有带余塞的撒带板门、合板软门、四抹头或五抹头棂条牙头护缝软门等多种形制做法，与乌头门做法相同。由于唐宋时期棂星门牌坊、牌楼大木结构构造工序做法与后世明清牌楼做法基本类似，在这里我们不再做具体的详解。可参考《中国明清建筑木作营造诠释》中牌楼结构构造的工序做法。斗栱补间铺作则以宋、辽、金的补间形制铺作（图 2-5-1～图 2-5-3）。

图 2-5-1　仿辽、金时期做法的复建牌楼（山西应县）

图 2-5-2 大同古城中心仿建的四牌楼

图 2-5-3 晋祠内复建的明清时期牌楼

六、柱、额框架层

（一）柱高、柱径

由于建筑功能、体量、形制的需要，建筑地盘首先要确定好柱网的布置方式，然后根据柱子所处位置，确定出槽内、槽外柱子的粗细（直径大小）、高低做法尺寸，按照《法式》中柱高规定："若厅堂等屋内柱，皆随举势定其短长，以下檐柱为则。""若副阶廊舍，下檐柱虽长，不越间之广。"可知外檐柱高通常不超过当心间的面宽。柱径的材分°可以从《法式》中看到"凡用柱之制：若殿阁即径两材两栔至三材（42～45分°），若厅堂柱即径两材一栔（36分°），余屋即径一材一栔至两材（21～30分°）"。但是在《法式》卷二十六"诸作料例一·大木作"中又规定"朴柱，长三十尺，径三尺五寸至二尺五寸，充五间八架椽以上殿柱。松柱，长二丈八尺至二丈三尺，径二尺至一尺五寸，就料剪截，充七间八架椽以上殿副阶柱，或五间、三间八架椽至六架椽殿身柱，或七间至三间八架椽至六架椽厅堂柱。"实际上《法式》中的料例与建筑实际使用的料例有着很大出入，我们通过遗存的唐、宋建筑实例测绘，可知柱径与柱高之比，是按照建筑体量变化以及柱子做法不同进行调整的，柱径与柱高之比，通常外檐柱、副阶檐柱是在1/10～1/8之间，内槽朴柱或松柱是在1/12～1/10之间。唐、宋、辽金时期的建筑檐角柱子都要做生起，《法式》中规定生起随间数而定，把当心间的柱子称之为平柱，从平柱起始向两侧面阔方向每柱递增高度2寸直至角柱。其实柱生起是在每间面广18尺的基础上每柱递增高度2寸，当面广尺寸发生变化时每柱增高的尺度也要发生变化，即按照间广尺寸的1/9核算递增生起高度，这样才能确保每间生起一致（表2-6-1）。

表2-6-1　用柱之制（参考）

屋类	间广（尺）	檐柱径（分°）	松柱径、朴柱径（分°）	檐柱高（尺）	松柱高、朴柱高	柱生起（间广比例）
殿阁	12～18	36～42	42～45	12～18	槽内高度之需	1/9
厅堂	12～18	30～36	36～42	12～18		1/9
副阶	6～12	30～36		12～18		1/9
余屋	9～12	21～30		9～12		1/9
亭榭		21～27	30～36	9～12	槽内高度之需	

（二）侧脚、卷杀

《法式》卷五中规定："凡立柱，并令柱首微收向内，柱脚微出向外，谓之侧脚。……凡下侧脚墨，于柱十字墨心里再下直墨，然后截柱脚柱首，各令平正。"这就是说柱子下面向外都要做侧脚，通过测绘实物对照，侧脚通常以外檐平柱高的0.5%～1%定外掰做份。

在唐、宋、辽、金建筑中，柱子基本是梭柱。元代除了梭柱还有直柱，存在两种不同做法形制，直柱是在柱头之上直接做圆楞卷杀，梭柱则是以当心间檐柱高的1/3分之，上1/3再分三份向上做收分卷杀直至圆楞，下1/3做梭脚收1分°。在宋代建筑中很多梭柱只做上部卷杀而忽略下部梭脚收分。而唐代建筑中的柱子下部不做收分（图2-6-1）。

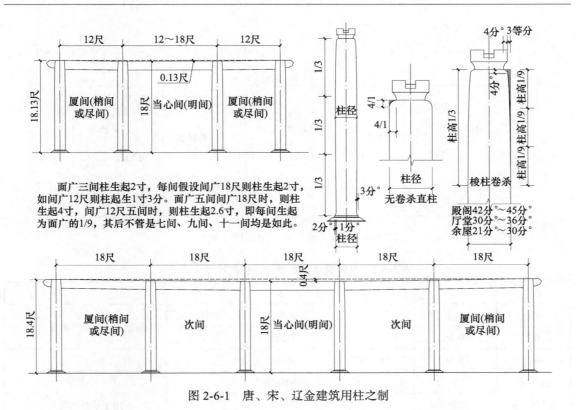

图 2-6-1　唐、宋、辽金建筑用柱之制

（三）各种额类与顺串、襻间构件

在柱网中阑额用于檐柱头之间，是柱头之间相互连接的主要拉接构件，还是补间铺作承托补间斗栱的受力杆件，《法式》中规定"造阑额之制，广加材一倍、厚减广三分之一，长随间广，两头至柱心，入柱卯减厚之半，两肩各以四瓣卷杀，每瓣长八分°（宽一分°）"，即阑额截面高二材（30分°），厚是高的 2/3（20分°）。长随开间中～中，两端拉接榫卯长是阑额厚的 1/2（10分°）且不短于高的 1/3（10分°），阑额榫卯螳螂头做法或燕尾榫卯做法。阑额截面四楞按照高的 1/3 分 4 份，厚 2.5～4分° 4 份做卷杀圆楞。如阑额之上无补间铺作时，阑额截面的厚度是高的 1/2（15分°）。阑额用于角柱时一端出拉接榫，另一端与角柱交接做搕头榫，搕头出头长为 1.5～2 倍柱径，厚为阑额高的 1/2（15分°），做三瓣头或保持方头或做楷头形状均可（搕头形制见后面榫卯章节）（图 2-6-2、图 2-6-3；表 2-6-2）。

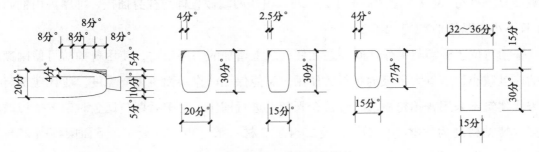

图 2-6-2　阑额、由额、普拍枋

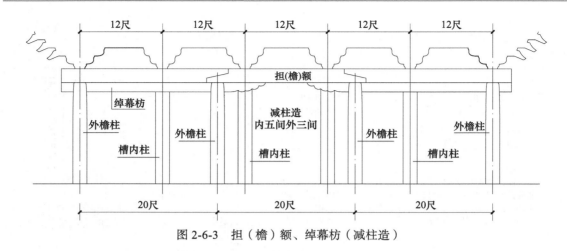

图 2-6-3 担（檐）额、绰幕枋（减柱造）

表 2-6-2 各种额类、枋类构件权衡尺寸（参考）

名称	广	厚	长		备注
阑额	30 分°	20 分°	随间广	有补间	截面高不得小于跨度 1/10
阑额	30 分°	15 分°	随间广	无补间	
由额	28 分°	15～18 分°	随间广		
普拍枋	30～36 分°	15 分°	随间广		
担（檐）额	柱径的 4/3	45～63 分°			用于殿阁类建筑
檐额	柱径的 4/3	36～45 分°			用于较小建筑
绰幕枋	30 分°	15 分°			
屋内阑额	30 分°	20 分°	随间广		用于槽内柱头之间
屋内额	18～21 分°	10～15 分°	随间广		用于柱间其他位置或驼峰头之间
顺脊串	19 分°	15 分°	随间广		含顺身串
顺栿串	19 分°	15 分°	随梁跨		
襻间枋	15～21 分°	10 分°	随间广		
地栿	18 分°	12 分°	随柱间		

由额在殿堂无副阶时用于阑额之下，是檐柱之间辅助阑额的重要拉接构件，如果殿堂有副阶时，由额安于殿身檐柱副阶竣脚椽下，也作为副阶檐柱头之间的额用，且额下不再另设附属由额。由额不承重只作为柱头间或驼峰间相互联系之用，由额尺寸是以阑额的材高减 2 分°～3 分°定高，厚为高的 1/2～2/3。由额两端做直榫与柱身插接，榫厚为由额高的 1/3 且不小于厚的 1/2（表 2-6-2）。

普拍枋位于阑额与铺作之间，是在柱头之上增加的一层扁枋，使用普拍枋可使阑额用料的厚度减小，节省大径级的材料的使用，又能保证铺作层面所需要宽度。唐代建筑与早期宋代建筑不采用普拍枋做法，直接在阑额上进行铺作，南宋后期与辽金时期普拍枋做法较多。普拍枋高为一材（15 分°），宽二材至二材一栔（30～36 分°），下面阑额高 27～30 分°，厚 15 分°（图 2-6-2；表 2-6-2）。

担（檐）额只用于减柱造做法，例如佛光寺文殊殿为了减少内柱，采用纵向大内额的构造形式（金代）；又如陕西韩城文庙大成殿，为了减少檐面柱子采用减柱造做法（元代），檐额只是压在柱头之上，起到檐部承重的通面阔大额的作用，其下面附着的绰幕枋采用卡腰榫连接檐柱头。檐额主要用途是使檐口开间拉大，减少檐面柱子的数量，不考虑外檐柱子与内槽柱子处在同一条纵向轴线上（同一缝托架位置），不考虑外檐柱间广位分配的位置，而檐额上铺作所置的位置则对应内槽间广柱位与内槽梁架。《法式》中规定"凡担（檐）额两头并出柱口"（宽为柱径的4/3）；"其广两材一栔至三材"（用于较小的建筑）；"如殿阁即广三材一栔或加至三材三栔"（用于殿阁类的建筑）；"担（檐）额下绰幕枋，广减担（檐）额三分之一；出柱长至补间"（指开间中的箍头出头要超过斗栱铺作的位置，通常是开间长的1/4）；"相对做楷头或三瓣头"（指对应的另一端檐角以外的箍头出头）（图2-6-3）。

屋内阑额是用于槽内柱头之间，其作用与阑额相同，有铺作时截面尺寸和做法与阑额相同。而屋内柱与柱之间其他位置或驼峰之间的内额（枋类）拉接构件，按照《法式》中内额的规定："广一材三分°至广一材一栔；厚取广三分之一（在实际应用中厚10～15分°）；长随间广，两头（相对出榫）至柱心或驼峰心。"

墙内地栿在北方建筑中不适用，只见于南方建筑，有砌筑于墙内或用于罗汉板壁（木墙板）的地面位置，是外檐柱脚拉接构件。《法式》规定地栿："广加材二分°至三分°（17～18分°）；厚取广三分之二；至角出柱一材（搭交箍头）。"

顺串与襻间在大木构造中均属于联系拉接构件，有顺栿串、顺身串、顺脊串、襻间枋等，大木架经过这些纵横拉接构件与额类构件相互串联，通过与斗栱铺作、梁架、椽架互相结合，把屋架整合成一个整体框架结构体系，通过木结构材质的弹性作用与木构造榫卯的柔性作用，满足了建筑结构安全的使用要求。

用于两缝梁架蜀柱之间联系的顺脊串（顺槫串），广为材增加三至四分°（18～19分°）、厚同材（15分°）。顺栿串用于厅堂木构架栿的下边，用于副阶时叫作顺椽串，联系槽内前后之间的柱子，两头榫出柱身外在乳栿或剳牵之下，做成丁头栱或蝉肚形串头或楷头。顺身串用于厅堂顺身开间柱与柱之间，权衡尺寸与顺栿串相同。

襻间枋广（高）十五～至二十一分°，厚十分°（表2-6-2）。

七、屋盖层栿（梁）、槫、椽望

（一）各种栿（梁）类构件

在《法式》卷第五中："造梁之制造有五，一曰檐栿……二曰乳栿……三曰剳牵……四曰平梁……五曰厅堂梁栿……"，把栿（梁）分了五种类型。其中前四种栿（梁）都是以建筑构造中所处不同位置和形制区别而定名，而第五种厅堂梁栿说法则是房屋建筑类型中所有梁栿的总称。

栿（梁）从位置上讲处于平闇顶内看不见的栿（梁），通常采用直梁做法，不做修饰，叫作草栿。凡是露明看得见的梁，在经过修饰后，从外形上看梁身起拱形同弯弓，犹如弯月，叫作明栿（也叫月梁），梁身两端底面形状如同琴面，梁端的上下做卷杀，两面的圆肩做成斜项卷杀，长出的梁头同材宽，与柱头铺作斗栱相连（图2-7-1）。

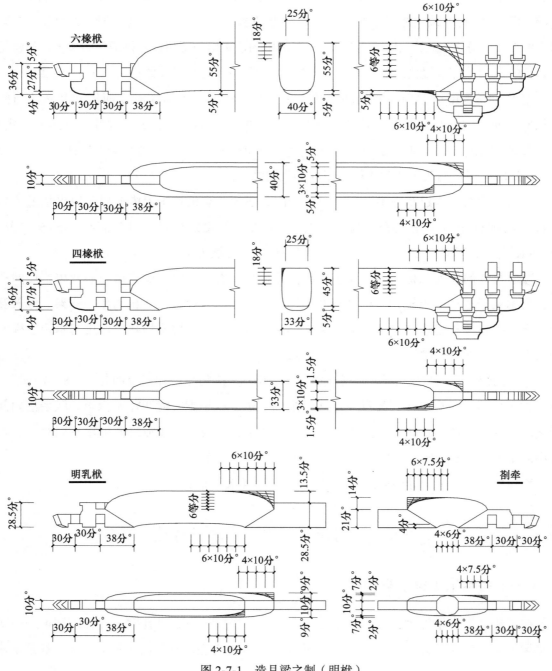

图 2-7-1　造月梁之制（明栿）

栿（梁）从椽架的路数多少上讲，栿（梁）承托着几路椽架，就叫作几椽栿。《法式》中殿堂图样里最长的椽栿也只是十架椽栿、八架椽栿（草栿）。明栿通常由于殿堂中柱网分槽的分隔，最大也只是六架椽栿，一般为五架椽栿、四架椽栿和顶部两架的平梁，一椽架则被称之为劄牵。处于廊子内的两架椽栿（月梁），则被称为乳栿。

确定栿（梁）的截面大小时，在考虑结构安全、满足荷载需要的前提下，明栿还要考虑到跨度长细比例，满足视觉观感的需要，所以从《法式》中所看到的草栿（直梁）材分°制度小于明栿（月梁），只要满足结构荷载的需要就可以了，通常草栿梁截面高按照跨度比例控制在 1/11～1/10 之间，厚不小于梁自身高的 1/2。不过在普通余屋民居中，栿（梁）只考虑满足荷载需要，木架就地取材，随形就势弯梁也很多，甚至保持原木自然状态，并不完全追求外形定式。

明栿（月梁）材分°制度大于草栿（直梁），除了结构荷载还要考虑到栿（梁）的外形比例美观，通常明栿跨度比例不小于 1/10。明栿（梁）长细比一般不小于 1/11。《法式》中规定："造月梁之制：……梁首（谓出跳者）不以大小从，下高二十一分°。其上余材，自斗里平之上，随其高匀分作六分（份）；其上以六瓣卷杀，每瓣长十分°。其梁下当中顑六分°，自斗心下量三十八分°为斜项。斜项外其下起顑，以六瓣卷杀，每瓣十分°。"栿两端的榫与斗栱铺作结合，上下二层铺作正反口连做，榫高 36 分°且不小于栿高的 3/5，以确保榫卯的高度满足结构受力需要。其做法与尺寸详见图 2-7-1 和表 2-7-2。

表 2-7-1　各种明栿梁类构件权衡尺寸（参考）

名称	广	厚	名称	广	厚
六椽栿	60 分°	40 分°	乳栿	42 分°	28 分°
五椽栿	55 分°	37 分°	平梁	42 分°	28 分°
四椽栿	50 分°	33 分°	劄牵	35 分°	23 分°
三椽栿	45 分°	30 分°	草栿	跨度 1/11～1/10 × 高 1/2	

（二）槫与橑檐枋

《法式》卷第五中载 "用槫之制：若殿阁槫，径一材一栔，或加材一倍。厅堂槫，径加材三分°至一栔。余屋槫，径加材一分°至二分°。长随间广"（注：除了回廊，其他余屋民居等需增调槫径一材一栔，且不小于间广的 1/11），又说 "凡橑檐枋当心间之广加材一倍，厚十分°。至角随宜取圆，贴生头木，令里外齐平"，又讲到 "凡下昂作，第一跳心之上用槫承椽谓之牛脊槫"，这里所讲的就是用槫的材分°与橑檐枋的尺寸，处于檐部铺作正中的槫叫作牛脊槫，同样用于檐部铺作正中的枋叫作牛脊枋。通常北方建筑上檐铺作正中都使用牛脊槫，橑檐位置很少使用橑檐枋，多见使用橑檐槫（撩风槫）。而南方建筑通常都会使用牛脊枋和橑檐枋。

《法式》中所载殿阁槫径二十一至三十分°、厅堂槫径十八至二十一分°、余屋槫径十六至十七分°，橑檐枋广（高）也是二十一至三十分°厚十分°。也就是说槫的直径大小与橑檐枋的广（高），也是随着当心间面广的跨度变化进行调整的。通常槫（檩）径的跨度比为1/11～1/10。橑檐枋或下平槫使用在搭交转角时，为了转角椽翘起，与正心转角牛脊槫上面都要安装生头木（明清叫枕头木）与角梁平齐（表2-7-2）。

表2-7-2 各种槫、橑檐枋类构件权衡尺寸（参考）

房屋类别	名称	直径	房屋类别	名称	直径
殿阁	各位置的槫	21～30分°	厅堂	橑檐枋	18～30分°
	牛脊槫	16～21分°	余屋	各位置的槫	16～21分°
	橑檐枋	21～30分°		橑檐枋	16～21分°
厅堂	各位置的槫	18～21分°	小型亭榭	各位置的槫	16～21分°
	牛脊槫	16～21分°		橑檐枋	16～21分°

（三）檐椽、飞子与檐部构件

在唐、宋、辽、金建筑中，檐椽多为圆椽，亦有方椽，殿阁椽的直径九至十分°，厅堂椽的直径七至八分°，余屋椽径六至七分°。檐椽从橑檐枋中起始向外水平伸出，径三寸、檐出三尺五寸；最大径五寸时，檐出四尺，最长不超过四尺五寸，在此范围之内应按径的大小加以调整。飞子椽采用方椽，广（宽）十分之八椽径，厚十分之七椽径。飞子椽出挑为檐出的十分之六。檐角椽的做法和檐角飞子的做法与明、清建筑翼角椽翘飞椽基本类同。

唐、宋、辽、金建筑中飞子椽，两腮各以椽广的五分之一斜杀（收溜）至椽头，飞子椽底面按椽头厚，分成五份，下面二份再向里按椽厚，退三份做三瓣卷杀。飞子尾长要越过牛脊槫预留钉，防止出现掘檐（与明清一头三尾道理相同）。

飞魁大连檐（明清叫作里口木）广厚不越材（不超过一材的尺寸），上面开椽槽与飞子上面顺平。

小连檐（明清叫檐边木）厚（高）为一栔，广（宽）一栔加二至三分°。不管飞魁大连檐还是小连檐，在转角的位置都要整根起擞，只可顺着连檐片口弧度起翘，不可断口续拼起翘。

（四）合楷（替木）、驼峰、蜀柱、杈手、托脚、生头木等附件

在唐、宋、辽、金建筑大木构造中，合楷（替木）是一种常用的构件。从形制上看，合楷因使用的位置不同，其做法尺寸上略有差异，通常露在明面上的合楷，外形随意、做法多样，比较多见的有蝉肚合楷，外形底面如同蝉虫的肚子上翘，还有楷头合楷、卷杀头合楷等很多，露明合楷厚十分°或与所托栿（梁）、枋子的插榫同厚，高二十一分°或增加三至四分°，且不大于所托栿（梁）、槫、枋截面的高，一端1/2长为栿（梁）高的三至四倍且不超过120分°。而另一种暗使合楷，用于屋顶内槫的对接之处，比较窄小，外形底面略微

上翘，两端做楂头或卷杀头。暗使合楂厚十分°或与所托栿梁、枋的插榫同厚，高同材或减二至三分°，总的长度不超过 120 分°（图 2-7-2）。

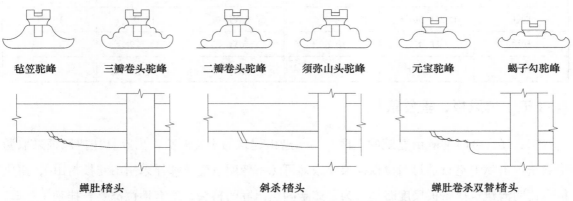

毡笠驼峰　　三瓣卷头驼峰　　二瓣卷头驼峰　　须弥山头驼峰　　元宝驼峰　　蝎子勾驼峰

蝉肚楂头　　　　　　斜杀楂头　　　　　　蝉肚卷杀双替楂头

图 2-7-2　唐、宋、辽、金时期合楂与驼峰式样

驼峰有两种做法：一种是卡在蜀柱脚上（角背驼峰），起到支戗蜀柱的作用，厚 6～8 分°，高为蜀柱的 1/2 且不超过襻间枋，长为 90～120 分°。中间做袖肩卡口榫与蜀柱相交；另一种驼峰是替代蜀柱起到承上启下负载的垫木，造型有元宝形、莲瓣勾头、杀大角等多种形制，很随意。厚 25 分°或随梁栌斗底宽，高随所需，长为 90～120 分°且不大于椽架水平尺寸五分之四，两端做元宝毡笠或圆弧阴阳蝎尾勾等随意造型（图 2-7-2）。

蜀柱（明清叫作瓜柱）与角背驼峰卡榫相交，其下双榫插坐在栿（梁）背上。殿阁上的蜀柱径一材半，且不小于栿（梁）厚度；余屋蜀柱径根据栿（梁）厚度而定。柱头做卷杀圆楞，其上衬托栌斗，两缝间蜀柱通过襻间枋榫卯串联拉接。

杈手（后被改称为叉手）用于脊槫支撑；托脚是每路椽架中栿（梁）上的斜撑构件，起到稳定与辅助承载的作用。殿阁上的杈手广十八分°至二十一分°，厚十分°且不小于广的三分之一。余屋上的杈手广十五分°至十八分°，厚九分°，且不小于广的三分之一。托脚用于脊槫以下每路平槫支撑，广随材十五分°，厚七分°，且不小于广的三分之一。宋代建筑中，杈手与脊步蜀柱一起承托脊槫。而宋代之前（如唐代）建筑平梁之上通常不使用蜀柱，只采用杈手作为结构受力支撑杆件，直接承托脊槫。

生头木用于梢间出际的槫头之上，起到横向垫高屋脊和屋面两端的作用，使屋面形成一个美观的弧面，这也是唐宋建筑的一大特点。生头木广（高）二十一分°，厚十五分°，长与梢间出际的槫长相同。

以上各构件权衡尺寸见表 2-7-3。

表 2-7-3　合楂、驼峰、蜀柱、杈手、托脚、生头木构件权衡尺寸（参考）

名称	广	厚	名称	广	厚
合楂	21～25 分°	10 分°	生头木	21 分°	15 分°
驼峰	长 90 分°	22～25 分°	小连檐	6 分°	9 分°

续表

名称	广	厚	名称	广	厚
角背驼峰	长90分°	6~8分°	瓦口	6分°	1.5分°
蜀柱	径25~30分°		飞魁大连檐	15分°	15分°
杈手	21分°	10分°	望板	1.5分°~2分°	
托脚	15~21分°	10分°	燕窝板	12.5分°	1分°

（五）搏风板、垂鱼惹草

宋、辽、金时期歇山建筑的厦两头，与悬山建筑的不厦两头，出际悬挂搏风板采取漏空做法，出际中空只是封堵椽栿构架象眼即可（不像明清建筑那样采用山花板封山），搏风板也比明清建筑搏风板尺度略小，为了遮蔽漏空出际的槫头，所有槫位都要悬挂垂鱼惹草。垂鱼惹草较大，悬挂时为防止风阻，都会在背后出际槫头上使用一个云角形的木支撑挂件防风。

《法式》卷五"大木作制度二"载"造搏风版之制：于屋两际出槫头之外安搏风版，广两材至三材，厚三分°至四分°，长随架道。中、上架两面各斜出搭掌，长二尺五寸至三尺。下架随椽与瓦头齐"。

在《法式》卷七及《注释》"大木作制度图样二十四"文字说明中述及"造垂鱼、惹草之制：或用华瓣，或用云头造。垂鱼三尺至一丈，惹草长三尺至七尺，其广厚皆取每尺之长，积而为法。垂鱼版每长一尺则广六寸，厚二分五厘。惹草版每长一尺则广七寸，厚同垂鱼。"

在《法式》与《注释》中所列出的搏风板的宽度与厚度，与我们所见到的文物建筑中的规格比例尺寸并不相符，我们也只能理解为某些做法中的调整。实际上通过测绘对比，搏风板的宽度最为合适的宽度应在60分°左右，这个宽度基本上可以满足槫径尺寸的封护需要。同样，搏风板要有一定厚度，便于穿带不易卷翘，厚也是5~6分°最为适宜（图2-7-3）。

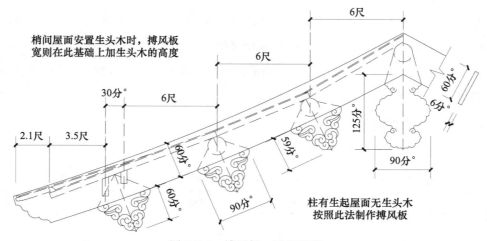

图2-7-3 搏风板、垂鱼惹草

（六）大木榫卯与不同做法的箍头

古代建筑利用榫卯把木构件横纵相连、上下叠合，构成一个木构造屋架结构体系。木结构榫卯的运用，从出土的春秋战国时期的文物器具中就可以看到，那时榫卯在木构造中已被广泛使用，这个时期用于建筑的榫卯有直插榫卯、银锭榫卯、凹凸阴阳卯、交叉搭扣榫卯等，已有很多类型的榫卯。到了唐、宋时期木构造中的榫卯做法更加成熟，尤其在建筑中的榫卯运用更是非常重要的工艺措施。唐、宋以后古建筑中的榫卯传承逐步发展成熟，到了明清基本形制没有太多的变化。

唐、宋建筑通过榫卯把各种形状的木件组装在一起，形成一个所需要的建筑木结构构造体系，在这个体系中所有节点通过榫卯的紧密结合，使建筑结构保持在一个受力安全稳定、持久平衡状态。榫卯的形制做法及尺度的变化，是千百年来古代工匠经过一代又一代实践和对木结构安全稳定经验积累的结果。在木构造中，结构负荷以及受到外力影响时，对于构造节点的冲击力作用是非常大的。木材是天然的有机材质，木结构在受到外力作用时，通过木材自身的弹性作用与外力保持平衡，同时木结构通过榫卯的摩擦柔性作用，保持了构造平衡与稳定，所以说榫卯的形制做法、尺寸变化，是关系到木结构构造安全与稳定的重要保障，它的作用就在于确保结构构造在受力时，构件不发生扭曲变形与松散解体，在结构受到重力挤压时，构件不发生断裂，保证结构安全与稳定，因此对于古建筑，我们要对其各类榫卯做法及使用要求有充分的了解，在实践应用中不可任性随意制作，避免木结构后期使用中产生安全隐患。

榫卯的尺度比例是根据建筑体量与构件的大小而定的，唐、宋建筑榫卯的尺度基本是以木构件截面大小和使用材、栔、分°的标准进行衡量。屋架中大木构件的榫卯厚度以材、栔、分°标准的 10 分°为最低值，栿（梁）、阑枋、槫等较大承重类构件（《法式》中规定的构件算例标准），通常会按照构件截面比例对榫卯的宽厚度加以调整；"直插榫"厚度为构件厚的 1/4～3/10 且不小于 10 分°；螳螂头榫、燕尾榫等带有乍角的榫卯，厚度基本是构件厚的 3/10～1/3 且不小于标准的 10 分°。榫高则以构件截面高为准，大进小出榫中的小出榫高为榫截面高的 1/2，由于栿（梁）头与斗栱铺作是一体构造，栿（梁）头榫卯通常都会以二层铺作尺寸作为栿（梁）榫卯的高，栿（梁）榫卯剪切受力高度，应考虑保持栿（梁）榫卯最大截值，且不小于梁高的 3/5。

榫卯的长度要根据榫的使用位置设定，也要根据榫的厚度考虑榫的长短。燕尾榫、螳螂头榫等长度通常不超过檐柱径的 3/10，不应短于榫厚的尺寸，榫头乍角为榫长的 1/10～1.5/10（太小卡不住卯口，太大容易掉角），直插半榫最短不小于榫厚的 1.5 倍，最长不超柱径的 2/5，大进小出榫的大进深度不小于榫厚，小出榫的高为梁、枋或构件的 2/5，且不小于梁、枋或构件高的 1/2。出头长为榫厚的 2～3 倍（出头外做花式时长短另计）。

根据位置的不同，在大木构造中榫卯的形制有直插榫（透榫、半榫）、大进小出榫、螳螂头榫、燕尾榫、藕批搭掌榫、十字卡腰榫、梁头象鼻榫、扒梁阶梯榫、柱头馒头榫、柱脚管脚榫、三瓣对接柱抄手榫（用于中小径）、三瓣对接柱抄手榫（用于中大径）、对接柱十字榫（用于大径）、墩接柱一字榫、墩接柱巴掌榫、销插榫（销子）、马牙榫、银锭扣、明穿带、暗穿带等各式各样的榫卯（图 2-7-4）。

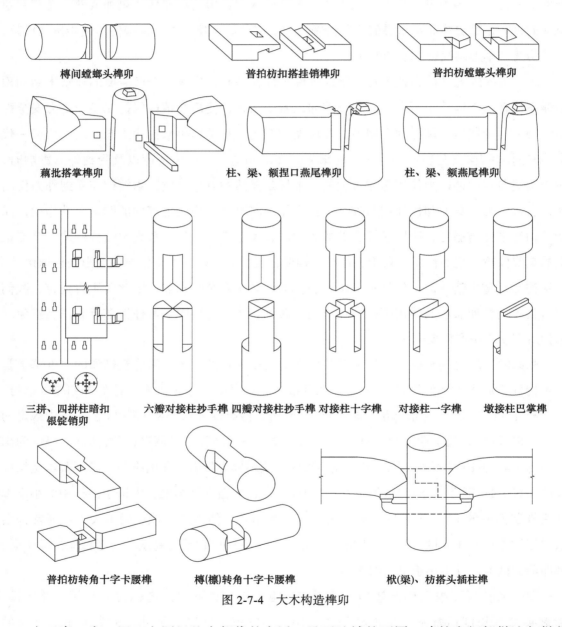

樽间螳螂头榫卯　　普拍枋扣搭挂销榫卯　　普拍枋螳螂头榫卯

藕批搭掌榫卯　　柱、梁、额捏口燕尾榫卯　　柱、梁、额燕尾榫卯

三拼、四拼柱暗扣银锭销卯　六瓣对接柱抄手榫 四瓣对接柱抄手榫 对接柱十字榫　对接柱一字榫　墩接柱巴掌榫

普拍枋转角十字卡腰榫　　樽(檩)转角十字卡腰榫　　栿(梁)、枋搭头插柱榫

图 2-7-4　大木构造榫卯

由于唐、宋、辽、金历经几个朝代的变迁，乃至地域的不同，建筑在细部做法与做份上有着很多不同的变化，在大木作中从阑额到后来的普拍枋出现，以及很多细部做法都会有所不同。从转角的箍头式样形制做法，就可以充分看到不同地域、不同时期的不同做法特点（图 2-7-5）。

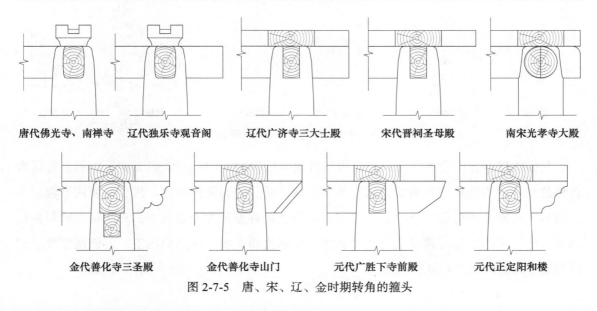

图 2-7-5　唐、宋、辽、金时期转角的箍头

（七）柱、栿（梁）、枋等大径级的拼合料

在古代官式建筑中体量较大的殿阁，需要使用栿（梁）、枋柱子的径级很大，材料储备很难解决，所以古代的工匠为了解决大径级的构件用料，通过实践总结出大料拼合的方法。宋代建筑中我们所见到的拼合构件也不少，从《法式》中的合柱鼓卯图中就可以看到三种径级拼柱方法。在修缮文物建筑中，也经常见到较粗实木芯外圈箍小料包镶，拼合成大径级的柱子。当柱子的长度不够时，采用接续的方法也是古建筑中常见的一种做法，尤其是宋代以后大径级木料匮乏，建筑中使用柱、梁等大构件拼合料更是常见。柱料拼合主要是为了解决粗大径级的大料，在古建筑中通常柱子三瓣拼、四瓣拼与包镶拼的做法较为实用，例如浙江余姚保国寺大殿内的四变八瓜楞柱与内圆外八的蒜瓣柱，都是采用拼合柱（束身柱）的方法解决柱料径级大的问题；还有北京十三陵长陵祾恩殿的楠木柱子、北海小西天的柱子与花台梁等。除了拼瓣做法的拼合柱，包镶拼合柱的做法也是古建筑中经常采用的做法，这种做法要求柱芯料直径不得小于总柱径的 3/5，外包拼料厚度约占总柱径的 1/5。宋代以后古建筑中很多高大径级的粗柱子都是采用的这种拼合做法。超长柱料拼合考虑到柱受力时的弯矩影响，接头位置应设在柱子下端 1/3 以下。为防止包镶柱外拼料接头出现松动，不可平头一圈对接，必须跳跃式的错位插接。拼攒柱平面与平面拼合对应开燕尾槽，使用银锭硬木贯通带或阴阳燕尾榫槽拼粘（图 2-7-6）。

栿（梁）、枋料拼合主要是为了解决高截面的大料，通常拼梁、枋要保证芯料使用通长整料，芯料如需拼合只准上下二拼，下面拼料截面高必须大于总高的 3/5，下拼料截面高不应小于跨度的 1/15，上拼料约占梁、枋总高的 2/5 且只准许小于不准大于。拼合梁、枋的厚度通常采用三拼，芯料的厚不应小于拼梁总厚度的 3/5，两侧面拼料各占 1/5。这种拼合梁、枋的实例可见于北海小西天 12 米跨度花台梁的做法（图 2-7-6）。

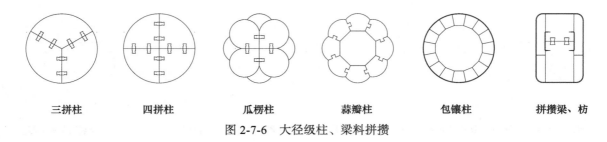

| 三拼柱 | 四拼柱 | 瓜楞柱 | 蒜瓣柱 | 包镶柱 | 拼攒梁、枋 |

图 2-7-6 大径级柱、梁料拼攒

在传统拼合料中都要使用鳔胶，根据拼料的层次加装明、暗铁镉套箍等加固，确保拼合料的整体合力性能在长期受力状态下不出现下垂、开裂解体变化。拼合料使用套箍，其加固间距通常为木料截面高的 1～1.5 倍。如今我们在修缮文物建筑中，对于拼攒木料进行加固，亦可采取更加可靠安全有效的做法，在不扰动文物本体的原则下，可使用螺栓、碳纤维或更好的新型工艺材料等做法。

八、唐、宋、辽、金、元文物建筑部分实测尺寸参考

以下表中数据只作为对照《法式》的权衡尺寸参考资料，不可作为修缮数据标准，在修缮该文物建筑时不可照搬表中数据，应以即时现场测绘数据为依据。通过表中数据可以看到实际建筑营造中材、分°尺度的运用，包括地盘的布置，都是根据建筑自身营造条件需要，有着很灵活的做法来变通与调整（表 2-8-1～表 2-8-6）。

（一）唐代建筑

表 2-8-1　唐时期部分文物建筑地盘面广、架深实测参考

名称	年代（年）	通面广	当心间	次间	厦间或副阶	通架深	开间	厦间或副阶
南禅寺大殿	782（唐）	40 尺	18 尺		12 尺	36 尺	12 尺	12 尺
		700 分°	300 分°		200 分°	600 分°	200 分°	200 分°
		1161cm	499cm		331cm	990cm	330cm	330cm
佛光寺大殿	857（唐）	115 尺	17 尺	17 尺	15 尺	60 尺	15 尺	15 尺
		1700 分°	252 分°	252 分°	220 分°	880 分°	220 分°	220 分°
		3400cm	504cm	504cm	440cm	1766cm	443cm	440cm
平顺天台庵	926（后唐）	22.5 尺	10.5 尺		6 尺	22.5 尺	10.5 尺	6 尺
		576 分°	262 分°		157 分°	576 分°	262 分°	157 分°
		690cm	314cm		188cm	690cm	314cm	188cm
镇国寺大殿	963（五代）	39.5 尺	15.5 尺		12 尺	34.5 尺	12.5 尺	11 尺
		787 分°	309 分°		239 分°	692 分°	252 分°	220 分°
		1157cm	455cm		351cm	1016cm	370cm	323cm

（二）宋代建筑

表 2-8-2 宋时期部分文物建筑地盘面广、架深实测参考

名称	年代（年）	通面广	当心间	次间	厦间或副阶	通架深	开间	厦间或副阶
华林寺大殿	964（北宋）	54 尺	22 尺		16 尺	50 尺	12 尺	13 尺
		722 分°	296 分°		213 分°	668 分°	159 分°	175 分°
		1587cm	651cm		468cm	1468cm	350cm	384cm
榆次雨花宫	1008（北宋）	44 尺	16 尺		14 尺	43.5 尺	15.5 尺	14 尺
		831 分°	303 分°		264 分°	825 分°	296 分°	264 分°
		1331cm	485cm		423cm	1320cm	474cm	423cm
保国寺大殿	1013（北宋）	40 尺	19 尺		10.5 尺	45 尺	19.5 尺	15.3 尺 10.2 尺
		823 分°	393 分°		215 分°	925 分°	402 分°	313 分° 210 分
		1177cm	562cm		308cm	1324cm	575cm	448cm 301cm
晋祠圣母殿	1111（北宋）	89 尺	16.5 尺	13.5 尺	12.5 尺 10.3 尺	70.6 尺	12.5 尺	10.3 尺
		1815 分°	337 分°	276 分	253 分° 210 分°	1432 分°	253 分°	210 分°
		2669cm	494cm	405cm	372cm 310cm	2108cm	372cm	310cm
少林寺初祖庵	1125（北宋）	36 尺	13.5 尺		11.25 尺	50 尺	12 尺	11.25 尺
		891 分°	335 分°		278 分°	852 分°	298 分°	277 分°
		1096cm	412cm		342cm	1052cm	368cm	342cm
苏州玄妙观三清殿	1179（南宋）	142.5 尺	20.5 尺	17 尺	14.5 尺 12.5 尺	83 尺	14.5 尺	12.5 尺
		2742 分°	397 分°	327 分°	277 分° 241 分°	1952 分°	277 分°	241 分°
		3487cm	635cm	523cm 524cm	443.5cm 385.5cm	2547cm	442.5cm	447.5cm 383.5cm

（三）辽代建筑

表 2-8-3 辽时期部分文物建筑地盘面广、架深实测参考

名称	年代（年）	通面广	当心间	次间	厦间或副阶	通架深	开间	厦间或副阶
独乐寺山门	984（辽代）	55 尺	20 尺		17.5 尺	29 尺	14.5 尺	
		1016 分°	374 分°		321 分°	537 分°	296 分°	
		1657cm	610cm		523.5cm	876cm	438cm	
奉国寺大殿	1020（辽代）	157 尺	19 尺	19 尺 17 尺	16.5 尺	82 尺	16.4 尺	16.4 尺
		2475 分°	300 分°	300 分 272 分	258 分°	1432 分°	258 分°	252 分°
		4784cm	580cm	580cm 526cm	498cm	2490cm	498cm	496cm

续表

名称	年代（年）	通面广	当心间	次间	厦间或副阶	通架深	开间	厦间或副阶
独乐寺观音阁	984（辽代）	67尺	15.5尺	14.6尺	11.2尺	48尺	12.6尺	11.4尺
		1234分°	284分°	269分°	206分°	882分°	232分°	209分°
		1975cm	455cm	430cm	330cm	1411cm	370.5cm	335cm
薄伽教藏殿	1038（辽代）	84尺	19尺	17.5尺	15尺	60.5尺	15.3尺	15尺
		1603分°	366分°	334分°	286分°	1154分°	293分°	284分°
		2565cm	585cm	535cm	457cm	1846cm	468cm	455cm
海会殿	1038（辽代）	90尺	20尺	19尺	16尺	63尺	16尺	15.5尺
		1728分°	383分°	366分°	307分°	1204分°	303分°	299分°
		2765cm	613cm	585cm	491cm	1926cm	484cm	479cm
应县木塔三层	1056（辽代）	30尺	13尺		8.5尺			
		519分°	224分°		148分°			
		883cm	381cm		251cm			
善化寺大殿	始建于唐重建辽金1128	133尺	23尺	20.5尺 18.5尺	16尺	81.5尺	16.5尺	16尺
		2340分°	410分°	361分° 320分°	284分°	1442分°	294分°	280分°
		4054cm	710cm	626cm 554cm	492cm	2492cm	508cm	484cm
上华严寺大殿	始建于辽1062重建于金1140	176尺	23尺	21.5尺 19.5尺	19尺 16.5尺	90尺	19尺	16.5尺
		2680分°	350分°	325分° 300分°	290分° 250分°	1370分°	290分°	250分°
		5390cm	710cm	659cm 593cm	578cm 510cm	2750cm	578cm	576cm 510cm

（四）金代建筑

表 2-8-4　金时期部分文物建筑地盘面广、架深实测参考

名称	年代（年）	通面广	当心间	次间	厦间或副阶	通架深	开间	厦间或副阶
善化寺三圣殿	1128（金代）	107尺	25尺	24尺	17尺	63尺	14.5尺	17尺
		1890分°	440分°	425分°	300分°	1120分°	360分°	300分°
		3268cm	768cm	734cm	516cm	1930cm	442cm	523cm
佛光寺文殊殿	1137（金代）	102.5尺	15.5尺	15尺 14.5尺	14尺	57尺	14.5尺	14尺
		2015分°	305分°	300分° 285分°	270分°	1120分°	285分°	275分°
		3156cm	478cm	467cm 446cm	426cm	1759cm	446cm	434cm
善化寺山门	1128（金代）	90尺	20尺	18.5尺	16.5尺	32尺	16尺	
		1745分°	358分°	360分°	320分°	620分°	310分°	
		2814cm	618cm	578cm	520cm	998cm	499cm	

续表

名称	年代（年）	通面广	当心间	次间	厦间或副阶	通架深	开间	厦间或副阶
崇福寺观音殿	1150（金代）	69 尺	17 尺	12.5 尺	13.5 尺	42 尺	15 尺	13.5 尺
		1450 分°	359 分°	264 分°	284 分°	884 分°	316 分°	284 分°
		2140cm	528cm	388cm	418cm	1300cm	464cm	418cm
崇福寺弥陀殿	1184（金代）	131 尺	20 尺	20 尺 18 尺	17.5 尺	71 尺	18 尺	17.5 尺
		2255 分°	345 分°	345 分 310 分	300 分°	1220 分°	310 分°	300 分°
		4096cm	620cm	620cm 560cm	558cm	2202cm	558cm	543cm

（五）元代建筑

表 2-8-5 元时期部分文物建筑地盘面广、架深实测参考

名称	年代（年）	通面广	当心间	次间	厦间或副阶	通架深	开间	厦间或副阶
永乐宫三清殿	1247（元代）	90 尺	14 尺	14 尺	10 尺	48 尺	14 尺	10 尺
		2060 分°	319 分°	319 分°	232 分°	1104 分°	320 分°	232 分°
		2840cm	440cm	440cm	320cm	1520cm	440cm	320cm
永乐宫纯阳殿	1247（元代）	64 尺	16 尺	14 尺	10 尺	45 尺	16 尺	10 尺 19 尺
		1517 分°	379 分°	332 分	237 分°	1066 分°	397 分°	237 分° 450 分°
		2016cm	504cm	441cm	315cm	1418cm	504cm	315cm 599cm
永乐宫重阳殿	1247（元代）	55 尺	13 尺	13 尺	8 尺	34 尺	9 尺	8 尺
		1049 分°	333 分°	333 分	205 分°	872 分°	231 分°	205 分°
		1734cm	410cm	410cm	252cm	1072cm	284cm	252cm
永乐宫无极门	1294（元代）	65 尺	13 尺	13 尺	13 尺	30 尺	15 尺	
		1655 分°	331 分°	331 分	331 分°	768 分°	385 分°	
		2040cm	408cm	4-9cm	408cm	944cm	472cm	
北岳庙德宁殿	1270（元代）	136.5 尺	18.5 尺	16 尺	15 尺 12 尺	83.6 尺	15 尺	11.8 尺
		3029 分°	410 分°	355 分	332 分° 266 分°	1855 分°	332 分°	262 分°
		4232cm	575cm	496cm	464cm 372cm	2596cm	466cm	367cm
延福寺大殿	1317（元代）	36.5 尺	14.5 尺	6 尺	5 尺	36.5 尺	11.5 尺 9 尺	6 尺 5 尺
		1143 分°	445 分°	189 分	160 分°	1143 分°	358 分° 281 分°	194 分° 155 分°
		1180cm	460cm	195cm	165cm	1180cm	370cm 290cm	200cm 160cm

续表

名称	年代（年）	通面广	当心间	次间	厦间或副阶	通架深	开间	厦间或副阶
真如寺正殿	1320（元代）	42 尺	19 尺		11.5 尺	41 尺	17 尺	16 尺 8 尺
		1476 分°	657 分°	412 分°	407 分°	1458 分°	600 分°	568 分° 290 分°
		1329cm	591cm	371cm	367cm	1312cm	540cm	551cm 261cm
虎丘二山门	1338（元代）	41 尺	19 尺	11 尺		22 尺	11 尺	
		949 分°	438 分°	255 分		510 分°	255 分°	
		1300cm	600cm	350cm		700cm	350cm	

（六）文物建筑材、分°尺寸实测参考

表 2-8-6　唐、宋、辽、金、元时期部分文物建筑材、分°实测参考

名称	南禅寺大殿	佛光寺大殿	平顺天台庵	镇国寺大殿
材（cm）	25	30	18	22
分°（cm）	16.5	20.6	12	16
尺长（cm）	27.5	29.4	29.4	29.4
名称	华林寺大殿	榆次雨花宫	保国寺大殿	晋祠圣母殿
材（cm）	33	24	21.5	22
分°（cm）	17	16	14.5	14
尺长（cm）	29.4	30.25	29.4	30
名称	少林寺初祖庵	苏州玄妙观三清殿	独乐寺山门	独乐寺观音阁
材（cm）	18.5	24	24.5	24
分°（cm）	11.5	16	16.8	16.5
尺长（cm）	30.5	30.5	29.8	29.4
名称	奉国寺大殿	薄伽教藏殿	海会殿	应县木塔三层
材（cm）	29	24	24	25.5
分°（cm）	20	17	16	17
尺长（cm）	30.4	30.5	30.5	29.4
名称	善化寺大殿	上华严寺大殿	善化寺三圣殿	善化寺山门
材（cm）	26	30	26	24
分°（cm）	17	20	17	16
尺长（cm）	30.4	30.4	30.5	31
名称	佛光寺文殊殿	崇福寺观音殿	崇福寺弥陀殿	永乐宫三清殿
材（cm）	23.5	22	26	20.7
分°（cm）	15.5	15	18	13.5
尺长（cm）	30.5	31	31	31

名称	永乐宫纯阳殿	永乐宫重阳殿	永乐宫无极门	北岳庙德宁殿
材（cm）	20	18.5	18.5	21
分°（cm）	13.5	12.5	12.5	14
尺长（cm）	31.5	31.5	31.5	31
名称	延福寺大殿	真如寺正殿	虎丘二山门	
材（cm）	15.5	13.9	20	
分°（cm）	10	9	13	
尺长（cm）	31.5	31.5	31	

第三章　小木作类别与基本构造做法

在中国古建筑中"牖"（you）的字义是窗，《说文》中述及"窗穿壁以木为交，窗向北牖也，在墙曰牖，在屋曰窗。'棂'楯间子也。'栊'（字义"栏杆"）房室之处也"。古代自有了宫、城、宅、坊的建筑，便有了采光通风的牖户（门窗），随着中国古代建筑的发展，古代建筑牖户也从最早的原始功能需要逐渐发展演变为门窗装饰的艺术。通过各个历史阶段古建筑发展中门窗的不同变化，我们了解到中国古代人文历史、宗教民俗等深层的文化内涵。早期人类居住的房屋尽管有门窗，但是它们具体的形象却无法知晓。也只能是从考古发掘的汉代墓葬冥器中，才能见到一些建筑上门窗的形象。在这些冥器上可见单层房屋，以及在这些建筑上不同形式的门和窗。但是在历史文献中并未有更多的记载与描述。

古建筑的木作营造中除了构筑屋架的大木作，还有很多室外、室内装饰与门窗隔扇等，室内有顶棚、格栅、藻井、纱橱、花罩、栏杆、楼梯以及其他装饰装修等。从《周礼·冬官考工记》所载述的"攻木之工七"中就可知先秦时期木工已分工很细，但是唐代之前除了室外破子棂窗、板门，室内空间功能上分隔划分基本是以极少的栅栏、栏杆和帐幔帷幕为主，室内外的小木作技术水平很低。和唐代相比宋代的木装修有了很大发展，室内外小木作技术水平得到了较大进步，室外格子门窗打破了单一的破子棂窗棂的固定格式，室内木装修迅速发展变化，使用木质的隔截代替了室内的帐幔帷幕。从《法式》制度、功限、料例中便可看到当时建筑营造的水平，在《法式》卷六"小木作"中有详细式样做法、尺寸与用工用料的参照标准，在宋书《梦粱录》中还记录着南宋大内勤政殿有"木帷寝殿"的做法。

《法式》从卷六"小木作制度一"至卷十一"小木作制度六"的做法分类中。总共有43项，其中有的项目讲述含混不清，与后世构件说法不同，无从考证，也有的实属大木范畴中的配套建筑和建筑中的附件做法，如井屋子、井亭子、板引檐（挂檐）、地棚（也叫地垅，用于室内地面防潮、通风或地暖用）等。在《法式》中除了铺作斗栱单独讲述以外，其余房屋中附属构造如门窗、平棊、藻井、钩阑、搏风、垂鱼等制作，也都统一归于"小木作"之中。

《法式》卷六对于"小木作"门窗装修的叙述寥寥无几，究其原因，主要还是唐、宋、辽、金距今跨越时间较长，且在这段历史时期建筑实物遗存较少，文字记载也少，因此我们对于唐、宋时期"小木作"的门窗内装饰等，也只能从一些石窟壁画考古发掘中寻找出一些式样线索，与现存文物建筑门窗加以印证，以期能够复原建筑门窗装饰装修在各个历史阶段中的样式做法并研究其演变过程。其中对于唐、宋以前乃至更早的一些宗教庙、观中的天宫、佛道"龛""帐""橱"等规制做法的变化更是考证了解甚少。《法式》中所列的神龛有四种：即"佛道帐""牙脚帐""九脊小帐""壁帐"；经橱有二种：即"转轮经藏""壁藏"。"佛道帐"在神龛中档次最高，"牙脚帐"档次第二，这两种都是佛道座帐。第三是歇山式的"九脊小帐"，亦为神龛座帐。第四是"壁帐"，即为靠墙坐、站两用帐。第五是"转轮经藏"，是提供给信徒可转动的经书架。第六为"壁藏"，也是藏储经书用的靠壁书架。

从宋代有了"小木作"叫法开始，一直延续到明、清时期，"小木作"也叫"装修作"，由于功能的区别和做法与材料的变化，明、清时期还划分出了小器作（高档硬木红木类）、"楠木作"（包括樟木等一些软硬杂木等）、"斗栱作"等很多不同的说法。"小木作"或"装修作"在古建筑营造施工制度上，因其在建筑中是附属于大木结构的后续装修构造工程，所以有关古代营造书籍中所载的"小木作"（装修作）规矩做法并不全面，类似于室内装修的一些细部做法与做份的变化通常随意性很强，尤其是关于唐代建筑门窗装装修等方面，目前除了仅有的唐代文物建筑上遗存或遗留有稀少的文字记载及壁画的展示外，几乎很难找到更多的考证依据。宋代以后建筑门窗装装修等实物依据较多，如关于明清建筑上内外门窗装修装饰等"小木作"的实物遗存及文字记载就很丰富。

一、唐、宋、辽、金、元时期门类、窗类形制的不同变化与做法

唐代建筑早期门窗只是在阑额之下，用槫柱、立颊、门、窗额（槛框）在间广正中卡出门窗洞口采光，门、窗额之上可设照壁板或照壁窗，立颊两侧可设余塞或泥道板，门窗洞口中使用板门、破子棂窗或格子窗遮挡，既可防护外侵，又不影响采光透气，另外再辅以可开启或摘卸的木板作为门窗防御风雨的窗板。通常破子棂窗除了边框，棂条多会采用特定的三角棂做法，只有这种三角棂做法才被称之为破子棂，这种破子棂在唐代早期的门窗栅栏中是普遍的。唐代的门基本都是薄板门与厚板门做法，而且城门和宫门带有门钉。

同样早期宋、辽、金建筑中的门是根据使用的位置不同，有着不同的构造与不同形制，大致可以分为城门、宫门（衡门）、宅户门、乌头门、格子门等几类，其中门扇做法上可分为厚板门（后世称为实榻门）、薄板门（撒带门）、牙头护封软门，格子门（也叫搁栅门、槅扇门）等。

（一）城门

城门的尺寸很大且有较强的防卫作用，所以要求使用较厚的实木厚板门（里面用明穿带的实榻门），门板的厚度通常根据门的高宽体量为5～7寸。城门要行车走马，门两侧门枕石上开出卡槽，门下地栿板（门槛）必须是可摘卸的活槛，这种做法也被称为"断砌门"，城门打开时抽掉地栿板，关门时再插上栿板。门的背面横向七至九路穿带，带宽同门厚，门面按照横七竖七路，安装四十九颗铁帽钉或九九八十一颗钉（图3-1-1、图3-1-2）。

图 3-1-1　局部描绘《中興祯應圖》（宋代城门）

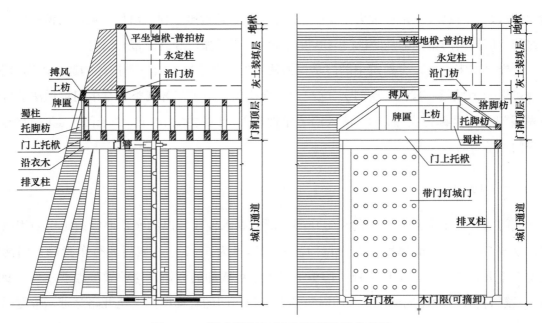

图 3-1-2　宋《营造法式》城门道构造参考图

（二）宫门

宫门是使用在宫苑东、西、南、北主路上的正门（也叫衡门），唐代也使用在殿阁之上，多为实木板门，带有防卫作用，门的厚度通常是门单扇宽的1/15。根据宫门的体量大小、尺寸高矮，门背面穿带五至九路，门面上使用门钉的横向路数随穿带路数而定，竖向路数则根据门宽窄分为五、七、九路。门钉最早的记载源自墨子所说的"涿弋"，释义为一种军事上防御进攻的措施（图3-1-3～图3-1-6）。

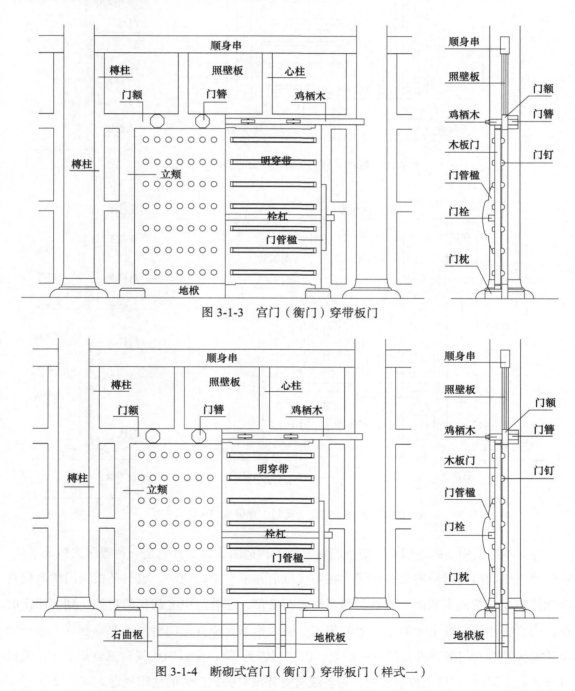

图 3-1-3　宫门（衡门）穿带板门

图 3-1-4　断砌式宫门（衡门）穿带板门（样式一）

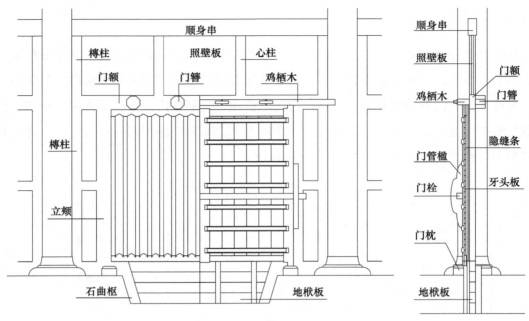

图 3-1-5　断砌式宫门（衡门）穿带板门（样式二）

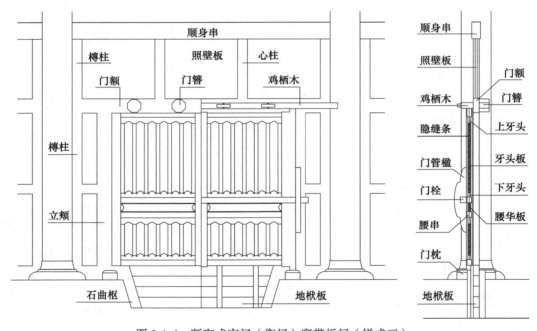

图 3-1-6　断砌式宫门（衡门）穿带板门（样式三）

门钉不但是用于固定门板、防止门板松散的构造需要，而且也是一种等级贵贱的象征。古代建筑中的门钉横竖路数及数量，在明代以前并未有明确说法，也只是根据门的高低宽窄和传统风俗按照奇数阳、偶数阴的习惯进行安排，随着历史上朝代的更替，到了明清时期，门钉在使用制度上才有了一定的规定，明太祖朱元璋曾把门钉列入典章制度，命礼部员外郎张筹等专门考证古代门钉的形制，因"门钉无考"，所以明代只对王城规定了"正门以红漆涂金铜钉"，且无数量规定，对各级官吏并没有提到门钉的使用规定。

清朝则对门钉的使用有了详尽的说明，皇家建筑每扇门的门钉是横九路、竖九路，一共是九九八十一颗钉。九是阳数之极，是阳数里最大的，象征帝王最高的权势地位。因为帝王庙宇是供奉历代帝王的，所以也要用九路门钉。在《大清会典》中亦有了详细规定，如亲王府制："门钉纵九横七"。《会典事例》中有"每门金钉六十有三"之句。世子府、郡王府："金钉、压脊各减亲王七分之二"。贝勒府、镇国公、辅国公："公门铁钉纵横皆七"，比郡王府四十五个门钉还多四个，但是在用材上起了变化，由金钉改为铁钉，所以比郡王府用金钉的等级要低。公以下府邸："公门铁钉纵横皆七，侯以下递减至五"。平民百姓家则根本不准使用门钉。

在宫苑中还有宫门两侧的耳门，以及很多附属院落分隔的门和随墙门等。耳门与随墙门通常会行车走马，所以采用"断砌门"的做法。除宫门两侧耳门随宫门使用门钉以外，凡是处于东、西、南、北中路上的门亦会使用门钉，其他的门一般都不使用门钉。门扇多会采用软门或牙头护封软门做法，房廊通道门亦会采用格子门的做法（图 3-1-5、图 3-1-6）。

（三）乌头门

乌头门唐代称之为表楬、阀阅，《法式》中又被称为棂星门，《法式》中对于门的体量、尺度做法都有详细的说明，在唐、宋时代乌头门也是有着礼仪与等级性质的门（后世多用于二道门，且称之为仪门）。唐、宋、辽、金时期乌头门也多用于营房院落围墙上，一般营房围墙乌头门多为两柱之间贯以横木，两柱前后辅以戗木，再以栅栏或板、栏为门。乌头门由于用途的不同，体量、形制、做法也有着很大的差异，早期在宗庙社坛中棂星门与乌头门形制做法近似。棂星门则如同后世的牌坊，立柱之间横贯木梁相担，柱的前后辅以戗柱，柱头之上多以云罐头封顶，门楣上做日月云鱼，亦可增加额项装饰，华板雕饰，门洞口有装门与不装门（后世逐渐演变成牌楼形式）的两种形制，装门时则内附以槫柱，上装横木连楹或伏兔，下装地栿石枕。棂星门及仪门门扇有带余塞的撒带板门、合板软门、四抹头或五抹头棂条牙头护缝软门等多种形制做法（图 3-1-7）。

（四）格子门

格子门通常用于宋、辽、金殿阁外檐当心间、次间间广之间，门额之上设置障日板或格子窗（如同明清建筑中的隔扇与横披）。格子门开启方式可根据殿阁的需要设定两扇开启，亦可四扇开启。通常格子门扇宽为以间广减去柱径、槫柱、心柱所剩空余分之，当间广较大，格子扇四扇开启，格子扇宽亦可均分，且扇宽通常控制在二尺八寸左右；当间广较小，格子扇二扇开启，两侧可采用立颊、泥道板或设置腮扇，腮扇小于开启的格子扇，开启的格子扇内侧另设搏肘，门额与门限之上安装伏兔与搏肘相合成轴（图 3-1-8～图 3-1-12）。

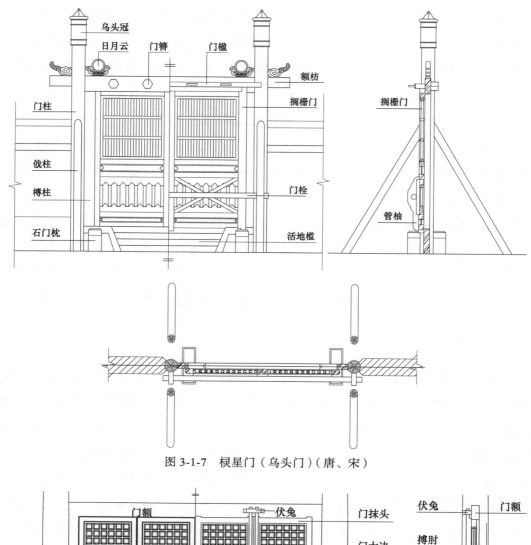

图 3-1-7　棂星门（乌头门）（唐、宋）

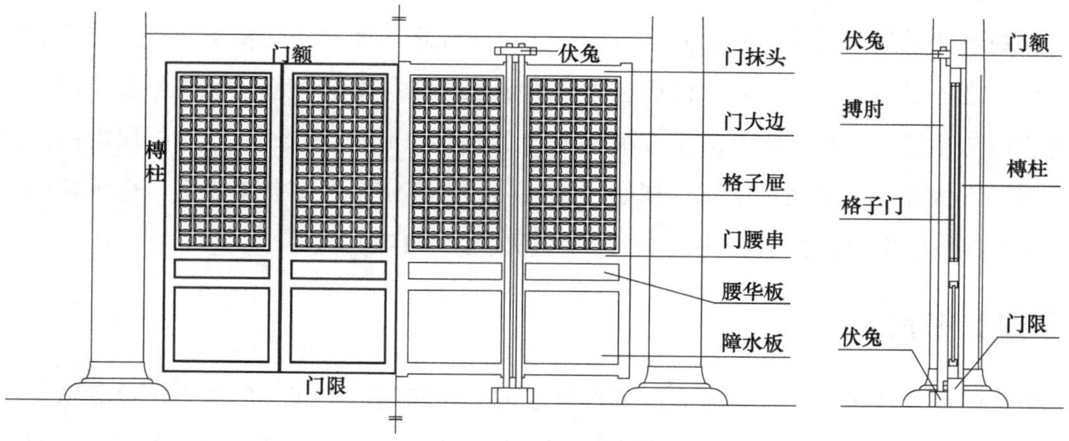

图 3-1-8　轱辘钱式格子门（宋、辽、金）

（五）宅户门

宅户门（房门）通用于民房的薄板门（撒带门），厚 8 分～1 寸，门洞口装槛框，上安横木连槛，下装硬木门枕，门扇的上下撒头内侧穿明带做门栓。宅户门在民居草宅中用途广泛，户内户外院落墙门皆可采用。

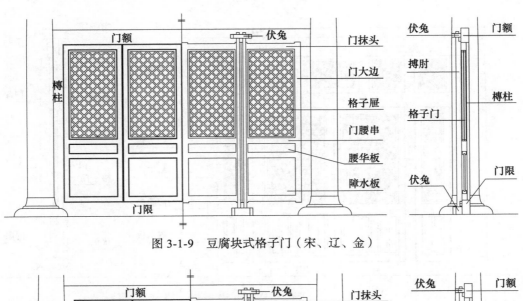

图 3-1-9　豆腐块式格子门（宋、辽、金）

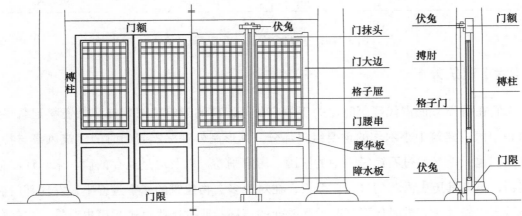

图 3-1-10　编棱条式格子门（宋、辽、金）

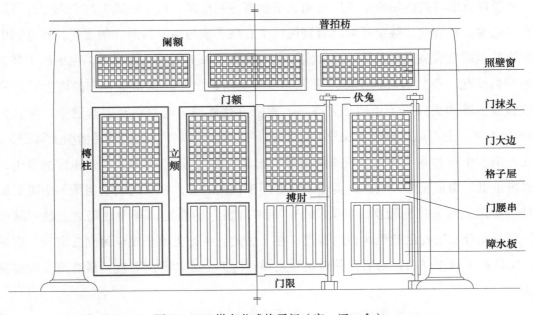

图 3-1-11　棋盘芯式格子门（宋、辽、金）

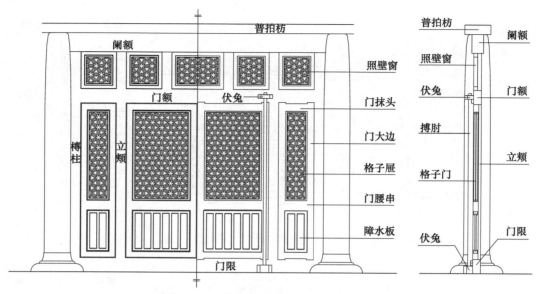

图 3-1-12　菱花式格子门（宋、辽、金）

（六）建筑外窗

我们在研究考证古代建筑时，关于唐宋及其以前的建筑门窗装饰文献资料记载很少。门窗是中国古建筑中小木作的重要组成部分，其形制外观标志着当时的建筑风格与特点，所以我们也只能是通过石窟考古中的壁画、唐宋画卷，以及通过遗存的唐、宋、辽、金建筑实物，追溯其历史沿革的过程。今天，在对很多文物建筑的修缮过程中，发现其门窗装饰经过历代修缮，有过时代形制改动和改变的痕迹。通过这些痕迹与历史背景、文献资料及书画的对比研究，我们还是可以从中推敲出原来门窗装饰的式样。

从现存唐宋时期的建筑中可以看到破子棂窗、版棂窗，从《法式》与宋画中还可以看到有睒电窗、格子窗，甚至还可以看到民居中有破子棂与格子棂形式的支窗，在这当中窗棂花饰基本都是横竖直棂条的样式。实际上唐代除了以上所述几类窗子，也出现了其他不同的窗棂变化，例如唐咸通七年（公元 866 年）所建山西运城招福寺和尚塔上就可见龟锦纹窗棂，苏州虎丘塔（也叫云岩寺塔，建于五代后周显德六年至北宋建隆二年，公元959～961 年）上可见毯纹窗棂式样。除了以上这些窗子以外，我们从《清明上河图》《雪霁江行图》中还看到一种比较特殊的窗子"阑槛钩窗"，这是一种带靠背座槛的窗子，可以临窗依坐、浏览窗外风景，此类窗子主要用于楼阁之上。在《清明上河图》中可见城门内外酒楼之上有人依窗而坐，便类似于"阑槛钩窗"的做法，画中江船之上的"阑槛钩窗"更是充分地展现出此类钩窗的特点。在《法式》中此类窗子规定每间三扇窗，窗幅较宽，实则是不利于开启，随后此种窗扇逐渐被每间四分或六分所替代，最终演变成槛窗的做法。

宋、辽、金时期的建筑门窗是在唐代建筑门窗的基础上逐渐演变形成，其后又有了隔扇、槛窗。隔扇、槛窗二四抹头、三五抹头、四六抹头逐渐演变，从简到繁，窗棂也从比较单一的破子棂到格子棂逐渐多样化，例如马三箭、棋盘芯、豆腐块、毬纹、龟锦等，但是窗棂形制基本还是以横竖棂、斜角交叉的直棂为主。金代以后的元代通俗戏曲、诗词歌赋的盛行，也促进了园林建筑得到多元化的发展，建筑上有了雕梁画栋的趋势，室内装修装饰、门窗造型也逐渐发生了改变，在隔扇、槛窗的基础上又有了帘架、风门等，室内隔间开始采用屏风隔断，窗棂也出现了更多的锦类式样与弧曲形花式的变化，出现了早期的菱花芯式样。

1. 破子棂窗、版棂窗、睒电窗、水纹窗

破子棂窗实际上是把窗棂做成里平外三角形，相当于一根方棂从对角一破两开的做法。版棂窗与破子棂窗做法相同，只是窗棂使用的是两面平的小条板，或使用扁方木条。睒电窗、水纹窗做法与破子棂窗基本相同，只是把窗棂做成波纹形，窗面给人造成眼花眩晕幻觉的感受，此类窗多用于宗教神佛殿堂之上（图 3-1-13～图 3-1-15）。

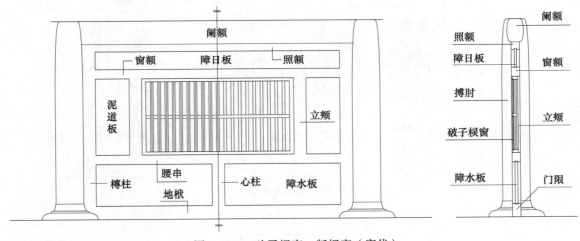

图 3-1-13　破子棂窗、版棂窗（唐代）

2. 阑槛钩窗

这种窗大多用于阁楼之上，是可临窗依坐的大槛窗，窗外装有护身寻杖栏杆。阑槛钩窗的构造可分为上下两部分，上面除了窗额、槫柱、心柱三扇窗子较宽，窗棂采用格子窗式样，整体类似于二抹槛窗的做法，下面窗限即为坐槛，坐槛下面设有障水板、地栿、槫柱、心柱，对应槫柱、心柱位置坐槛下内装托柱外装鹅项寻杖（图 3-1-16）。

3. 格子窗

格子窗与格子门一样一起用于殿阁外檐次间、梢间间广之间，窗额之上设置障日板或横披格子窗。格子窗开启方式可根据殿阁的需要设定两扇开启，亦可四扇开启。通常格子

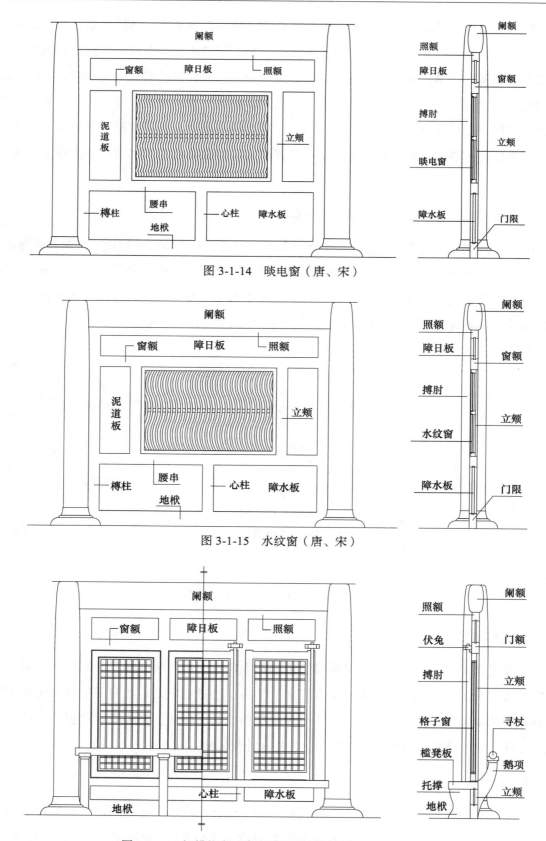

图 3-1-14　睒电窗（唐、宋）

图 3-1-15　水纹窗（唐、宋）

图 3-1-16　阑槛钩窗（参考《清明上河图》绘制）（宋代）

窗扇宽为以间广减去柱径、樽柱、心柱所剩空余分之，当间广较大，格子扇四扇开启，格子扇宽亦可均分，且扇宽通常控制在二尺八寸左右；当间广较小，格子扇二扇开启，两侧可采用立颊、泥道板或设置腮扇，腮扇小于开启的格子扇，开启的格子扇内侧另设搏肘，窗额与窗限之上安装伏兔与搏肘相合成轴（图3-1-17～图3-1-20）。

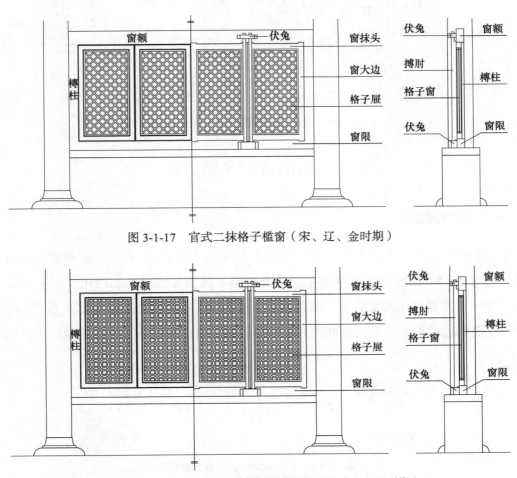

图 3-1-17　官式二抹格子槛窗（宋、辽、金时期）

图 3-1-18　官式二抹栀子花轱辘钱格子槛窗（金、元时期）

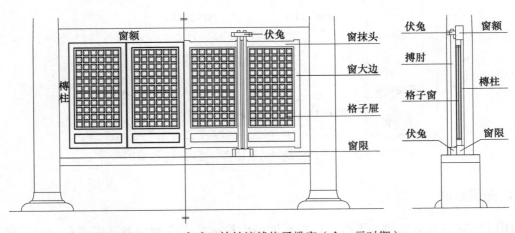

图 3-1-19　官式三抹轱辘钱格子槛窗（金、元时期）

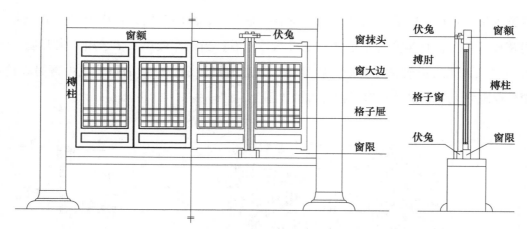

图 3-1-20 官式四抹格子槛窗（金、元时期）

二、室内隔截与平棊、藻井

（一）室内隔截

在《法式》卷六"小木作制度一"中对于室内空间的分隔，根据空间位置的需要做法不同名称也不同。在唐代之前空间多以幔帐分隔，故而《法式》也沿用"帐"字作为木间隔的称谓，如室内木隔断称为"截间版帐"、室内屏风因做法上的变化称为"照壁屏风骨"等。我们通过下面的平面隔间图，就可以看到分位中不同位置、不同做法的名称叫法（图 3-2-1）。

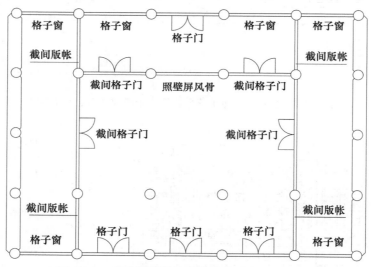

图 3-2-1 室内隔截做法名称参考（宋、辽、金）

1. 截间版帐

用以分隔室内空间的木隔断，板帐高度则会根据室内空间构造高度所定，至于屋内额与顺栿串、顺身串之下，高约六至十尺，宽与柱间距同设地栿，横向使用槫柱、槏柱分配档距约至四尺左右，每档之间上下对应使用腰串、间额（对应门额）、上额三档分之，上面一档采用照面板、照面格子或编竹造装填。下面两档则采用牙头护缝板装填，牙头板两面使用护缝条压缝（图 3-2-2）。

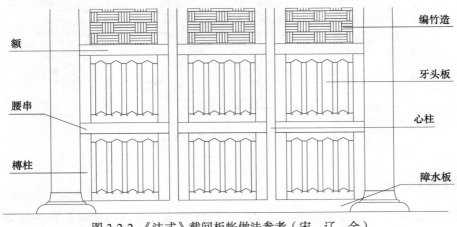

图 3-2-2 《法式》截间板帐做法参考（宋、辽、金）

2. 截间格子

截间格子与截间板帐在功能作用上相同，也是室内空间隔截的一种做法形式。殿、堂之内间分隔，由于有区间功能不同的需要，所以隔截也会有不同做法，截间板帐就是室内空间牢固封闭的墙体，而截间格子则是室内区间分隔过度的门窗。截间格子有两种不同的做法形式，一是不可开启的固定格子模式，二是可用于开启的格子门扇模式。同样截间格子额上面与截间板帐做法相同，采用照面板、照面格子或编竹造装填（图 3-2-3、图 3-2-4）。

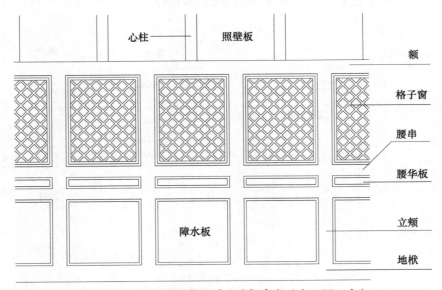

图 3-2-3 截间格子做法《法式》参考（宋、辽、金）

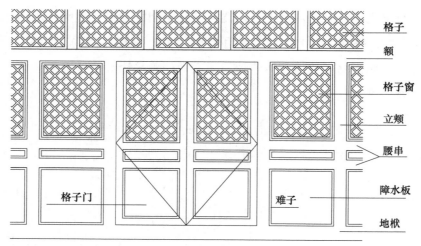

图 3-2-4 截间格子门做法《法式》参考（宋、辽、金）

3. 照壁屏风

照壁屏风是安装在当心间后槽柱子之间的隔截壁帐，是室内主座后背的屏障。其两侧次间则对应安装截间格子门。宋代照壁屏风一般是以画作为背景，所以屏风多会以木楞条龙骨卡成方格子固定框架，亦可做成可开启或拆装的方格子龙骨扇进行装填，最后在其表面糊上布面和纸面，并且在其外面作画，这种做法被称之为照壁屏风骨做法，在《法式》中对于屏风骨上所附材料并未提及。宋人叶梦得《石林燕语》卷四记载："元丰既新官制，建尚书省于外，而中书、门下省、枢密、学士院设于禁中，规模极雄丽，其照壁屏下悉用重布不纸糊。尚书省及六曹皆书《周官》，两省及后省枢密、学士院皆郭熙一手画，中间甚有粲然可观者。而学士院画'春江晓景'为尤工"，这就是照壁屏风做法的佐证。可知宋代官府宅堂的屏风照壁，是以宋代知名画家的字画来装饰的（图 3-2-5）。

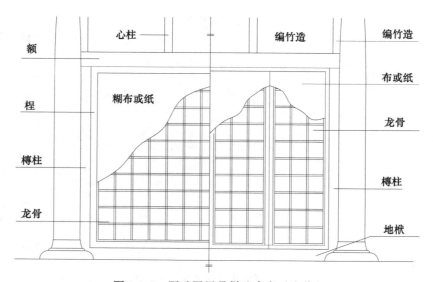

图 3-2-5 照壁屏风骨做法参考（宋代）

4. 板壁与隔截横钤立旌

所谓的板壁其实就是室内空间分隔采用木板的做法，近似截间格子和截间格子门的框架分配形式，安装地栿、额、槫柱、立颊等，其中所分配出的空档用六至八分厚的木板装填，同样也以木板为门。

同样隔截横钤立旌也是一种室内空间隔截方式，以木框架格子为墙体固定结构，或平装木板、或采用编竹造装填，其面层抹泥草灰如同后世的抹麻刀灰墙面，这种做法在宋、辽、金时期被普遍使用。在《法式》中可见用于室内照壁、用于门窗两侧泥道及上部或墙，亦可用于房间的隔截墙体。

（二）平棊（棋）、平阇

唐、宋、辽、金建筑室内的"小木作"装饰中，顶棚通常会根据殿、堂、屋等不同用途，采用不同的天花承尘之法，"平棊""平阇"就是我们后世所讲的顶棚天花，主要构造是用井口枋子根据大木架上架构造的层次、位置、架深，卡出平棊、平阇井口，在井口中装填平棊、平阇格子，格子分档通常为一架椽档进深分二格，顺身开间则以进深分格尺寸大小调整后分之。"平棊"与"平阇"的做法区别："平棊"板面有雕刻花式或贴雕花式，"平阇"则是素面板装填。而平阇井口通常分档密集，且井口面板尺寸略小于平棊面板尺寸（图3-2-6、图3-2-7）。

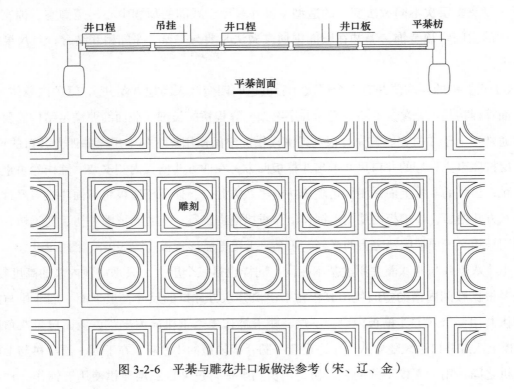

图 3-2-6　平棊与雕花井口板做法参考（宋、辽、金）

井口桎　　素面井口板　　平闇枋

图 3-2-7　平闇与素井口板做法参考（宋、辽、金）

（三）藻井

《法式》卷八"小木作制度三"中，只记载了斗八藻井和小斗八藻井二种不同做法、不同高度尺寸的藻井，但在现存文物建筑中，可见到诸如山西应县净土寺大殿（金代）的六角形藻井与菱形藻井、山西芮城永乐宫三清殿（元代）中的圆形藻井等。因此可以说宋、辽、金时期的藻井造型并不只是《法式》中记载的这两种，不乏还有四方、六方、八方、圆形，以及多层次不同做法变化的造型。藻井多用于殿阁的顶棚中心，是御座、神座、佛座上面的空间穹顶装饰，藻井在殿阁中通常做法是要与平棊、平闇相互结合，且尺度要协调一致。

《法式》中的斗八藻井有三个层次（后世也叫四变八天圆地方藻井），穹顶内总体较高，最下面算桯枋是承托藻井的主要受力井字梁架，算桯枋的长细、截面高要满足结构需要，截面宽通常不大于二材宽。首先要根据殿阁内槽的空间使用算桯枋卡出藻井四方井口的尺寸，第一层按照事先算好的井口尺寸卡出斗槽板四方，在四方斗槽板内侧安装六铺作卷杀重栱向内出跳；出跳的斗栱上面采用抹角随瓣枋卡出八方井口，使用压厦板将下面斗栱盖严，上层安装八方斗槽板，斗槽板内使用七铺作上昂重栱向内出跳；上置圆形圈井枋、随瓣枋，安装穹顶阳马相交于顶端明镜之上的枨杆，阳马之上覆盖弧形背板（图 3-2-8、图 3-2-9）。

小斗八藻井与斗八藻井用途基本相同，同样也是三个层次，只是穹顶内总的高度较低。首先要根据殿阁内槽的空间使用算桯枋卡出藻井八方井口的尺寸，最下面一层斗栱与第二层斗栱共用一个八方斗槽板内口，下层斗栱五铺作卷杀重栱向内出跳，上面覆盖八角压厦板，板上八方井口边缘随着八个小边设置一圈介于模型的小栏杆，在下面一层斗栱与上面二层斗栱之间，用一圈模型式的柱、枋、门窗贴雕进行过度，二层斗栱使用五铺作一杪一昂

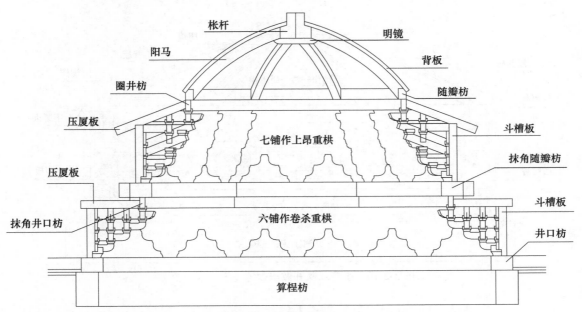

图 3-2-8　斗八藻井做法参考（宋、辽、金）

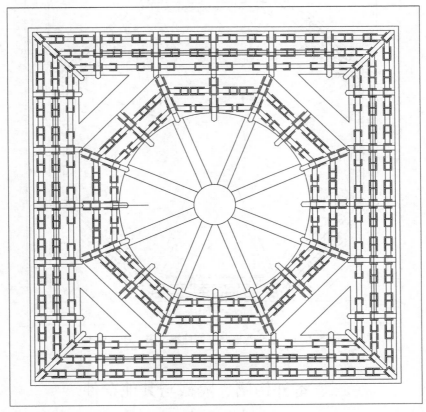

图 3-2-9　斗八藻井平面仰视（宋、辽、金）

重栱，上压厦板与斗栱井口相合，井口枋上置穿顶阳马交于顶端明镜之上的枨杆，阳马之上覆盖弧形背板（图 3-2-10、图 3-2-11）。

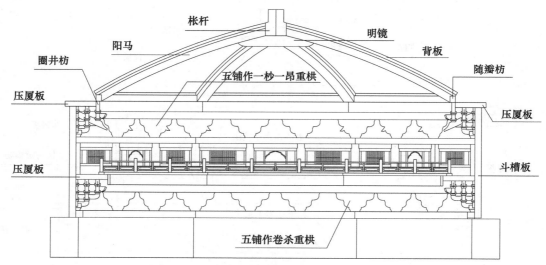

图 3-2-10　小斗八藻井做法参考（宋、辽、金）

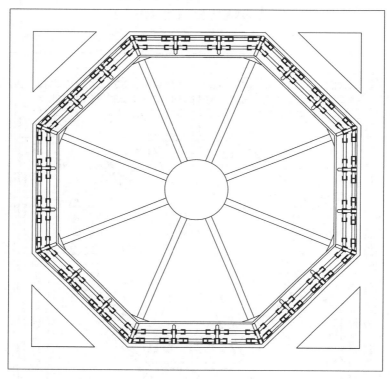

图 3-2-11　小斗八藻井平面仰视（宋、辽、金）

三、室外钩阑、隔截与其他杂件

钩阑"阑干"唐代称之为阑楯，宋代称之为钩阑，有用于台基上的木钩阑（由于木栏杆不耐朽，元代以后木钩阑逐渐被石栏干所替换，到了明代室外基座式的平台基本都是使用石材栏板、望柱），有用于建筑之上的木钩阑，从敦煌唐代壁画中看到在建筑中所展示出的各种形制的木钩阑画样，在山西云冈石窟中也展示有钩阑式样的壁画。在壁画中可见到这些钩阑用于不同的位置，有不同的类型与不同的做法。在《法式》卷八"小木作制度三"中有"重台钩阑、单钩阑。其名有八：一曰棂槛，二曰轩槛，三曰槛，四曰陛牢，五曰阑楯，六曰柃，七曰阶槛，八曰钩阑"的说法。可见钩阑在不同的位置上有着不同的叫法，其做法上也是随着功能的需要有着不同的变化，如柱间寻杖栏杆式的钩阑、楼阁平坐层上的护身钩阑、楼梯扶手的胡梯钩阑、座凳板靠背钩阑（美人靠）等，其中还有遮蔽分割空间用的木条板式雕花栅栏式的钩阑，有叉子、拒马叉子和围圈物体拦挡用的露篱、棵笼子等各式各样不同做法的隔截栏杆等。

（一）钩阑（栏杆）、胡梯钩阑

这里说的钩阑多用于楼阁平坐、亭、台、廊、榭之上，是用于人身防护的寻杖钩阑、靠背坐凳钩阑、楼梯扶手钩阑等（图 3-3-1～图 3-3-4）。

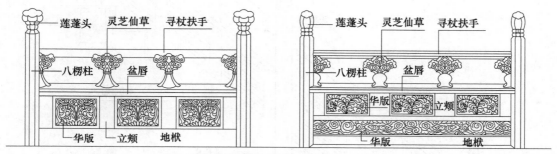

图 3-3-1　八棱柱雕花单钩阑与重台钩阑《法式》做法（宋、辽、金）

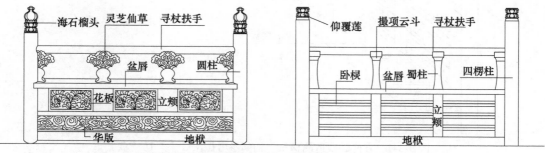

图 3-3-2　圆柱雕花重台钩阑与卧棂造钩阑参考做法（宋、辽、金）

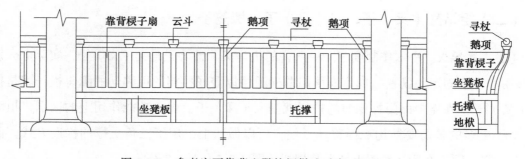

图 3-3-3　参考宋画靠背坐凳钩阑做法（宋、辽、金）

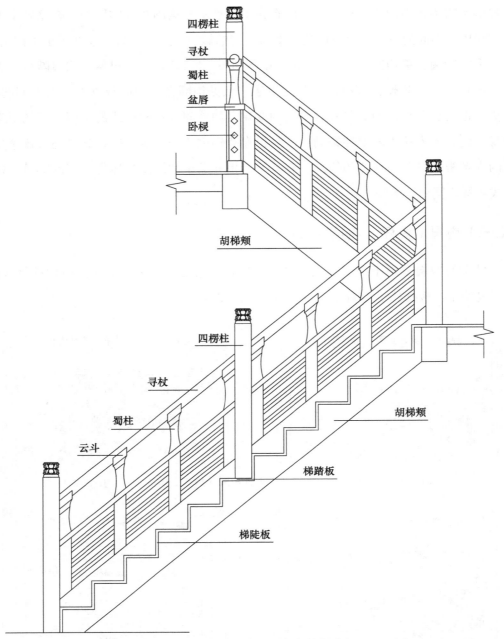

图 3-3-4　方柱卧棂造胡梯扶手钩阑参考做法（宋、辽、金）

（二）拒马义（叉）子、义（叉）子、棵笼子

《法式》卷八"小木作制度三"中所谓的拒马义（叉）子与义（叉）子，实际上分别是可移动和位置固定的栅栏，如官府衙门前通道用以警戒拦挡的可移动的障碍栏杆就是拒马义（叉）子，寺庙中山门神像前的护栏就是义（叉）子。由于功能作用上的区别，拒马义（叉）子更多的是需要结构稳固移动方便，所以做法上采用了三角支撑的构造方式，而义（叉）子则是固定在所需位置上的单片栅栏（图 3-3-5、图 3-3-6）。

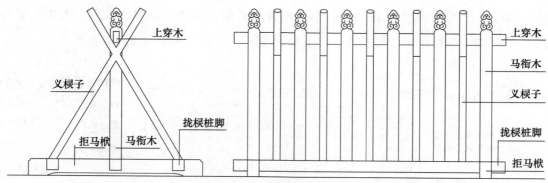

图 3-3-5　拒马义（叉）子式样参考（宋、辽、金）

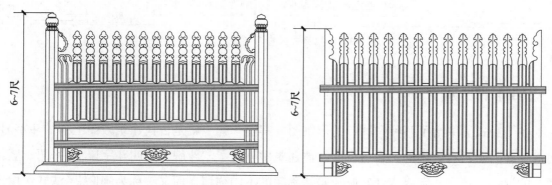

图 3-3-6　木板式雕花义（叉）子《法式》图样（宋、辽、金）

棵笼子在《法式》中并未明示其用途，其实就是一种带有防护性质、围合成笼子的栅栏，在做法上会根据防护物体的需要做成四方、六方、八方、多边等多种不同形式的棵笼子（图 3-3-7）。

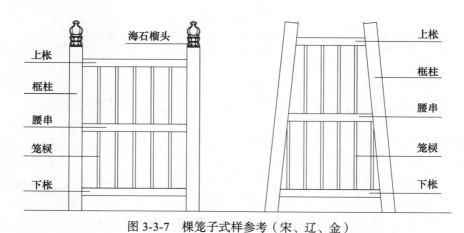

图 3-3-7　棵笼子式样参考（宋、辽、金）

（三）露篱

宋代"露篱"就是木制框架以竹编填芯置于院内门入口处的一种隔截影壁，也用于园圃中区域道路变化时的截障。其做法是使用木立旌（立柱）与横钤（横枋）组成框架分隔成若干填芯，上置菱角木墙帽顶子，框架内装填竹编，可根据需要三、五、七横向延伸。见《法式》卷十二竹作制度与卷二十"小木作功限一"中"露篱"（图3-3-8）。

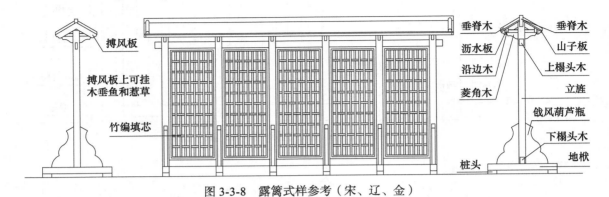

图3-3-8 露篱式样参考（宋、辽、金）

（四）牌（匾）

在《法式》中给了两种"牌"的形制图，其实"牌"就是古代建筑殿阁上挂的斗字匾。在古代牌与匾是有区别的，在后世明、清建筑中就有了"斗牌（也叫斗字匾）、平匾、竖挂联"的说法，还有斗字匾横使叫匾、竖使称额的不同称谓，而又统称为牌匾。《法式》中给出了"牌"的尺度比例关系。但是在实际应用中"牌匾"的大小尺度变化，是要根据屋檐下檐柱阑额上皮至老檐出中位斜度定长或高，如檐下有斗栱则以斗栱出跳的斜度定长或高，其后按照排字的大小与留边的大小定广（宽）。牌首、牌带、牌舌做剔地凸起雕刻，御用牌雕升龙，其他则雕升云等式样（图3-3-9）。

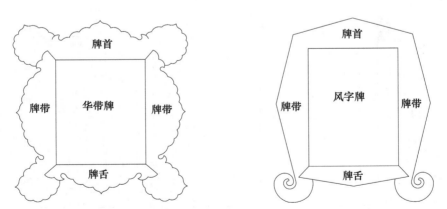

图3-3-9 華带牌、风字牌《法式》式样（宋、辽、金）

（五）垂鱼、惹草

垂鱼、惹草除了《法式》"小木作制度二"讲到搏风时提了垂鱼、惹草的用途外，在《法式》卷三十二图样中还给出了雕云垂鱼、惹草与素面垂鱼、惹草两种做法式样（图3-3-10）。

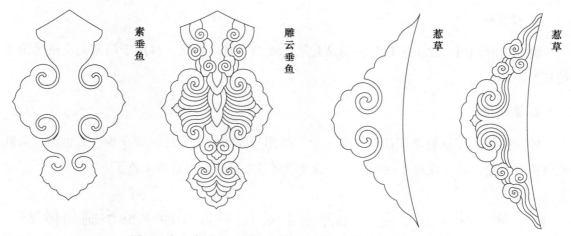

图 3-3-10　素垂鱼、雕云垂鱼《法式》式样（宋、辽、金）

（六）地棚

《法式》中的地棚指的是库房与粮仓地面用的木地板。古代仓房为了防潮、通风，使储存的粮食干燥，防潮、防霉变，多会采用砖石上架置木楞，与地面隔开架空一尺二寸或一尺五寸，其上铺装木地板。在唐、宋、辽、金时期这种防潮地棚的做法，不仅用于仓房，也用于厅堂、宅屋之中。古人有席地而坐的习俗，屋内地面采用隔空、防潮地棚会使人舒适，只是居住厅堂、宅屋中的地棚做法比较复杂，采用交叉双层地板，而仓房中的地棚采用单层地板做法比简陋。

（七）其他杂件

由于古代文化的久远及现代文化词汇的变化，古代很多文字与词汇很难让人理解，造成读者对于《法式》中很多做法解释含混不清，对于某些物件弄不明白到底是什么、有什么用途，尤其是初期接触古建专业的人员，这里所介绍的杂件，有些在现代社会中已经不存在了，可作为一般知识性的参考与了解。

1. 版引檐

《法式》中所述的"版引檐"就是我们俗称的雨搭子，在《清明上河图》中可见到，是普通民居房檐、门窗前普遍使用的一种遮阳、防雨的雨搭，有木板、有竹席，材料随意多样。

2. 水槽

在《清明上河图》中可看到一种置于屋檐下的排水槽，槽身随着屋檐延伸，一头或两头排水，如同我们现代建筑屋檐上的雨水槽、雨漏管，这就是《法式》中所讲的木制水槽。如今我们并未见过实物，也只能从是宋画中加以考证了。

3. 批帘杆

唐、宋时期门窗之上多用竹帘遮蔽视线、光线，批帘杆是一种用于门窗上支搭竹帘子的托架。

4. 裹栿板

栿就是梁，裹栿板是宋代贴在栿（梁）两侧与底面的装饰性雕刻花板。后世演变为雕梁画栋的彩绘，如今在现存的宋、辽、金文物建筑中已经没有这种实例了。

四、唐、宋、辽、金、元神龛（帐）、神橱（藏）的形制与做法

《法式》卷九"小木作制度四"、卷十"小木作制度五"、卷十一"小木作制度六"、卷二十二"小木作功限三"、卷二十三"小木作功限四"中通篇都是神龛、神橱"帐""藏"的做法。

在《法式》中所列神龛有四种：佛道账、牙脚帐、九脊小帐、壁帐。在四类"帐"中佛道帐等级最高，规格尺度较大，雕饰最为华丽；其次是九脊小帐，如同小殿等级略低；壁帐则是依墙而立，等级略低，如同小廊。

《法式》中所列神橱有二种：一是转轮藏，二是壁藏。所谓"藏"在宗教中是佛道经书的意思，也是收藏经书之处。转轮藏是一种可转动的八面藏经橱，在唐、宋时期佛教徒认为推动经橱旋转一周就如同咏读佛经一遍，也就积攒下不小的功德，这种做法起源于南北朝时期的梁代，以后经佛教相传于后世，明清时期各地寺庙中转轮藏、壁藏就更多了。现今在河北正定隆兴寺中的转轮藏，以及四川江油窦圌山云岩寺的飞天藏，都是宋、辽、金时期的文物。

（一）佛道帐

寺庙中佛道帐式样有两种不同形式：一种叫作天宫佛道帐，外观做法比较复杂，帐橱之上天宫楼阁做法，其中包含着构造与雕刻等多道工序；另一种叫作山花蕉叶佛道帐，做法上比较简单，帐座、帐身与天宫牙脚帐相同，只是不做腰檐以上的天宫楼阁，以山花蕉叶作为神橱之上的冠顶（图3-4-1～图3-4-4）。

在《法式》卷九"小木作制度四"载"造佛道帐之制：自坐下龟脚至鸱尾，共高二丈九尺，内外拢深一丈二尺五寸（拢就是总槽深）。……帐坐：高四尺五寸……"与卷二十二"小木作功限三"所载"佛道帐，一坐，下自龟脚，上至天宫鸱尾，共高二丈九尺。坐高四尺五寸，间广六丈一尺八寸，深一丈五尺"，都是以天宫佛道帐为例，帐身五间殿阁，上下分为五层叠加（只是卷九与卷二十二中拢深尺寸略有出入）：

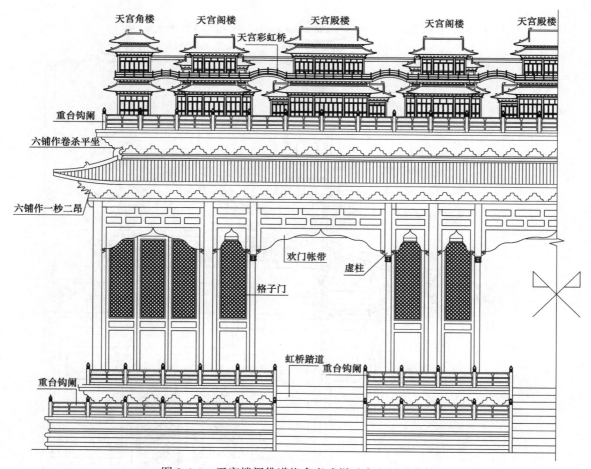

图 3-4-1　天宫楼阁佛道帐参考式样（宋、辽、金）

第一层帐座为"叠涩座"，即须弥座基座，采用的是最高等级的芙蓉瓣（莲瓣），上面设置了重台钩阑，成为了一个仿殿阁式的完整台基。台基前安装圆拱桥式弧形彩虹踏道，而在台基上又起一层平坐，按照殿阁的缩小比例做出永定柱、普拍枋、五铺作卷杀斗栱等。因承载佛像的重量，帐座结构采用密集多柱（立棍）与横枋（卧棍）构成，这些柱子通过横向、纵向不同位置、不同长短的棍枋连接，通过剪刀戗（罗文棍）形成一个牢固的承载的帐座层面。在《法式》中由于位置的不同，棍枋的名称很多，其实都是些不同长短、不同位置的枋料。

第二层帐身作为龛的主体，外形如同殿堂内外分槽，檐柱槽柱下面安装在锭脚（相当地栿）之上，柱头上六铺作斗栱，前檐格子门窗、隔斗装饰等一应俱全，殿内平棊藻井不差一毫。后背壁板封护，两侧可封壁板，亦可使用格子门窗装饰，前檐柱间设虚柱，隔斗托棍之下，安装欢门帐带。

第三层在天宫佛道帐六铺作单杪重昂重栱斗栱上做安腰檐，其做法与阁的出檐相同，阑额、普拍枋上六铺作一杪两重斗栱，橑檐枋、角梁、椽子、飞椽、脊、瓦一应俱全。

而山花蕉叶佛道帐六铺作单杪重昂重栱斗栱上，采用仰阳山华板与山花蕉叶做神橱冠顶。

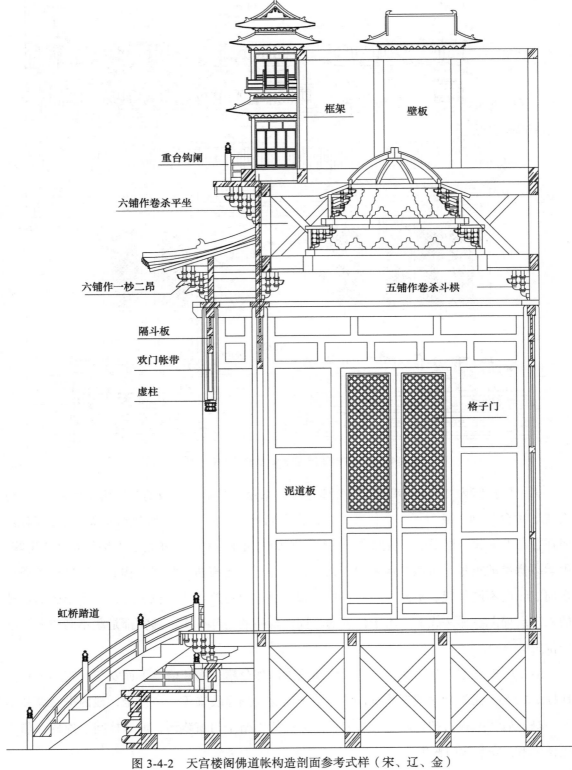

图 3-4-2　天宫楼阁佛道帐构造剖面参考式样（宋、辽、金）

　　第四层天宫楼阁平坐，槽柱头高出腰檐，阑额、普拍枋上六铺作卷杀斗栱，雁翅板之上设置一圈单钩阑。

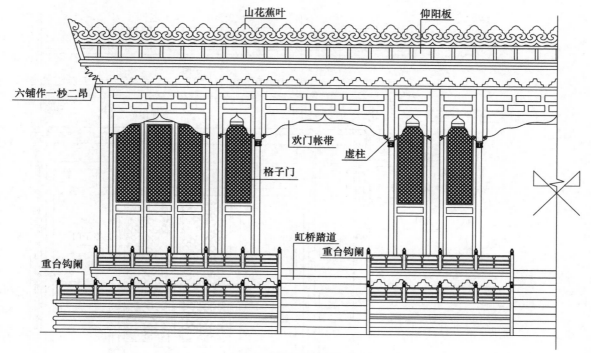

图 3-4-3　山花蕉叶佛道帐参考式样（宋、辽、金）

第五层天宫楼阁犹如一组比例很小的建筑模型，十分繁复的殿宇楼阁重檐叠翠，象征着佛道的神境，其中一栋栋的九脊殿阁通过彩虹般的圆弧拱桥如链串联，形成了一个让人产生幻想的理想天国。

天宫佛道帐除了五个层次外，还利用层次之间比例的关系，突出虚无缥缈、深远的宗教神秘意境，也注重于神橱的门窗式样、做法变化，注重于雕作式样华丽的外观与宗教中吉祥物相结合，做法上只重视外在观感的变化，对于内在构造结构没有特殊要求。

（二）牙脚帐

牙脚帐也有两种做法，档次较高的帐座与帐身做法基本与佛道帐相同，只是不做彩虹踏道，从第三层开始使用仰阳山华板与山花蕉叶做神橱冠顶，无束腰、无天宫楼阁。档次较低的牙脚帐基座采用牙脚座，帐橱不做门窗，不使用欢门帐带。

《法式》卷十与卷二十二中所列为一般牙脚帐，帐身三间，上下分位三层叠加，"共高一丈五尺，广三丈"，"外槽共深八尺"：

第一层帐座档次较高的与佛道帐同，一般档次"牙脚座"做法比较简单，最下面用龟脚连梯，其上雕花压青牙子，中间装饰壶门线雕，上面雕花束腰与上梯盘面板。座上安装重台钩阑，因承载佛像的重量，帐座结构采用密集多柱（立梲）与横枋（卧梲）构成，这些柱子通过横向、纵向不同位置、不同长短的梲枋连接，通过剪刀戗（罗文梲）形成一个牢固的承载的帐座层面。

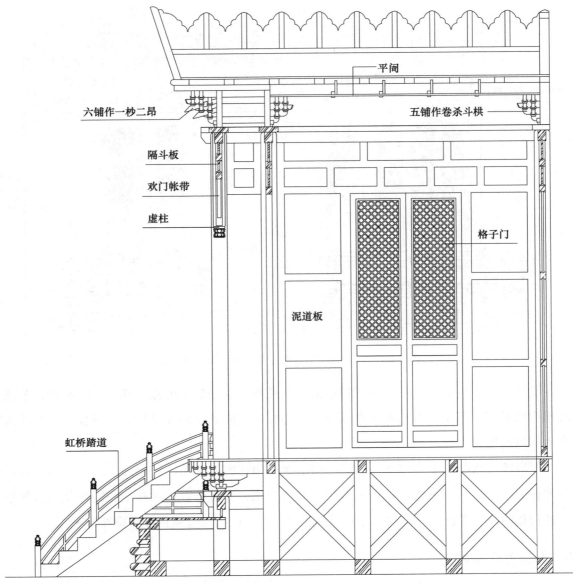

图 3-4-4　山花蕉叶佛道帐构造剖面参考式样（宋、辽、金）

　　第二层帐身作为龛橱的主体，做法与佛道帐相似，使用内外槽柱子，檐柱槽柱下面安装在锃脚，柱头上六铺做斗栱，档次略高的前檐格子门窗、隔斗装饰等一应俱全，后背与两侧壁板封护，档次略低的前檐不安装格子门窗，而是安装立颊与泥道板，殿内只装平棊，不装藻井。

　　第三层六铺作单杪重昂重栱斗栱上用仰阳山华板与山花蕉叶，顶上无天宫楼阁（图 3-4-5、图 3-4-6）。

（三）九脊小帐

　　九脊小帐规格档次低于牙脚帐。

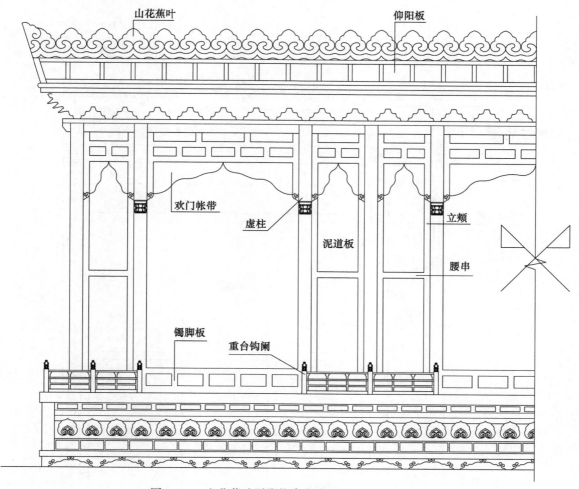

图 3-4-5 山花蕉叶牙脚帐参考式样（宋、辽、金）

《法式》卷十与卷二十二中所列九脊小帐，帐身一间，上下分位三层叠加，"共高一丈二尺，广八尺，深四尺"：

第一层帐座与一般档次牙脚帐相同。

第二层帐身同样与一般档次牙脚帐相同。

第三层五铺作一杪一昂斗栱上采用九脊厦两头（歇山）屋顶做法（图 3-4-7、图 3-4-8）。

（四）壁帐

壁帐靠墙，档次最低。帐座通常为砖石砌筑，高低是根据神像立姿或坐姿而定，所以在《法式》中并未提及帐座尺寸。因此本书结合现存实物相应给了个尺度：壁帐，一间，共高一丈五。壁帐现存实物较多，基本尺寸高约 13～16 尺，广约 11 尺，以补间铺作十一朵推算，深约 3.5～4 尺左右。

第二层帐身档次较低，檐柱与额，普拍枋构成框架额下采用隔斗板、仰托榥、立小颊形成罩面。

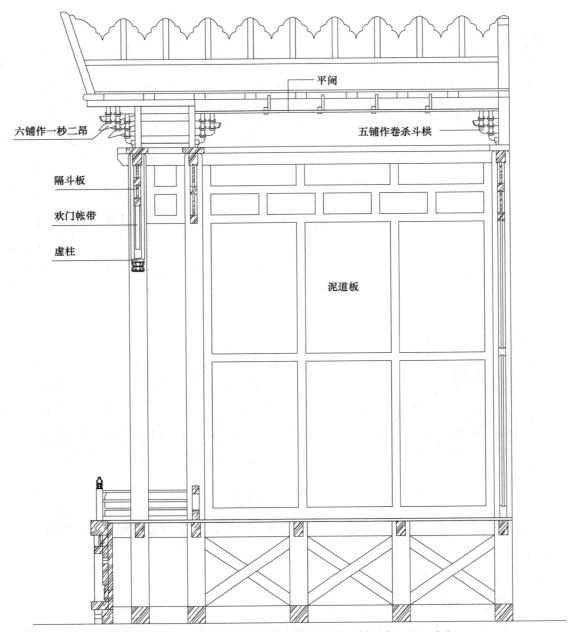

图 3-4-6　山花蕉叶牙脚帐构造剖面参考式样（宋、辽、金）

第三层五铺作一杪一昂斗栱上采用仰阳山华板与山花蕉叶（图 3-4-9）。

（五）转轮经藏

转轮经藏为正八方形，里外三层构造比较复杂，外檐外观上下四层做法，与天宫楼阁佛道帐类似，帐身作为龛的主体，柱头上六铺做斗栱，前檐隔斗装饰、欢门帐带等一应俱全。柱头上六铺作单杪重昂重栱斗栱，上面做安腰檐，其做法与阁的出檐相同，阑额、普拍枋上六铺作一杪两重斗栱，橑檐枋、角梁、椽子、飞椽、脊、瓦一应俱全。其上天宫楼阁平

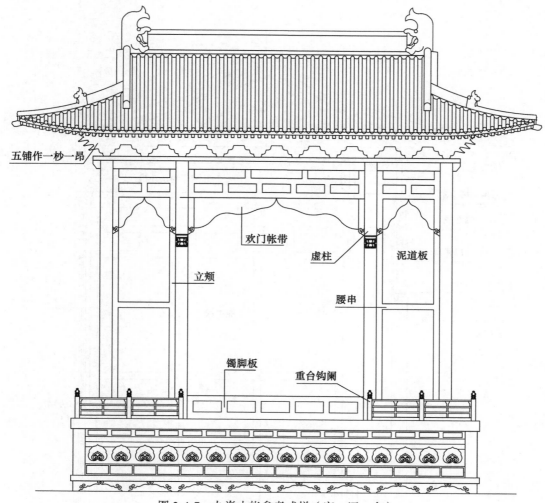

五铺作一杪一昂

欢门帐带

虚柱

泥道板

立颊

腰串

镯脚板

重台钩阑

图 3-4-7　九脊小帐参考式样（宋、辽、金）

坐，槽柱头高出腰檐，阑额、普拍枋上六铺作卷杀斗栱，雁翅板之上设置一圈单钩阑。最
上面一层天宫楼阁十分繁复的殿宇重楼叠翠，廊桥如链把八面的楼阁串联到一起，犹如比
例很小的一组建筑模型。

《法式》卷十一与卷二十三中所列尺寸："共高二丈，径一丈六尺"，"帐身，外柱至地
一丈二尺"：

外槽与内槽之间如同一圈八面副阶廊道，廊道内侧上下三层，下面八方帐座为"叠涩
座"，也采用的最高等级的芙蓉瓣（莲瓣），上面重台钩阑，如同佛道帐的台基，其上帐身
八面开板门装门钉，帐头五铺作卷杀斗栱。

内槽上下安装井字卡轴栿（梁），中心安装轴椀立转轮轴木，轴木上栽插立绞榥（相当
于经橱的斜戗）与经橱后背每层水平辐榥交连，挑挂起圆形的经橱。使经橱可随着立轴转
轮旋转。经橱上下共分七层格，每层水平按照八面均分十六橱格内置经匣，转轮经藏共储
经匣 112 枚（图 3-4-10～图 3-4-12）。

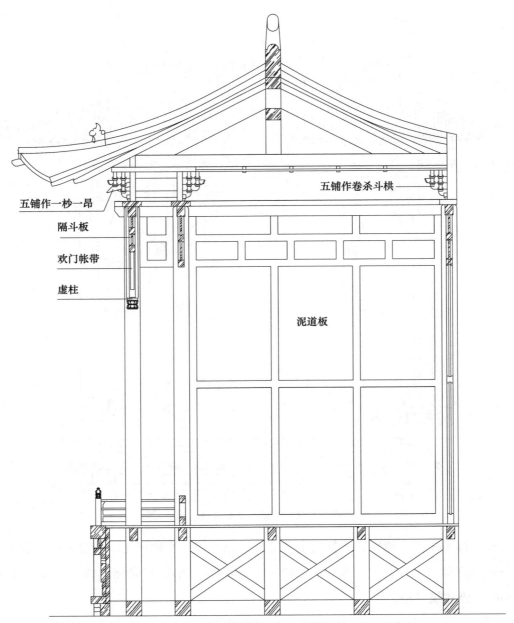

五铺作卷杀斗栱

五铺作一杪一昂

隔斗板

欢门帐带

虚柱

泥道板

图 3-4-8　九脊小帐构造剖面参考式样（宋、辽、金）

（六）壁藏

壁藏外观与佛道帐近似，天宫楼阁采用平桥相连的做法与转轮经藏做法相同，壁藏背靠墙壁。在《法式》卷十一、卷二十三中列出的壁藏"共高一丈九尺，身广三丈，两摆手各广六尺，内外槽共深四尺"，"坐高三尺，深五尺二寸"。帐身上下共分格七层，每层 40 橱格，藏经匣 280 枚。壁藏经橱外面装横向折叠式的板帘软门。壁藏两端拐弯部分称之为摆手，根据藏经阁或藏经房间的体量，壁藏靠墙拐弯摆手可长可短，可做摆手，亦可不做摆手（图 3-4-13、图 3-4-14）。

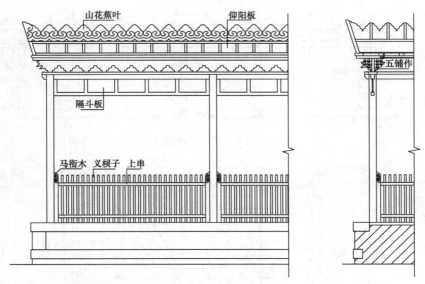

图 3-4-9　靠壁帐式样、构造剖面参考（宋、辽、金）

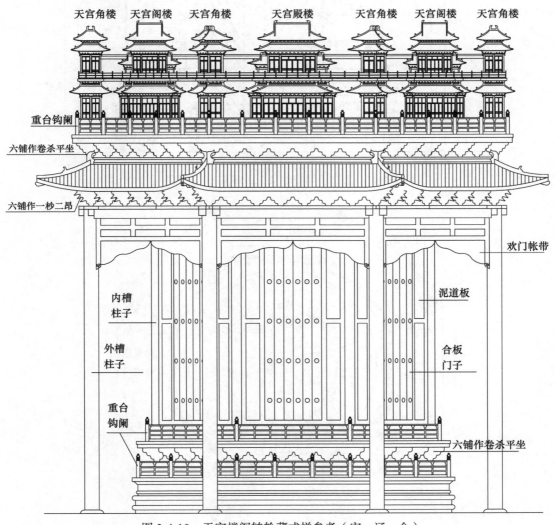

图 3-4-10　天宫楼阁转轮藏式样参考（宋、辽、金）

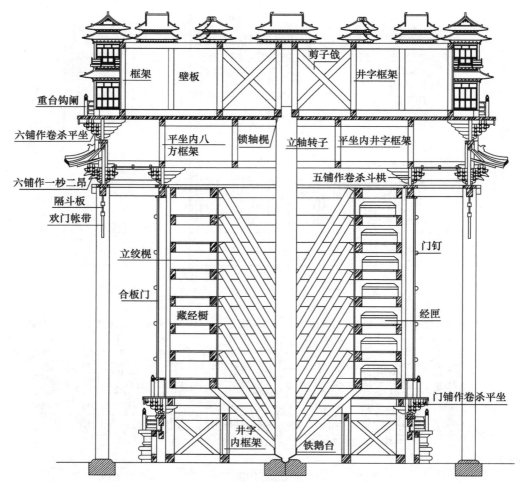

图 3-4-11　天宫楼阁转轮藏剖面参考（宋、辽、金）

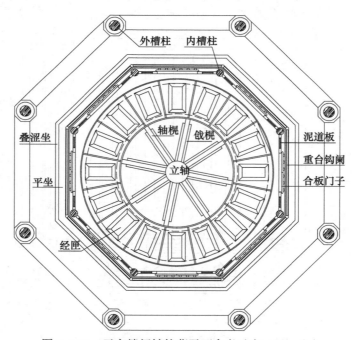

图 3-4-12　天宫楼阁转轮藏平面参考（宋、辽、金）

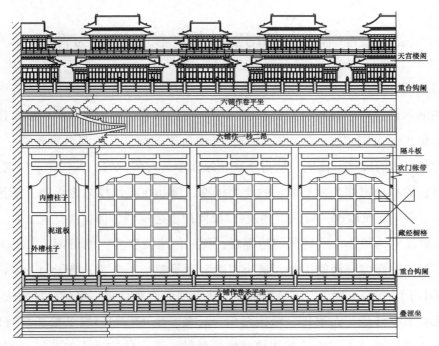

图 3-4-13　天宫楼阁壁藏参考式样（宋、辽、金）

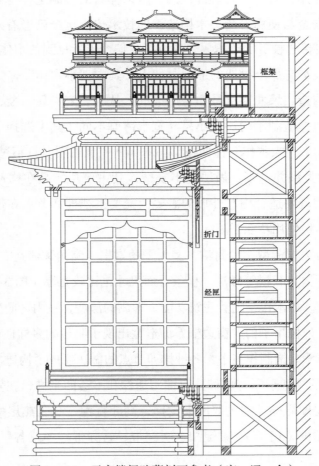

图 3-4-14　天宫楼阁壁藏剖面参考（宋、辽、金）

五、"小木作"的门窗边框、棂条造型与榫卯

《法式》除了在卷三十二"小木作制度图样"中对唐宋建筑有关的"小木作"外观形制进行了一些展示外，对于其用材只是在卷二十六"诸作料例一·大木作　小木作附"中有所记载，但也仅是个别"柱"（立框）、"枋"（横框）的实例，而且含混不清、不知其用。其实关于门窗边框的尺寸、比例，从古至今在匠作中是有传承的，古代建筑门窗边料取材，通常是以门窗的高与宽作为衡量取材的比例标准，例如在匠作技艺传承中，掌作师傅口传心授的《知了歌（支拉歌）》"口诀"述及："要问门窗边框料，门窗高低尺寸找，三十取一是边宽，取材二寸为最小。隔扇风门边框料，要从门扇宽窄要，两份窗边有点大，宽十取一不能少（窗边看面为窗高的 1/30，最小窗边看面不能小于 2 寸，格子门、窗，包括风门大边都不应小于门宽的 1/10）。"就清晰讲解了古建筑营造中计算门窗材料尺寸的方法。

古代建筑中不管是"大木作"结构框架，还是"小木作"门窗装修，所有的木结构、木构造都是通过榫卯节点的连接组装成型的，各种构造中的构件用途及尺寸都是不同的，有些起到结构受力作用，有些只是装饰作用。所以榫卯的形制选择与做法非常重要，关系到了木结构的使用安全与使用寿命。木构造榫卯技术传承至今已经有几千年的历史，一辈又一辈的工匠通过口传心授、实践积累，形成了我们今天所见到的木作榫卯技术。

每个时代的建筑都有那个时期的形制与特点，其中"小木作"作为古建筑中的重要组成部分，其形制、构造、尺寸要求是非常严谨的。从唐、宋、辽、金、元不同时期小木作门窗形制看，由于边框造型不同、大小尺寸宽窄薄厚不同，其中选择节点榫卯、尺寸做法也会有所不同。实际上"大木作"榫卯在"小木作"中也通用，只不过做法尺寸比较小巧，"小木作"中榫卯的类型并不多，做法也不复杂，其主要功能是在构造中起到连接稳固作用，木构件榫卯做法既要适合构造外形的需要，又要重视榫卯节点在使用时的尺寸相互匹配，要适合木构造结构使用功能需要。

唐代建筑门、窗边框造型比较简洁，多为平角素楞、窝角叉瓣造、一混不出线等形式，窗棂条通常采用破子棂、版棂等做法。棂条看面尺寸也比较宽厚（图 3-5-1）。

宋、辽、金时期"小木作"随着建筑功能、形制的演变，室内区间软帘式的幔帐逐渐被木质硬隔截所替代，外檐格子门、窗边框看面造型出现了明显的多样性变化（图 3-5-2）。尤其是门、窗与室内隔截装饰制作当中，各种榫卯节点的做法便成了构造构件中的重要环节。

"小木作"常用的榫卯形制有单榫、双榫与透榫和不透的半榫，在做法上有直肩榫、割角硬肩榫、割角夹皮硬肩榫、割角双面夹皮榫、马牙直榫、马牙燕尾榫、割角燕尾榫、棂子十字卡腰榫、销插榫（销子）、银锭扣、明穿带、暗穿带等各式各样的榫卯（图 3-5-3～图 3-5-5）。

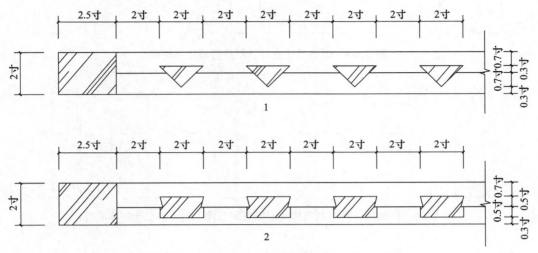

图 3-5-1　破子棂与版棂条做法参考（唐、宋）

1. 破子棂窗条　2. 版棂窗条

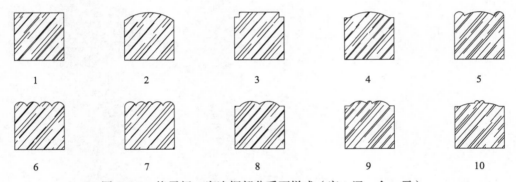

图 3-5-2　格子门、窗边框部分看面样式（宋、辽、金、元）

1.素面素楞　2.混面不出线　3.素面窝角　4.混面压边线　5.混面边角兊珠线　6.四混条线
7.四混一炷香　8.双混压边线　9.双压边混一炷香　10.两炷香压边

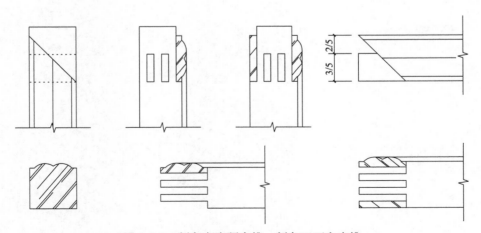

图 3-5-3　割角夹皮硬肩榫、割角双面夹皮榫

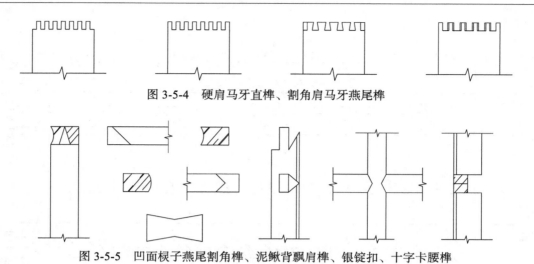

图 3-5-4　硬肩马牙直榫、割角肩马牙燕尾榫

图 3-5-5　凹面榥子燕尾割角榫、泥鳅背飘肩榫、银锭扣、十字卡腰榫

第四章　唐、宋时期的木梁桥形制与做法

在甘肃敦煌莫高窟第 148 窟所绘唐代佛寺壁画中可见到五座木梁桥，在北宋张择端所绘《清明上河图》中可见河道上有多座叠梁木拱桥（后世桥梁学者称作叠梁拱桥和贯木拱桥，也叫编木拱桥），在宋画《金明池夺标图》中也可见绘有五孔木梁柱桥。木梁桥技术在春秋战国时期已出现，1972 年第五期《文物》中《临淄齐国故城勘探纪要》述及挖掘山东临淄春秋齐国都城时，发现东门和北门两处城壕上有桥基石块与夯土遗迹，两处的桥梁跨度八九米，这种简支木桥上通行车马，在当时已是很了不起的木结构桥梁技术了。《水经注》中有"汾水桥"的记载，在《史记》的《刺客列传》和《苏秦列传》中以及《唐六典》中也都有"木梁桥"的记载。1978 年南京博物院在发掘唐城遗址时，发现一座唐初至晚唐的多跨木桥梁的桥柱 33 根，这是我国首次发现唐代桥梁桩，桩为坚实的红木，桥台伸入河内黄土筑成，台下有护台和护岸木板，外立木桩结构明确。显然木梁桥也是唐、宋时期建筑木作营造体系中非常重要的组成部分。

从古代木梁桥外形上看，有平板桥与拱桥的区别；其桥桩还有石柱与木柱的区别；从构造上看，有平铺水平木梁桥做法，有单向对称伸臂木梁桥做法，平衡双向对称伸臂木梁桥做法，有斜向对称伸臂木梁桥做法，还有编木拱式叠梁挑搭木梁桥做法。如今我们所能看到的木梁古桥实物，也都是明、清以后所建，大部分都是水平简支梁木桥，伸臂式木梁桥和斜撑上承式伸臂桥（包括斜撑上承式伸臂拱桥）。纯粹的编木叠梁挑搭拱式木梁桥，基本都是后来人们仿照宋代叠梁挑搭拱式构造，建造的景观木桥，其实明清以前宋、辽、金时期的这种叠梁桥遗物早已不复存在了。

一、平铺水平木梁桥

这种平铺简支梁桥通常单跨较小。在古代桥梁中，河道宽大的桥梁，多在河中分段砌筑石墩、石柱作为桥基，其上施以托木架设密排木梁并在其上铺板，板上再覆盖灰土石板桥面，两侧装地栿、安装栏杆扶手。例如宋代的灞桥长一百三十四丈，横开六十七龙门，一门六柱，直竖四百零八柱，柱上石梁之上施以托木叠加木梁；又如山西太原晋祠内的鱼沼飞梁十字桥做法，水面中石柱头上以木枋拉连，其上施以单斗只替大斗栱，纵向托梁之上再施以密排顺梁铺板。顺梁高不小于跨度的 1/10，托梁高不小于顺梁（图 4-1-1）。

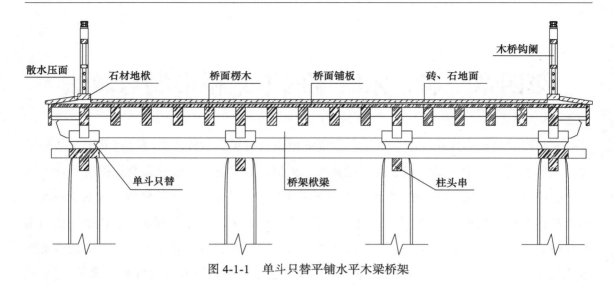

图 4-1-1　单斗只替平铺水平木梁桥架

二、单向对称伸臂与平衡双向伸臂木梁桥

在《水经注》引段国《沙州记》中有"吐谷浑于河上作桥，谓之河厉，长百五十步（这里是用步丈量的意思，实际是 150 尺，大约合计 45 米左右），两岸累石作基陛，节节相次，大木从横更镇压，两边俱平，相去三丈，并大材以板横次之。施钩栏甚严饰。桥在清水川东也。又东过陇西河关县北，洮水从东南来流注之。"，这里所讲的就是伸臂木梁桥。单项伸臂式木梁桥通常适用于河岸边跨，或窄小沟壑的单孔单跨小桥，密排木梁靠一端的重量压在岸上，与对岸对称单向伸臂悬挑承托中段密排简支梁。为了使伸臂长远，这种桥通常都会以几层木梁伸臂逐层递出、逐渐缩小中跨梁距，每层之上施以横木配重相连，或以木笼架做桥台填石镇压在伸臂梁后尾形成配重。

平衡双向伸臂木梁桥是在河心桥墩顶上，叠架木梁左右平衡伸臂悬挑，承托跨空简支桥梁。当河面较宽大时，单向伸臂不能够满足跨度要求，就必须在河中增加桥墩采用平衡双向伸臂，对应两岸单向伸臂桥基，满足河宽分跨的简支梁受力要求，形成多空、多跨的木梁桥（图 4-2-1～图 4-2-4）。

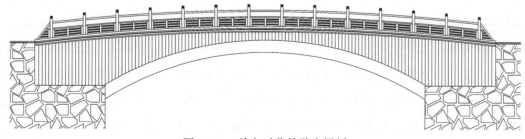

图 4-2-1　单向对称伸臂木梁桥

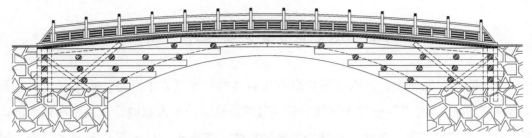

图 4-2-2　单向对称伸臂木梁桥架

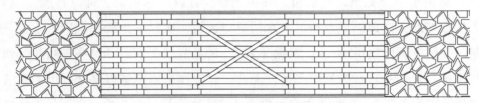

图 4-2-3　单向对称伸臂木梁桥架仰视

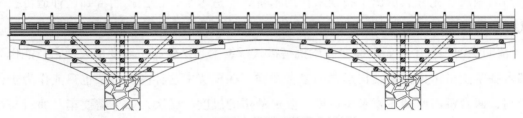

图 4-2-4　平衡双向对称伸臂木梁桥架

三、斜撑对称伸臂木梁桥

这种斜撑伸臂木梁桥做法与单向伸臂木梁桥做法异曲同工，做法简易便捷，适用于单孔单跨的涧水、沟壑河道小桥，密排斜撑下端排柱插入固定在河床岸基之内，几层斜撑逐层递出高抬桥面，横向同样施以横木相连，斜撑背面亦可增设斜排戗加固承托路引桥面，斜排撑伸臂从木梁桥的结构稳定上看，斜角度支撑挑搭桥面简支桥梁受力，更优于单向伸臂配重受力形式。通常这种伸臂斜撑的角度，可因地制宜根据实地的地质条件，斜撑角不大于 45°不小于 60°，在这个范围内随着需要酌情而定（图 4-3-1）。

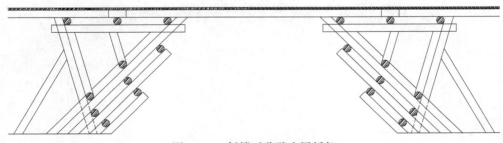

图 4-3-1　斜撑对称臂木梁桥架

四、拱式编木叠梁挑搭木梁桥

在《清明上河图》中，汴水虹桥是最有代表性的一座拱式木梁桥，在宋代文人孟元老的《东京梦华录》"河道"中关于汴河记载"自西京洛口分水入京城，东去至泗州入淮，运东南之粮，凡东南方物，由此入京城，公私仰给焉。自东水门外七里，至西水门外，河上有桥十三。从东水门外七里，曰虹桥，其桥无柱，皆以巨木虚架，饰以丹雘。宛如飞虹。其上下土桥亦如此。次曰顺成仓桥。入水门里曰便桥，次曰下土桥，次曰上土桥。投西角子门曰相国寺桥，次曰州桥……"。又据《宋史·陈希亮传》所载"希亮知宿州，州跨汴为桥。水与桥争，长坏舟。希亮始作飞桥，无柱，以便往来诏赐缣以褒之，仍下其法，自畿邑至于泗州，皆为飞桥"。这种拱式编木叠梁挑搭式木梁桥，在结构上采用杠杆挑搭反作用力平衡的做法，充分展示出了我国宋代的木桥梁建造水平，也让我们看到这种造桥技术在宋代已经是很成熟普及的做法。

《清明上河图》中所画的编木叠梁挑搭拱式桥编木起拱较高、坡度也大，它只能作为拱式编木叠梁挑搭木梁桥架结构形式的参考图样，在现实中这种高拱桥架也只能作为步行桥来使用，通常桥面两端还要考虑坡度、阶梯踏步的尺度与做法，如果需要车马通行与行人共用的桥梁，桥面必须考虑车马行走坡度变化，桥两端还需要架设适合于车马通行的坡度桥架，会搭设很长的引桥（图4-4-1～图4-4-4）。

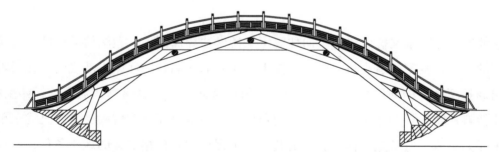

图4-4-1 《清明上河图》中拱式编木叠梁挑搭木梁桥架复原想象图

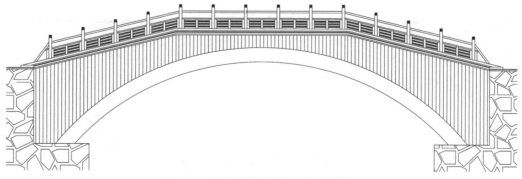

图4-4-2 编木叠梁拱券步行木梁桥立面

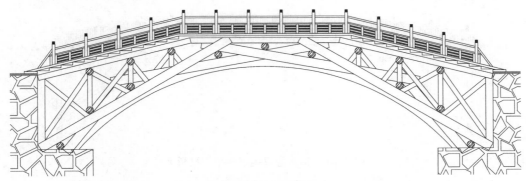

图 4-4-3　编木叠梁挑搭阶梯木梁桥架

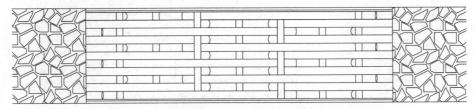

图 4-4-4　编木叠梁拱阶梯步行木梁桥编木仰视

我们通过写实的北宋《清明上河图》了解到宋代拱式编木叠梁桥的技术，这种编木挑搭木梁桥架技术经过我国古代工匠们的代代传承，一直延续到明、清。编木拱式叠梁桥的做法，除了高拱的阶梯式步行桥以外，其实它还有一种适合于人与车马通行的平架拱桥做法，这种做法把挑搭的编木拱构架结合榫卯技术与横向编梁锁扣在一起，促使结构更加稳定，当桥梁承受外来的作用力时，榫卯结构的柔性作用与木梁架弹性作用相互配合，抵消缓解了桥梁架构承受外力的挤压，编木拱叠梁上设置的立柱与平架横梁以及桥面板的铺装，经过构造结构的剪刀戗及相应的铜钉铁活加固，确保了编木叠梁平架桥的整体稳定。现今我们在浙江、福建、云南、贵州等地所见到的木拱廊桥基本都是明、清以后所建，很多还是中华人民共和国成立以后复建与仿建的廊桥（图 4-4-5～图 4-4-7）。

古代造桥匠人通常会按照事先预定的方案形制扎出小样，验样无误后还要 1∶1 放大样，然后再照大样制作，其后还要在平地上小立架验装修正编号，最后按号在河道基床上立架安装。

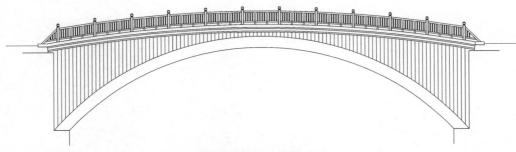

图 4-4-5　编木叠梁拱券平架木梁桥

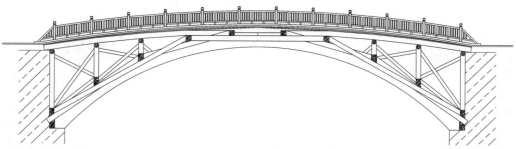

图 4-4-6　编木叠梁挑搭平架木梁桥架

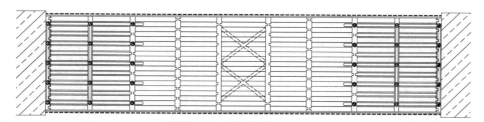

图 4-4-7　编木叠梁拱平架木梁桥榫卯平面位置

第五章　唐、宋、辽、金斗栱铺作基本形制与做法

　　在唐、宋、辽、金时期，斗栱铺作是建筑中的一个非常重要的构造环节，建筑中下架柱框层通过中间斗栱铺作层承上启下，以一个整体铰支座的形式承托着上架大木结构。斗栱铺作的主要特点是通过其构造的层层悬挑、交叉、相叠，形成一个斗形叠合悬出的栱架，支撑纵向梁端头和横向间与间中槫两端交点的重力挤压，使伸出屋檐的荷载在昂翘的杠杆作用下，与屋架荷载形成一种借力平衡，满足了结构力矩卸载时的最佳途径。斗栱铺作的栌斗就是每一个铰支座的柔性支点，斗栱通过栱、翘、昂层层铺作榫卯的互相搭扣相连，在受到重力挤压与外力作用时，产生柔性摩擦作用缓解或抵消了外力的干扰。同样，下架大木与上架大木构架，在受到外力作用时，榫卯蠕动作用力也会起到一定的柔性摩擦抗力，又因为古建筑木结构的材料是天然有机木材，材质本身所产生的弹性作用（简称弹性模量）也是抵抗外力影响的重要因素。因此，斗栱铺作构造是保证木结构古建筑安全稳定的一个重要措施，这也是唐、宋建筑能够遗留至今的原因之一。

　　古代建筑斗栱由于使用在不同的位置，便产生了不同的铺作形制类型，甚至同一部位由于大木构造的变化，斗栱铺作也会出现不同的做法。唐代斗栱铺作，注重与上架大木结构受力作用结合在一起的整体实用性，而宋代斗栱铺作，除了结合上架结构传递疏解荷载以外，斗栱装饰价值也得到了逐渐地提升，到了李诚重新编修《营造法式》的年代，大部分斗栱铺作除了仍具有结构方面的作用以外，那些琳琅满目、单一的内外补间铺作斗栱，则更具有了独立的装饰意义。宋代建筑在不大的间广空间中，增密多加了对于结构不必要补间铺作，室内还纵横罗列了大量的斗栱铺作，给大木屋架增加了很多不必要的烦琐装饰，但是也反映出了社会特权阶层奢华的另一层面。

　　从《法式》中的斗栱图样看到，这些图样都是装饰性很强的重栱，且大部分都是计心造铺作，而那些单栱、重栱的偷心造与一些简单的斗栱铺作则被忽视，其实恰恰是这些简单的偷心造做法还保留着唐代或宋代早期斗栱原来的特征。

　　在唐代建筑中，外檐斗栱多是以柱头铺作（包括檐角柱转角铺作）为主，檐部面广通常会使用比较简单的杙（yi）斡栱（叉手栱）和籤（qian）斡栱（承柱栱）作为补间的辅助受力支撑，当檐部面广较小时补间素面不铺作，当檐部面广较大时补间才会增加一朵补间斗栱。宋代建筑不使用杙斡栱和籤斡栱，檐部面广补间铺作最少一朵至两朵，宋、辽、金时期面广补间铺作逐渐增加。唐代与宋代早期为了强化斗栱中纵向栱与挑斡昂等构件的挑

搭作用，大部分斗栱铺作都采用偷心造做法，这样既减少了斗栱的用料，又使斗栱中的纵向昂杪构件自身负荷减轻，还满足了作用于檐头椽望出挑的荷载需求。而计心造斗栱在满足了檐步挑搭作用的同时，还要注重于斗栱在建筑中的装饰效果，通过昂、栱的出跳、铺作层次的变化强调等级制度的标准。

在唐、宋、辽、金时期斗栱铺做中最为凸显的构件，就是斜挑出的下昂，昂身的挑杆唐、宋时期通常称之为挑斡。它的前端昂头下垂，后身挑斡向上延伸挑搭，下昂挑斡除了转角铺作中会使用到足材，在柱头与补间铺作中通常都是单材，在斗栱铺作中，下昂挑斡就如同杠杆，配合华栱承担着檐部的内外荷载的均衡，同时也调整了屋檐的高低变化，使屋面檐口曲线更加柔和。下昂挑斡的倾斜度在《法式》中并未有规定，其实也无法规定，因为挑斡的倾斜度必须随着斗栱出跳的分°数变化，与出跳的瓜子栱、慢栱、素枋、罗汉枋等榫卯位置做法、做份相结合加以调整，同样下昂挑斡的角度变化也决定了瓜子栱、慢栱、素枋、罗汉枋等出跳分°数的变化，由于下昂挑斡的角度可变性，至昂头上的交互斗也会产生下移，与齐心斗及其他散斗不在一个平面上，导致外跳的令栱甚至慢栱也同样下移，也就是说，唐、宋建筑斗栱中下昂挑斡的角度，包括出挑的分°数是灵活可变的，通常出跳尺寸与下昂挑斡的角度一起调整，下昂挑斡调整的角度也就在 20°～25° 之间。

在转角斗栱铺作中，下昂挑斡的挑杆后端，与柱头或补间铺作的挑杆能够向后延伸不同，下昂挑杆很短，只能做成插头合角顶在角脊位置，斜项下昂前端出挑斜杀，与后端一分为二，这就导致了檐角很容易下垂，造成掘檐塌角。古代匠人为了解决这个问题，转角斗栱铺作根据形制变化的需要，下昂挑斡斗栱转角铺作会采取两种不同的构造做法：一般计心造转角铺作除了下昂挑斡做法，也会用采插头昂与昂栱连做的做法；而偷心造转角铺作多会用采下昂挑斡一通到顶的做法。

除了下昂挑斡斗栱，在《法式》中还有一种上昂挑斡斗栱，这种上昂斗栱下面不做出跳的昂头，所谓上昂就是将挑斡杆戳在斗栱中间，采用挑斡杆向上倾斜支搭的一种做法，这种斗栱除了五铺作外，六至八铺作都是偷心造做法。此类斗栱并不常见，一般使用在内槽平棊天花位置处，亦可使用在楼阁的平坐层之间。这种做法在北方建筑中并不普遍，只是流行于江浙南方地区的做法。

唐、宋建筑中斗栱昂头的做法形式，从《法式》中可以看到三种："自斗外斜杀向下，留厚二分，昂面中颥二分，令颥势圆和，亦有于颥面上随颥加一分，讹杀至两棱者，谓之琴面昂，亦有自斗外斜杀至尖者，其昂面平直，谓之批竹昂。"现今所见的实物中大致可分为四种类型：唐代早期的昂头基本不修饰，昂嘴高 2 分°，昂背从斗底边向下直线交于昂嘴，叫作批竹昂，昂背从斗底边向下弧线凹形交于昂嘴，叫作颥面昂；宋代以后昂头出现了变化，在以上两种昂头做法基础上昂面增加一分°做成圆弧形，便有了琴面昂与批竹琴面昂的做法（图 5-1-1）。

从《法式》中看到："总铺作次序之制：凡铺作自柱头上栌斗口内出一栱一昂，皆谓之一跳；传至五跳止。"又说，"出一跳谓之四铺作，出两跳谓之五铺作，出三跳谓之六铺作，出四跳谓之七铺作，出五跳谓之八铺作，自四铺作至八铺作，皆於上跳之上，横施令栱与耍头相交，以承橑檐枋；至角，各於角昂之上，别施一昂，谓之由昂，以坐角神。"在《注释》图样中除了不出挑的杴斡（wo）栱（叉手栱）、籤斡栱（承柱栱）、单栱、重栱、把头绞项造、斗口跳以外，斗栱铺作共列有五个计心造下昂出跳铺作的等级标准，以及四个上昂出跳的等级标准（三例为偷心跳）；其后又列出五个偷心造下昂出跳铺作等级标准；在平坐斗栱铺作中列出两类构造四种斗栱铺作的形制；最后列出六例殿、阁、亭、榭转角计心造斗栱铺作仰视与侧面图例。

唐、宋、辽、金时期斗栱铺作中出跳的尺度，并不是采取完全统一的标准，通常会根据出檐的比例缩减，也会根据屋面举折的变化以及斗栱自身构造变化，甚至下昂挑斡角度加以灵活变通调整，斗栱出跳完整的计心造通常不大于 30 分°，不小于 26 分°，偷心跳的调整通常不小于 15 分°。我们在应用中还应以实际需要加以变通，切不可教条照搬，造成不必要的麻烦。

另外唐、宋斗栱铺作中有单材与足材（单材高 15 分°，足材为一材一栔高 21 分°）两种尺度栱件的不同变化，通常纵向出跳的水平构件多会使用足材，纵向出跳的华栱通常为足材构件，但是时常也会采用单材做法，这时便会增加 1 栔的垫料层，来垫实交互斗腰、底的空档。有的华栱为了彰显材、栔分层的观感，采用足材时亦会采用裁口分层的做法。

本章中所陈述的各类斗栱，均以《法式》和《注释》中的则例、图例为依据，纵有其他变化也只是以在建筑实例中出现的做法调整。不作为原则性的例证，只可理解为做法中灵活变通的依据。

一、斗栱构件统一的规格做法

在《法式》中对于斗栱构件的统一规格做方法有着明确的规定，其中"造斗之制有四"：一曰栌斗，二曰交互斗，三曰齐心斗，四曰散斗；"造栱之制有五"：一曰华栱（足材栱），二曰泥道栱，三曰瓜子栱，四曰令栱，五曰慢栱，还有"鸳鸯交手栱"，以及"下昂"卷杀与"造耍头之制"（图 5-1-1～图 5-1-4）。

以上为《法式》中关于斗栱的通用共性构件。另外，在唐宋建筑修缮中，还看到很多不同的非通用斗栱构件，这些构件会随着大木构造变化、角度变化而调整变通尺度做份，例如：挑斡昂的挑杆会随着举折的变化适当调整后仰角度，连带会使挑杆上的刻口位移调

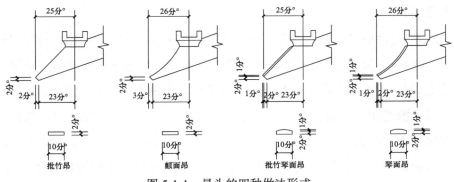

图 5-1-1　昂头的四种做法形式

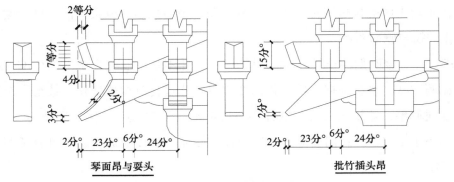

图 5-1-2　下昂卷杀之制与造耍头之制

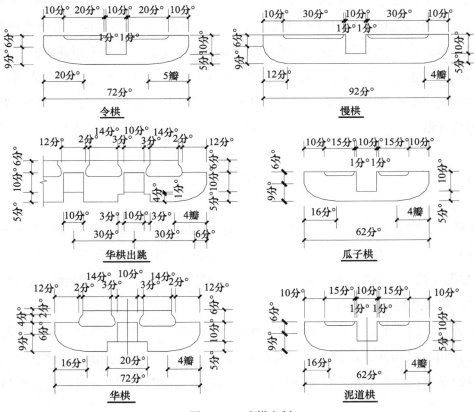

图 5-1-3　造栱之制

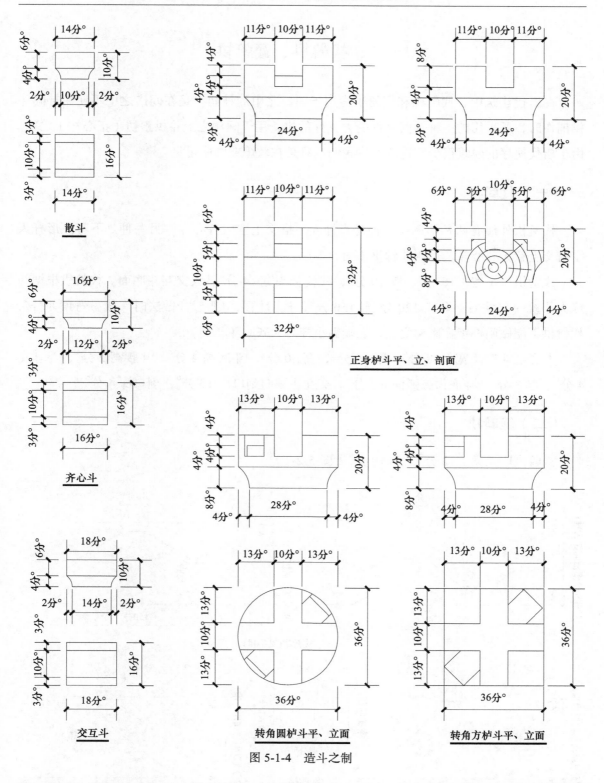

图 5-1-4　造斗之制

整；蜀柱上的栌斗也会小于外檐栌斗，等等。同时，不同地域的唐宋时期建筑在做法与尺度上也会存在着很大的差异变化。总之，在文物建筑修缮中，应秉承文物保护修缮原则，不可原样照搬《法式》中的做法而改变文物历史原状。

二、杈斡栱、籨斡栱

在唐代建筑中，杈斡栱和籨斡栱常用于间广之中的补间，是在间广之中不使用补间斗栱铺作时，所采用的一种补间辅助受力支撑的栱，用于阑额之上斗栱素枋（正心枋）之间。由于唐代遗存的建筑很少，这两种栱我们也只是在敦煌壁画中可见。

（一）杈斡栱

杈斡栱外形有两种形制：一种是直杆人字搭交上置大齐心斗，另一种是下弯弧形杆人字搭交上置大齐心斗，也叫曲脚栱（图 5-2-1）。

杈斡栱广（宽）15 分°，厚 10 分°，杈斡合头宽 14 分°至大交互斗底面。杈斡栱根据间广大小统一尺寸后，开叉 120 分°至 150 分°，杈斡栱采用弧形杆做法时一般弓弯度 8 分°，杈斡栱下端做闸榫蹬在阑枋之上，上端做小榫与大齐心斗相交。

大齐心斗广（宽）18 分°，厚 16 分°，高 10 分°，斗底高 4 分°，斗腰高 2 分°，斗耳高 4 分°、厚 3 分°，斗底做颐弧深 0.5 分°。交互斗顺向刻口广 10 分°，刻口深 4 分°。

（二）籨斡栱

籨斡栱广（宽）12 分°，厚 10 分°（图 5-2-1）。

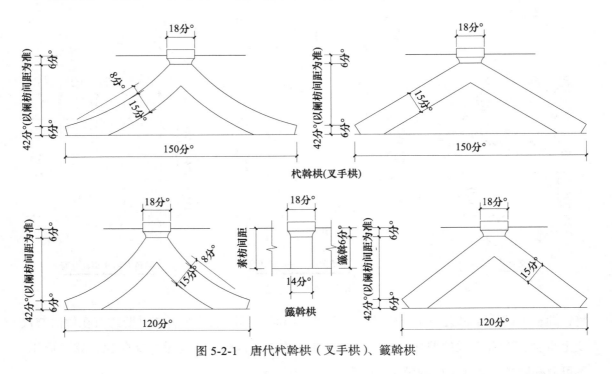

图 5-2-1　唐代杈斡栱（叉手栱）、籨斡栱

三、单斗只替造、把头绞项造

（一）单斗只替造铺作

单斗只替造是柱头之上的栌斗十字开口，与纵向栿（梁）头和顺向替木十字搭交，替木之上承托檐部的牛脊槫（图 5-3-1 ）。

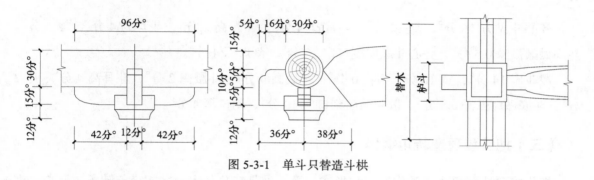

图 5-3-1　单斗只替造斗栱

栌斗广见方 32 分°，高 21 分°，斗底高 8 分°，斗腰高 4 分°，斗耳高 8 分°，斗底做頔弧深 1 分°。栌斗顺向刻口广 10 分°，纵向刻口广 10～12 分°，刻口深 8 分°，刻口内做包耳（袖肩榫）厚 3 分°、高 4 分°，与栿（梁）头、替木榫卯十字扣搭。

替木长 96 分°，宽 10 分°，高 15 分°，上面中间刻口宽 10～12 分°，深 6 分°。与栿（梁）头十字扣搭。

栿（梁）头从中线向外长 30 分°，厚 10～12 分°，高 15～21 分°，梁头下中线位置刻口宽 10 分°，深 6 分°，前后刻出包耳刻口。与替木十字扣搭相交于栌斗十字刻口之内。

（二）把头绞项造铺作

把头绞项造做法与单斗只替造做法相同，只是顺向不使用替木而是使用泥道栱，泥道栱上面中间安装齐心斗，两端上面安装散斗，其上承托素枋与牛脊槫。或直接承托牛脊枋。柱头之上栌斗做法与单斗只替造相同（图 5-3-2 ）。

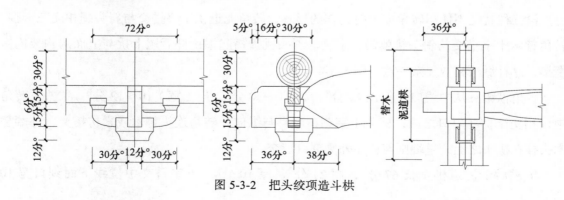

图 5-3-2　把头绞项造斗栱

泥道栱长 62 分°，高 15 分°，厚 10 分°，泥道栱两端上面向里 10 分°为散斗底，斗底的中位栽暗销。泥道栱中位按照齐心斗的尺寸画线，中间刻口宽 10～12 分°，深 9～10 分°。由散斗底边线和齐心斗底边线向下 0.2 分°画线，此线以上做平底栱眼。泥道栱两端下面向里 12 分°分 4 份，向上 9 分°分 4 份，做四瓣卷杀。

栿（梁）头从中线向外长 30 分°，高 21～30 分°，广（宽）10～12 分°，梁头下中线位置刻口宽 10 分°，深 5～6 分°，前后刻出包耳刻口。与替木十字扣搭相交于栌斗十字刻口之内。

齐心斗见方 16 分°，高 10 分°，斗底高 4 分°，斗腰高 2 分°，斗耳高 4 分°、厚 3 分°。斗底做颇弧深 0.5 分°，齐心斗顺向刻口广 10 分°，刻口深 4 分°。

散斗广 14 分°，宽 16 分°，高 10 分°，斗底高 4 分°，斗腰高 2 分°，斗耳高 4 分°、厚 3 分°，斗底做颇弧深 0.5 分°。散斗顺向刻口广 10 分°，刻口深 4 分°。

（三）把头绞项造转角铺作

把头绞项造转角斗栱铺作有三种形式，第一种是转角替木十字相交与转角（递角）栿梁头三卡腰搭交，转角泥道栱十字相交与转角栿梁头三卡腰搭交，转角替木或转角泥道栱十字搭交出头与十字搭交素枋或槫头平齐，这种做法比较简单。

第二种是斜平头昂后带斜头华栱与华栱后带泥道栱水平三搭头，斜头华栱承托递角水平拉接构件，这也是常用的做法（图 5-3-3）。

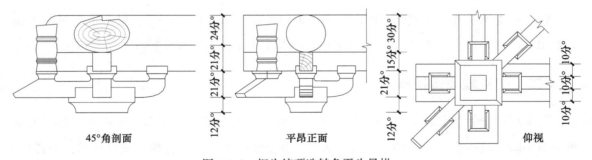

图 5-3-3　把头绞项造转角平头昂栱

第三种就是不使用转角栿梁时铺作的形式，转角泥道栱十字搭交与斜头翘相交三卡腰，转角替木十字搭交与斜头挑斡昂三卡腰。斜头挑斡昂起举挑杆后尾上挑与上面的构架挑搭衔接，这种做法略微复杂一点（图 5-3-4）。

转角栿梁头从中线向外斜长 43 分°，高 21～30 分°，广（宽）10～12 分°，梁头下转角中位相交于栌斗斜口之内，栌斗十字刻口顺身与纵向及转角连头替木或素枋搭交，外端替木头挂在檩头之上，里端则与栌斗外侧刻口搭交。

华栱后带泥道栱全长 67 分°，高 21 分°，厚 10 分°。十字搭交中位线下面刻口宽 10

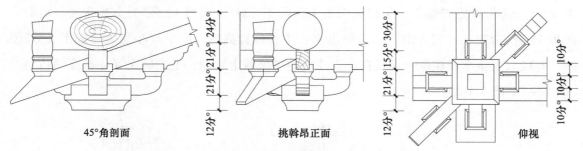

45°角剖面　　　　挑斡昂正面　　　　仰视

图 5-3-4　把头绞项造转角挑斡昂斗栱

分°，三卡腰榫厚 7 分°，斜头华栱刻口前后按照栌斗刻口内包耳尺寸高 4 分°做出包耳刻口。华栱头上面向下 6 分°、向里 12 分°为交互斗底，端头上面向里 14 分°为交互斗腰，由此向下做出交互斗腰位置刻口，最后在交互斗底的中位栽上暗销。在华栱后带泥道栱中位按照齐心斗的尺寸两面画线，由交互斗底边线和齐心斗底边线向下 2 分°画线，此线以上做平底栱眼。华栱头、泥道栱头下面向里 16 分°分成 4 份，向上 9 分°分 4 份做四瓣卷杀。

华栱华头子做法，则是后端做法不变，前端按照插昂斜度杀大角，杀角上凿卯栽上止滑销榫，下角出头做梅花瓣华头子。

挑斡昂有两种形制，这两种形制只是昂头做法有区别：一种是琴面昂（平昂无琴面做法），另一种是批竹昂。挑斡昂高 15 分°、厚 10 分°，昂头水平长 23 分°，挑斡长度随所需而定。琴面昂上按照交互斗位置刻出交互斗底刻口，昂嘴头高 3 分°，1 分°为弧背，昂头上背颤弧 2 分°随颤增加 1 分°做圆弧背。批竹昂头上背头高 2 分°，昂头上背平直下杀至昂头上背。挑斡昂下面按照铺作斜面对应凿出止滑销卯口。

转角方形栌斗见方 36 分°，高 20 分°，斗底高 8 分°，斗腰高 4 分°，斗耳高 8 分°，斗底做颤弧深 1 分°。转角方栌斗顺向与纵向十字刻口宽 10 分°，刻口深 8 分°，纵向刻口内做包耳（袖肩榫）厚 3 分°、高 4 分°，栌斗与转角栿梁头搭扣面按照栿梁头的宽窄尺寸刻平。

转角圆形栌斗直径 36 分°，高 20 分°，斗底高 8 分°，斗腰高 4 分°，斗耳高 8 分°，斗底做颤弧深 1 分°。转角栌斗顺向与纵向十字刻口宽 10 分°，刻口深 8 分°，纵向刻口内做包耳（袖肩榫）厚 3 分°、高 4 分°，栌斗与转角栿梁头搭扣面按照栿梁头的宽窄尺寸刻平。

齐心斗、散斗与把头绞项造中做法相同。

四、斗　口　跳

（一）柱头斗口跳铺作

斗口跳是在把头绞项造的基础上向外增加一跳橑檐枋，把栿梁出头加长至 36 分°做成华栱头，华栱头高 21 分°，广（宽）10～12 分°，华栱头端头向里 16 分°分成 4 份，向上 9 分°分 4 份做四瓣卷杀,华栱头端头上面向下 6 分°、向里 12 分°为交互斗底,端头面向里 13 分°为交互斗腰,由此向下做出交互斗腰位置刻口,由交互斗底边线向下 2 分°画线,此线以上做平底栱眼。最后在交互斗底的中位栽上暗销,上安装交互斗与橑檐枋相交(图 5-4-1、图 5-4-2)。

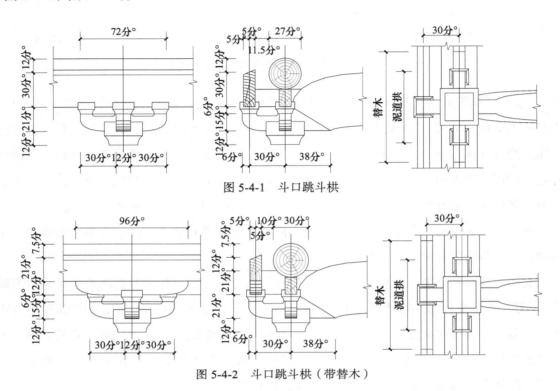

图 5-4-1　斗口跳斗栱

图 5-4-2　斗口跳斗栱(带替木)

泥道栱长 62 分°,高 15 分°,厚 10 分°,泥道栱两端上面向里 10 分°为散斗底,斗底的中位栽暗销。泥道栱中位按照齐心斗的尺寸画线,中间刻口宽 10~12 分°,深 9~10 分°。由散斗底边线和齐心斗底边线向下 0.2 分°画线,此线以上做平底栱眼。泥道栱两端下面向里 12 分°分 4 份,向上 9 分°分 4 份,做四瓣卷杀。

交互斗广(宽)18 分°,厚 16 分°,高 10 分°,斗底高 4 分°,斗腰高 2 分°,斗耳高 4 分°、厚 3 分°,斗底做颛弧深 0.5 分°。交互斗顺向刻口广 10 分°,刻口深 4 分°。

散斗广 14 分°,宽 16 分°,高 10 分°,斗底高 4 分°,斗腰高 2 分°,斗耳高 4 分°、厚 3 分°,斗底做颛弧深 0.5 分°。散斗顺向刻口广 10 分°,刻口深 4 分°。

(二)转角斗口跳铺作

斗口跳转角斗栱铺作一般采取两种平昂铺作方式,第一种是单昂转角铺作,华栱后带泥道栱十字搭交,与斜头转角平昂后带华栱头三卡腰搭交,承托转角十字搭交橑檐枋。转角斜头平昂后带递角素枋与十字搭交橑檐枋三卡腰(图 5-4-3)。

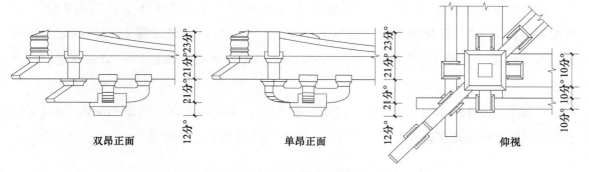

双昂正面　　　　　　单昂正面　　　　　　仰视

图 5-4-3　斗口跳转角单、双昂斗栱铺作

转角华栱后带泥道栱十字搭交，总长 67 分°，厚 10 分°，前端华栱长 36 分°，后端泥道栱长 31 分°，从中线分尺前端华栱高 21 分°、后端泥道栱高 15 分°，华栱头前端上面向下 6 分°、向里 12 分°为交互斗底，由端头上面向里 14 分°为交互斗腰，由此向下做出交互斗腰位置刻口，最后在交互斗底的中位栽上暗销。后端泥道栱端头上面向里 10 分°为散斗底，在散斗底的中位栽上暗销。由散斗底边线和交互斗底边线向下 2 分°画线，在此线以上做平底栱眼。转角华栱端头下面，向里 16 分°分成 4 份，向上 9 分°分 4 份，做四瓣卷杀。转角泥道栱端头下面，向里 12 分°分成 4 份，向上 9 分°分 4 份，做四瓣卷杀。檐面华栱上面轴线中位十字搭交刻口宽 10 分°深 14 分°，山面华栱上下面轴线中位十字搭交刻口宽 10 分°，上口深 7 分°，下口深 7 分°，山压檐 90°十字搭交。按照斜头华栱宽度 10～12 分°开出 45°搭交斜华栱头刻口即可。

斜平昂头后带华栱斜长 120.5 分°，从中线向外斜平昂头长 72 分°，斜华栱头长 48.5 分°，斜平昂头后带华栱，高 21 分°，广（宽）10～12 分°，由斜平昂头中位线向外在搭交橑檐枋位置做斗盘，斗盘为贴耳盘。由斗盘前端底边向平昂端头做批竹昂嘴，昂嘴高 3 分°卷角下杀 1 分°、上杀 2 分°。斜华栱端头下角向里 16 分°分 4 份，向上 9 分°分 4 份做四瓣卷杀。斜华栱端头上角向下 6 分°，向里 12～14 分°做平盘斗底刻口，从端头上角面向里 13～15 分°为平盘斗腰，由此向下做平盘斗腰位置刻口，最后在平盘斗底的中位栽上暗销，平盘斗亦可与转角斜头华栱连做（后端散斗做法时为贴耳做法）。斜平昂头后带华栱下面中线转角位置做三卡腰刻口，深 9～10 分°，与华栱后带泥道栱十字搭交榫三卡腰相交于栌斗刻口之内。

二重斜平昂头后连枋类构件，中位线前端长 114.5 分°，中位与榑下素枋做三卡腰搭交，中位线外橑檐枋位置做三卡腰，与十字卡腰橑檐枋搭交。外端长 42.4 分°位置做贴耳斗盘上托柱瓶，由斗盘前端底边向平昂端头做批竹昂嘴，昂嘴高 3 分°卷角下杀 1 分°、上杀 2 分°。

转角方形栌斗见方 36 分°，高 20 分°，斗底高 8 分°，斗腰高 4 分°，斗耳高 8 分°，斗底做颛弧深 1 分°。转角方栌斗顺向与纵向十字刻口宽 10 分°，刻口深 8 分°，纵向刻口内做包耳（袖肩榫）厚 3 分°、高 4 分°，栌斗与转角栿梁头搭扣面按照栿梁头的宽窄尺寸刻平。

转角圆形栌斗直径 36 分°，高 20 分°，斗底高 8 分°，斗腰高 4 分°，斗耳高 8 分°，斗底做颛弧深 1 分°。转角栌斗顺向与纵向十字刻口宽 10 分°，刻口深 8 分°，纵向刻口内做包耳（袖肩榫）厚 3 分°、高 4 分°，栌斗与转角栿梁头搭扣面按照栿梁头的宽窄尺寸刻平。

平盘斗见方 16～18 分°，斗腰（盘顶）高 2 分°，斗底高 4 分°，斗底做颛弧深 0.5 分°。平盘斗贴耳采用燕尾卡口榫做法。交互斗、散斗与斗口跳中做法相同。

五、四铺作外插昂斗栱与里外并一杪斗栱

（一）计心造柱头及补间铺作

四铺作外插昂斗栱是《法式》中外檐斗栱铺作的最基本配置，最下面第一层栌斗，第二层横向泥道栱与纵向华栱十字搭交卡入下面栌斗之中，泥道栱两端装安散斗，华栱的端头安装交互斗。华栱前端做外插昂头或挑斡昂时，则华栱前端出头做成华头子斜面，承托外插昂头或挑斡昂。第三层横向慢栱、内外跳令栱与纵向耍头木十字搭交，令栱两端安装散斗，耍头的前后两端做七分头（蚂蚱头）。第四层横向铺装素枋、橑檐枋、罗汉枋与竖向衬头木十字搭交，叠合在第三层之上，其上置牛脊槫或牛脊枋（图 5-5-1）。

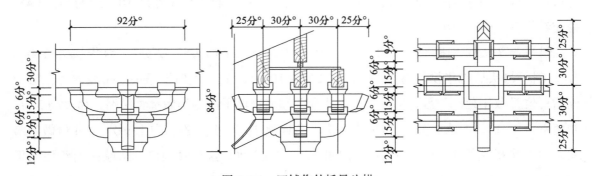

图 5-5-1　四铺作外插昂斗栱

四铺作里外并一杪斗栱是《法式》中外檐与内槽斗栱铺作的最基本配置，与四铺作外插昂斗栱做法基本相同，只是不使用外插昂头和挑斡昂，两面做法对称（图 5-5-2）。

泥道栱长 62 分°，高 15 分°，厚 10 分°。泥道栱中位上面刻口宽 8 分°、深 10 分°，两端上面向里 10 分°为散斗底，散斗底的中位应栽上暗销。在泥道栱中位按照齐心斗底和散斗底的尺寸向下 2 分°画线，此线以上做平底栱眼。泥道栱两端下面向里 12 分°分 4 份，向上 9 分°分 4 份做四瓣卷杀，两端做出栱眼板槽口深 1～1.5 分°。

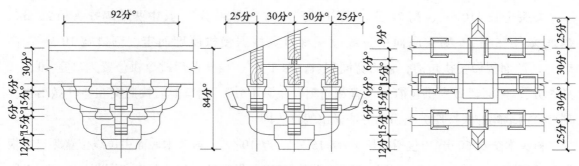

图 5-5-2　四铺作里外并一杪斗栱

慢栱长 92 分°，高 15 分°，厚 10 分°。慢栱中位上面刻口宽 8 分°、深 10 分°，两端上面向里 10 分°为散斗底，散斗底的中位应栽上暗销。在慢栱中位按照齐心斗底和散斗底的尺寸向下 2 分°画线，此线以上做平底栱眼。慢栱两端下面向里 12 分°分 4 份，向上 9 分°分 4 份做四瓣卷杀，两端做出栱眼板槽口深 1～1.5 分°。

令栱长 72 分°，高 15 分°，厚 10 分°，令栱中位上面刻口宽 8 分°、深 10 分°，两端上面向里 10 分°为散斗底，散斗底的中位应栽上暗销。在令栱中位按照齐心斗底和散斗底的尺寸向下 2 分°画线，此线以上做平底栱眼。令栱两端下面向里 20 分°分 5 份，向上 9 分°分 5 份做五瓣卷杀。

华栱全长 72 分°，高 21 分°，厚 10 分°。华栱中位线下面刻口宽根据正泥道栱厚度而定，刻口宽 10 分°，高 5 分°，华栱中位两面留做泥道栱包肩，包肩宽同刻口，深 1 分°，刻口前后按照栌斗刻口内包耳尺寸高 4 分°、厚 3 分°做出包耳刻口。华栱两端上面向下 6 分°、向里 12 分°为交互斗底，由两端上面向里 14 分°为交互斗腰，由此向下做出交互斗腰位置刻口，最后在交互斗底的中位栽上暗销。在华栱中位按照齐心斗的尺寸两面画线，由交互斗底边线和齐心斗底边线向下 2 分°画线，此线以上做平底栱眼。华栱两端头下面向里 16 分°分 4 份，向上 9 分°分 4 份做四瓣卷杀。

华栱华头子做法，则是后端做法不变，前端按照插昂斜度杀大角，杀角上凿卯栽上止滑销榫，下角出头做梅花瓣华头子。

挑斡昂有两种形制，这两种形制只是昂头做法有区别：一种是琴面昂，另一种是批竹昂。挑斡昂高 15 分°、厚 10 分°，昂头水平长 23 分°，挑斡长度随所需而定。琴面昂上按照交互斗位置刻出交互斗底刻口，昂嘴头高 3 分°，1 分°为弧背，昂头上背颤弧 2 分°随颤增加 1 分°做圆弧背。批竹昂头上背头高 2 分°，昂头上背平直下杀至昂头上背。挑斡昂下面按照每层铺作斜面对应凿出止滑销卯口。

插头昂的高 15 分°、厚 10 分°，昂头水平长 23 分°，插头昂上按照交互斗位置刻出交互斗底刻口，昂头做法与挑斡昂头相同，插头昂底边倾斜角端点交于慢栱下边里角，其上与华栱上边平齐。按照华子头斜面对应凿出止滑销卯口。

　　耍头全长 110 分°，高 21 分°，厚 10 分°。每一跳 30 分°，其中两端蚂蚱头长 25 分°，蚂蚱头高 15 分°。耍头底面中位线位置刻口宽根据慢栱厚度而定，刻口宽 10 分°，高 5 分°，两面留做慢栱包肩，包肩宽同刻口，深 1 分°。耍头前后跳令栱位置刻口宽 10 分°，高 5 分°，两面留做令栱包肩，包肩宽同刻口，深 1 分°。刻口前后按照交互斗耳做出包耳刻口，两端蚂蚱头按照分七份的方法做出蚂蚱头即可。

　　衬头木全长 60 分°（包括榫长），高 15 分°，厚 10 分°。衬头木底面中位线位置刻口宽根据素枋厚度而定，刻口宽 10 分°，高 7.5 分°，两面留做素枋包肩，包肩宽同刻口，深 1 分°。前后两端做银锭榫与橑檐枋、罗汉枋相交，银锭榫长 5 分°，榫乍角为榫长的 1.5/10。

　　素枋高 15 分°，厚 10 分°，长随开间定尺。素枋随着间广中斗栱铺作的分配位置在上面刻口，刻口的宽度 8 分°，深 7.5 分°。

　　橑檐枋高 1 材 1 栔～2 材，厚 10 分°，长随间广定尺，橑檐枋随着间广斗栱铺作的分配位置在内侧对应衬头木银锭榫做出银锭卯口即可。

　　罗汉枋高 15 分°，厚 10 分°，长随开间定尺。罗汉枋随着间广斗栱铺作的分配位置，在内侧对应衬头木银锭榫做出银锭卯口即可。

　　栌斗广见方 32 分°，高 20 分°，斗底高 8 分°，斗腰高 4 分°，斗耳高 8 分°，斗底做颤弧深 1 分°。栌斗顺向刻口广 10 分°，纵向刻口广 10 分°，刻口深 8 分°，刻口内做包耳（袖肩榫）厚 3 分°、高 4 分°。按照栱眼板尺寸在栌斗顺身两端做出栱眼板槽口，槽口深 1～1.3 分°。

　　齐心斗见方 16 分°，高 10 分°，斗底高 4 分°，斗腰高 2 分°，斗耳高 4 分°、厚 3 分°。斗底做颤弧深 0.5 分°，齐心斗顺向刻口广 10 分°，刻口深 4 分°。

　　散斗广 14 分°，宽 16 分°，高 10 分°，斗底高 4 分°，斗腰高 2 分°，斗耳高 4 分°、厚 3 分°，斗底做颤弧深 0.5 分°。散斗顺向刻口广 10 分°，刻口深 4 分°。

　　交互斗广（宽）18 分°，厚 16 分°，高 10 分°，斗底高 4 分°，斗腰高 2 分°，斗耳高 4 分°、厚 3 分°，斗底做颤弧深 0.5 分°。交互斗顺向刻口广 10 分°，刻口深 4 分°。

　　栱眼板高 54 分°（素枋下），厚 1.5～2 分°。按照斗栱铺作档距的尺寸再加上入槽口的尺寸定长。

　　四铺作外插昂斗栱与里外并一杪斗栱各类构件在使用样板套画过线后，用挖锯剌出昂嘴做出凸弧刮光，用锯剌出蚂蚱头刮光、铲光，用小锯剌出卷杀栱瓣刮光，然后用小锯开出槽口、榫卯，再用凿子、扁铲剔出槽口、榫卯，最后用小刨子净光以备组装。

　　四铺作外插昂与里外并一杪斗栱的各类构件制作完成，应按照顺序进行试组装，然后按照组装的顺序编号并写在构件上，再以位置进行大编号，编号完成后以整朵为单位存放，为在建筑安装时提前做好准备，预防安装出现错位，造成质量问题。

（二）计心造转角铺作

四铺作转角斗栱有外插昂头和斜昂后栱连做与里外并一秒二重斜头华栱两种铺作方式。

第一种是外插昂转角铺作，搭交华栱后带泥道栱与斜头转角昂后带华栱头三卡腰搭交，其上承托搭交要头后带慢栱和搭交令栱与斜头转角昂后带要头三卡腰搭交，其上承托转角十字搭交橑檐枋、罗汉枋与三卡腰衬头木。

第二种里外并一秒二重斜头华栱铺作与第一种做法基本相同，只是无昂头，全部外跳为华栱做法（图5-5-3、图5-5-4）。

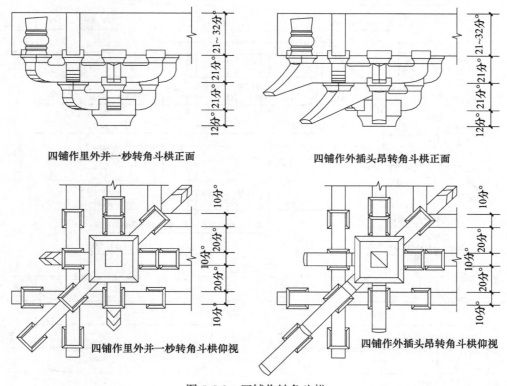

四铺作里外并一秒转角斗栱正面　　　　四铺作外插头昂转角斗栱正面

四铺作里外并一秒转角斗栱仰视　　　　四铺作外插头昂转角斗栱仰视

图5-5-3　四铺作转角斗栱

搭交华栱后带泥道栱全长67分°，厚10分°，其中华栱长36分°，高21分°，泥道栱长31分°，高15分°。华栱前端上面向下6分°、向里12分°为交互斗底，由端头上面向里14分°为交互斗腰，由此向下做出交互斗腰位置刻口，最后在交互斗底的中位栽上暗销。后端泥道栱端头向里10分°为散斗底，在散斗底的中位栽上暗销。由散斗底边线和交互斗底边线向下2分°画线，此线以上做平底栱眼，搭交华栱端头下面向里16分°分4份，向上9分°分4份，做四瓣卷杀。后带泥道栱端头下面向里12分°分4份，向上9分°分4份，做四瓣卷杀。檐面华栱上面轴线中位十字搭交刻口宽10分°、深14分°，山面华栱上下面轴线中位十字搭交刻口宽10分°，上口深7分°，下口深7分°，腰为7分°，山压檐90°十字搭交。按照斜头华栱的宽度10～12分°开出45°搭交斜头华栱或斜头华头子刻口。

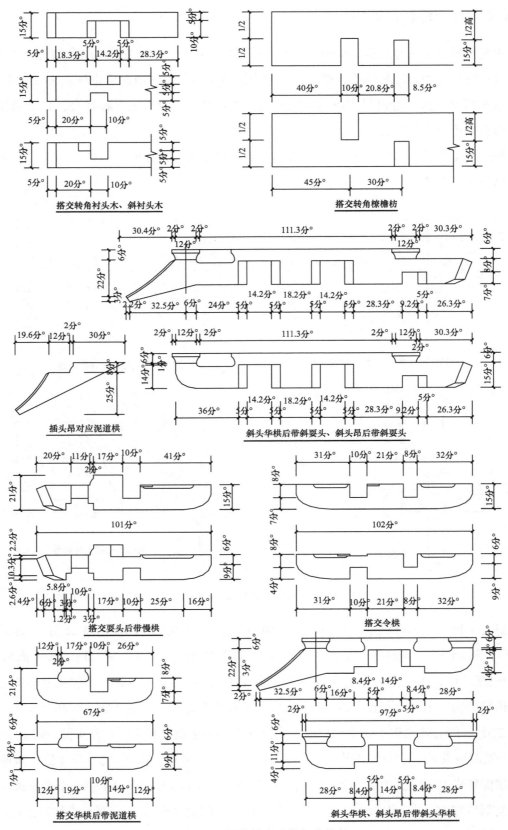

图 5-5-4　四铺作转角斗栱部分构件

搭交耍头后带慢栱长 101 分°，厚 10 分°，其中耍头长 55 分°，全高 21 分°，耍头头高 15 分°，慢栱长 46 分°，高 15 分°。檐面耍头上面轴线中位十字搭交上刻口宽 10 分°、深 14 分°，山面耍头下面轴线中位十字搭交刻口宽 10 分°，上口深 7 分°，下口深 7 分°，腰为 7 分°，山压檐 90°十字搭交。按照斜头华栱的宽度 10～12 分开出 45°搭交斜耍头刻口，刻口深 7 分°。耍头前端令栱位置刻口宽 10 分°、高 7 分°，两面留做令栱包肩，包肩宽同刻口，深 1 分°，刻口前后留做交互斗包耳宽 3 分°、高 4 分°。前端耍头按照分七份的方法做出蚂蚱头，后端慢栱头向里 10 分°为散斗底，在散斗底的中位栽上暗销。由散斗底边线向下 2 分°画线，此线以上做平底栱眼，后带慢栱端头下面向里 16 分°分 4 份，向上 9 分°分 4 份，做四瓣卷杀。

搭交令栱长 102 分°，高 15 分°，厚 10 分°。搭交令栱与耍头相交的中位上面刻口宽 8 分°、深 7 分°，中位线前端搭交位置做山压檐十字搭交刻口，檐面上刻口宽 10 分°、深 7 分°，山面下刻口宽 10 分°、深 7 分°。按照斜华栱或斜昂头的宽度 10～12 分开出 45°搭交昂刻口，刻口深 1 分°。令栱两端下面向里 20 分°分 5 份，向上 9 分°分 5 份做五瓣卷杀。令栱上面两端向里 1 斗口为散斗底，在散斗底的中位栽上暗销，由此向下 0.2 斗口做出平底栱眼。

鸳鸯交手栱，与正身令栱做法相同，由于处在檐内合角搭接，便出现了连头做法，连头位置根据合角搭接长短和令栱的尺寸，可二连合角亦可三连合角，交手为一个散斗底尺寸 10 分°，下面卷杀角与令栱端头相同。

搭交衬头木后带素枋，前端衬头木长 30 分°，高 15 分°，厚 10 分°。后端素枋长随间广。檐面搭交衬头木上面轴线中位十字搭交刻口宽 10 分°、深 10 分°，山面搭交衬头木上下面轴线中位十字搭交刻口宽 10 分°，上口深 5 分°，下口深 5 分°，山压檐 90°十字搭交。搭交衬头木前端做银锭榫与橑檐枋相交。

搭交橑檐枋长为间广加出跳 30 分°再加出际 45 分°，高 21～32 分°，厚 10 分°。山压檐搭交刻口宽 10 分°、深 10.5～16 分°。橑檐枋内侧随着衬头木位置对应做出银锭榫卯口。

罗汉枋长为间广减出跳，高 15 分°，厚 10 分°。转角割角搭头。

转角华栱全长 97 分°，高 21 分°，厚 10～12 分°。前后端斗盘连做，斗盘贴耳采用销榫结合，以下面中位轴线为准做出 45°交叉 90°的三卡腰刻口，刻口深 14 分°，华栱头下端向上 9 分°分 4 份，向里 16 分°分 4 份做出四瓣卷杀。

转角批竹昂头连做转角华栱全长 129 分°，转角批竹昂头高 27.5 分°，转角华栱头高 21 分°，厚 10～12 分°。批竹昂嘴高起 2 分°回 2 分°，昂头下斜底边线起始交于斗底里边线，上斜线交于斗底外边线，杀 1 分°上角圆楞。昂头上与华栱头上斗盘连做，斗盘贴耳采用销榫结合，以下面中位轴线为准做出 45°交叉 90°的三卡腰刻口，刻口深 14 分°，华栱头下端向上 9 分°分 4 份，向里 16 分°分 4 份做出四瓣卷杀。

转角二重华栱连做转角耍头全长 172 分°，高 21 分°，厚 10～12 分°。前后端斗盘连做，斗盘贴耳采用销榫结合，以下面中位轴线为准做出中位与前端搭交令栱 45°交叉 90°的三卡腰刻口，刻口深 14 分°，后端做出鸳鸯交手栱合角刻口，刻口深 7 分°，前端华栱头下端向上 9 分°分 4 份，向里 16 分°分 4 份做出四瓣卷杀。后端耍头按照分七份的方法做出蚂蚱头。

转角二重批竹昂连做转角耍头全长 204 分°，转角批竹昂头高 27.5 分°，转角耍头高 21 分°，其中耍头头高 15 分°、厚 10～12 分°。批竹昂嘴高起 2 分°回 2 分°，昂头下斜底边线起始交于斗底里边线，上斜线交于斗底外边线，杀 1 分°上角圆楞。昂头上与耍头上斗盘连做，斗盘贴耳采用销榫结合，以下面中位轴线为准做出中位与前端搭交令栱 45°交叉 90°的三卡腰刻口，刻口深 14 分°，后端做出鸳鸯交手栱合角刻口，刻口深 7 分°，后端耍头按照分七份的方法做出蚂蚱头即可。

转角衬头木中位前长 30 分°后连素枋，高 15 分°，厚 10 分°。在下面中位轴线位置做出 45°交叉 90°三卡腰刻口，檐面刻口宽 10 分°、深 10 分°，山面刻口宽 10 分°，上口与下口各深 5 分°，留腰 5 分°。端头对应橑檐枋做出银锭燕尾榫。后身素枋对应补间铺作刻口即可。

转角斜衬头木长 75.8 分°，高 15 分°，厚 10～12 分°。在下面中位轴线位置做出 45°交叉 90°三卡腰刻口，刻口深 10 分°，前端头对应橑檐枋做出回角峰头。后端对应合角罗汉枋刺出窝角即可。

枨杆（宝瓶）直径 15 分°，高与枨杆顶斜度按照昂头斗盘至大角梁底的高度定，预制前应事先预留做份。

转角方形栌斗见方 36 分°，高 20 分°，斗底高 8 分°，斗腰高 4 分°，斗耳高 8 分°，斗底做颛弧深 1 分°。转角方栌斗顺向与纵向十字刻口宽 10 分°，刻口深 8 分°，纵向刻口内做包耳（袖肩榫）厚 3 分°、高 4 分°，栌斗与转角栿梁头搭扣面按照栿梁头的宽窄尺寸刻平。

转角圆形栌斗直径 36 分°，高 20 分°，斗底高 8 分°，斗腰高 4 分°，斗耳高 8 分°，斗底做颛弧深 1 分°。转角栌斗顺向与纵向十字刻口宽 10 分°，刻口深 8 分°，纵向刻口内做包耳（袖肩榫）厚 3 分°、高 4 分°，栌斗与转角栿梁头搭扣面按照栿梁头的宽窄尺寸刻平。

转角斗盘安装在转角三搭交的转角华栱头、批竹昂头之上，承托上层搭交构件，宽与广见方 18 分°、厚 6 分°，盘顶厚 2 分°、盘底厚 4 分°，盘底做颛弧深 0.5 分°。斗底栽销座插在华栱、批竹昂头之上，斗盘连做时贴耳应采用燕尾销榫插接。

齐心斗、散斗、交互斗做法与正身铺作相同。

转角斗栱各类构件在使用样板套画过线后，用锯刺出昂嘴、蚂蚱头，刺出栱瓣，用小锯开出槽口、榫卯，然后再用凿子、扁铲剔出槽口、榫卯，最后用刨子刮平，小刨子净光，分类码放以备组装。

四铺作外插昂与里外并一秒转角斗栱的各类构件制作完成，应按照顺序进行试组装，然后按照组装的顺序编号并写在构件上，再以转角位置进行大编号，编号完成后以整朵为单位存放，为在建筑安装时做好准备，预防安装出现错位，造成质量问题。

六、五铺作重栱单秒单下昂里转二秒与重栱两秒斗栱

（一）计心造正身铺作

五铺作重栱单秒单下昂里转二秒斗栱最下面第一层是栌斗，第二层横向泥道栱与纵向华栱十字搭交卡入下面栌斗之中，泥道栱两端装安散斗，华栱的两端头安装交互斗。第三层横向慢栱、内外跳瓜子栱与纵向华栱十字搭交，华栱前端做外挑斡昂时，则华栱前端出头做成华头子斜面，承托挑斡昂。令栱与瓜子栱两端安装散斗，华栱后端做安装交互斗。前端出头做成华头子斜面，承托挑斡昂。第四层横向素枋内外跳慢栱、令栱与纵向前后正反斜面插头耍头木十字搭交，第五层横向铺装素枋、橑檐枋、罗汉枋与竖向衬头木十字搭交，叠合在第四层之上，其上置压槽枋或牛脊枋（图5-6-1～图5-6-3）。

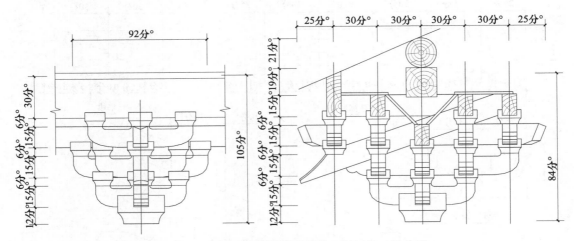

图 5-6-1　五铺作重栱单秒单挑斡下昂里转二秒斗栱

五铺作重栱两秒斗栱，与五铺作重栱单秒单下昂里转二秒斗栱，做法基本相同，只是不使用挑斡昂。两面做法基本对称（图5-6-2）。

泥道栱长62分°，高15分°，厚10分°。泥道栱中位上面刻口宽8分°、深10分°，两端上面向里10分°为散斗底，散斗底的中位应裁上暗销。在泥道栱中位按照齐心斗底和散斗底的尺寸向下2分°画线，此线以上做平底栱眼。泥道栱两端下面向里12分°分4份，向上9分°分4份做四瓣卷杀，两端做出栱眼板槽口深1～1.5分°。

慢栱长92分°，高15分°，厚10分°。慢栱中位上面刻口宽8分°、深10分°，两端上面向里10分°为散斗底，散斗底的中位应裁上暗销。在慢栱中位按照齐心斗底和散斗底

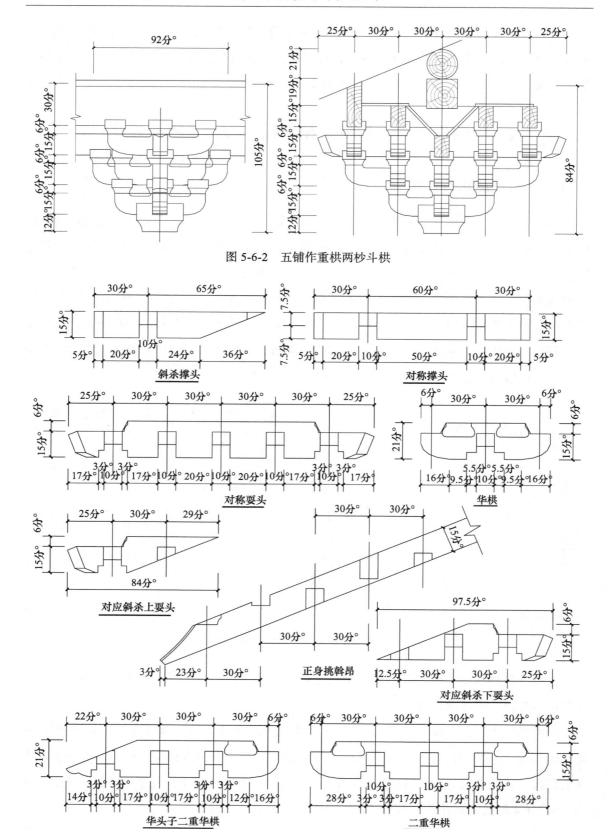

图 5-6-2　五铺作重栱两杪斗栱

斜杀撑头

对称撑头

对称耍头

华栱

对应斜杀上耍头

正身挑斡昂

对应斜杀下耍头

华头子二重华栱

二重华栱

图 5-6-3　五铺作正身补间铺作斗栱部分构件

的尺寸向下 2 分°画线，此线以上做平底栱眼。慢栱两端下面向里 12 分°分 4 份，向上 9 分°分 4 份做四瓣卷杀，两端做出栱眼板槽口深 1～1.5 分°。

瓜子栱长 62 分°，高 15 分°，厚 10 分°。瓜子栱中位上面刻口宽 8 分°、深 10 分°，两端上面向里 10 分°为散斗底，散斗底的中位应栽上暗销。在瓜子栱中位按照齐心斗底和散斗底的尺寸向下 2 分°画线，此线以上做平底栱眼。泥道栱两端下面向里 16 分°分 4 份，向上 9 分°分 4 份做四瓣卷杀。

令栱长 72 分°，高 15 分°，厚 10 分°，令栱中位上面刻口宽 8 分°、深 10 分°，两端上面向里 10 分°为散斗底，散斗底的中位应栽上暗销。在令栱中位按照齐心斗底和散斗底的尺寸向下 2 分°画线，此线以上做平底栱眼。令栱两端下面向里 20 分°分 5 份，向上 9 分°分 5 份做五瓣卷杀。

华栱一跳全长 72 分°，高 21 分°，厚 10 分°。中位线下面刻口宽根据泥道栱厚度而定，刻口宽 10 分°，高 5 分°，华栱中位两面留做泥道栱包肩，包肩宽同刻口，深 1 分°，刻口前后按照栌斗刻口内包耳尺寸高 4 分°、厚 3 分°做出包耳刻口。华栱两端上面向下 6 分°、向里 12 分°为交互斗底，由两端上面向里 14 分°为交互斗腰，由此向下做出交互斗腰位置刻口，最后在交互斗底的中位栽上暗销。在华栱中位按照齐心斗的尺寸两面画线，由交互斗底边线和齐心斗底边线向下 2 分°画线，此线以上做平底栱眼。华栱两端头下面向里 16 分°分 4 份，向上 9 分°分 4 份做四瓣卷杀。

华栱二跳前端华头子全长 105 分°，高 21 分°，厚 10 分°。中位线下面刻口宽根据正慢栱厚度而定，刻口宽 10 分°，高 5 分°，华栱中位两侧 30 分°瓜子栱位置刻口宽 10 分°，高 5 分°，华栱后端上面向下 6 分°、向里 12 分°为交互斗底，由两端上面向里 14 分°为交互斗腰，由此向下做出交互斗腰位置刻口，最后在交互斗底的中位栽上暗销。在华栱中位按照齐心斗的尺寸两面画线，由交互斗底边线和齐心斗底边线向下 2 分°画线，此线以上做平底栱眼。华栱两端头下面向里 16 分°分 4 份，向上 9 分°分 4 份做四瓣卷杀。

华栱前端华子头做法，则是按照插昂斜度杀大角，杀角上凿卯栽上止滑销榫，下角出头做梅花瓣华头子。

挑斡昂高 15 分°、厚 10 分°，昂头水平长 23 分°，挑斡昂水平长 143 分°，挑斡昂有后出时则长度随所需而定。琴面昂上按照交互斗位置刻出交互斗底刻口，昂嘴头高 3 分°，1 分°为弧背，昂头上背颤弧 2 分°随颤增加 1 分°做圆弧背。批竹昂头上背头高 2 分°，昂头上背平直下杀至昂头上背。挑斡昂下面按照每层铺作斜面对应凿出止滑销卯口。

正反斜杀耍头长 92 分°，高 21 分°，厚 10 分°。每一跳 30 分°，其中蚂蚱头长 25 分°，蚂蚱头高 15 分°。斜杀耍头从中位线位置向外按照慢栱、令栱位置刻口，宽 10 分°，高 5 分°，两面留做慢栱、令栱包肩，包肩宽同刻口，深 1 分°。令栱刻口前后按照交互斗耳做出包耳刻口，两端蚂蚱头按照分七份的方法做出蚂蚱头即可。

后斜杀衬头木全长 110 分°（包括榫长），高 15 分°，厚 10 分°。衬头木底面中位线前罗汉枋位置刻口宽 10 分°，高 7.5 分°，两面留做罗汉枋包肩，抱肩宽同刻口深 1 分°。前端做银锭榫与橑檐枋相交，银锭榫长 5 分°，榫乍角为榫长的 1.5/10。

素枋高 15 分°，厚 10 分°，长随开间定尺。素枋随着间广中斗栱铺作的分配位置在上面刻口，刻口的宽度 8 分°，深 7.5 分°。

橑檐枋高 1 材 1 栔～2 材，厚 10 分°，长随间广定尺，橑檐枋随着间广斗栱铺作的分配位置，在内侧对应衬头木银锭榫做出银锭卯口即可。

罗汉枋高 15 分°，厚 10 分°，长随开间定尺。罗汉枋随着间广斗栱铺作的分配位置，在内侧对应衬头木银锭榫做出银锭卯口即可。

压槽枋截面见方 21 分°，长随间广。

栌斗广见方 32 分°，高 20 分°，斗底高 8 分°，斗腰高 4 分°，斗耳高 8 分°，斗底做颤弧深 1 分°。栌斗顺向刻口广 10 分°，纵向刻口广 10 分°，刻口深 8 分°，刻口内做包耳（袖肩榫）厚 3 分°、高 4 分°。按照栱眼板尺寸在栌斗顺身两端做出栱眼板槽口，槽口深 1～1.3 分°。

齐心斗见方 16 分°，高 10 分°，斗底高 4 分°，斗腰高 2 分°，斗耳高 4 分°、厚 3 分°。斗底做颤弧深 0.5 分°，齐心斗顺向刻口广 10 分°，刻口深 4 分°。

散斗广 14 分°，宽 16 分°，高 10 分°，斗底高 4 分°，斗腰高 2 分°，斗耳高 4 分°厚 3 分°，斗底做颤弧深 0.5 分°。散斗顺向刻口广 10 分°，刻口深 4 分°。

交互斗广（宽）18 分°，厚 16 分°，高 10 分°，斗底高 4 分°，斗腰高 2 分°，斗耳高 4 分°、厚 3 分°，斗底做颤弧深 0.5 分°。交互斗顺向刻口广 10 分°，刻口深 4 分°。

栱眼板高 54 分°（素枋下），厚 1.5～2 分°。按照斗栱铺作档距的尺寸再加上入槽口的尺寸定长。

五铺作重栱单杪单下昂斗栱与五铺作重栱两杪斗栱各类构件在使用样板套画过线后，用挖锯刺出昂嘴、做出凸弧刮光，用锯刺出蚂蚱头刮光、铲光，用小锯刺出卷杀栱瓣刮光，然后用小锯开出槽口、榫卯，再用凿子、扁铲剔出槽口、榫卯，最后用小刨子净光，以备组装。

五铺作重栱单杪单下昂斗栱与五铺作重栱两杪斗栱的各类构件制作完成，应按照顺序进行试组装，然后按照组装的顺序编号并写在构件上，再以位置进行大编号，编号完成后以整朵为单位存放，为在建筑安装时提前做好准备，预防安装出现错位，造成质量问题。

（二）计心造转角铺作

五铺作转角斗栱有三种铺作形制：一是重栱单杪下昂转角斗栱，二是重栱挑斡昂转角斗栱，三是重栱两杪转角斗栱。

　　第一种重栱单杪下昂转角铺作共五层，第一层栌斗，第二层华栱后带泥道栱十字搭交与斜头华栱三卡腰交于栌斗之中，第三层插头昂与华头子带慢栱和插头昂与华头子后带瓜子栱，以及三卡腰斜头昂后带斜华栱。第四层搭交耍头后带三卡腰素枋和搭交耍头后带慢栱与搭交令栱，以及三卡腰斜头昂后带斜耍头。第五层搭交衬头木后带素枋和三卡腰斜衬头与转角十字搭交橑檐枋、罗汉枋。

　　第二种重栱挑斡昂转角斗栱，是采用挑斡昂替换了单杪下昂的昂头做法，单杪下昂头改做斜杀华头子，斜杀面栽止滑暗销。

　　第三种重栱两杪转角斗栱铺作与第一种做法基本相同，只是无昂头，全部外跳为华栱做法（图 5-6-4～图 5-6-6）。

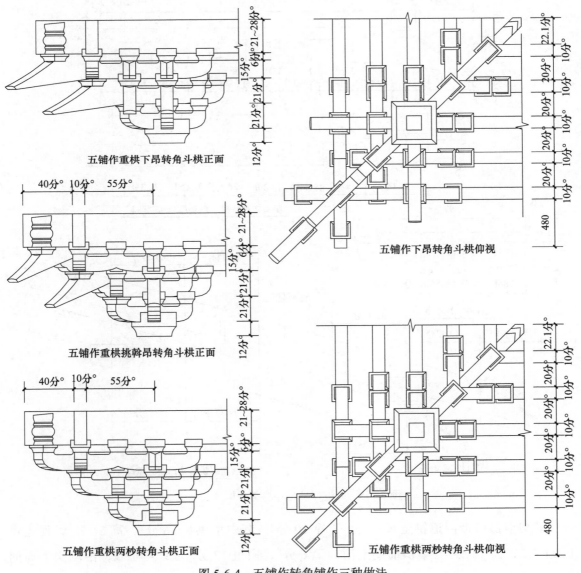

五铺作重栱下昂转角斗栱正面

五铺作下昂转角斗栱仰视

五铺作重栱挑斡昂转角斗栱正面

五铺作重栱两杪转角斗栱正面

五铺作重栱两杪转角斗栱仰视

图 5-6-4　五铺作转角铺作三种做法

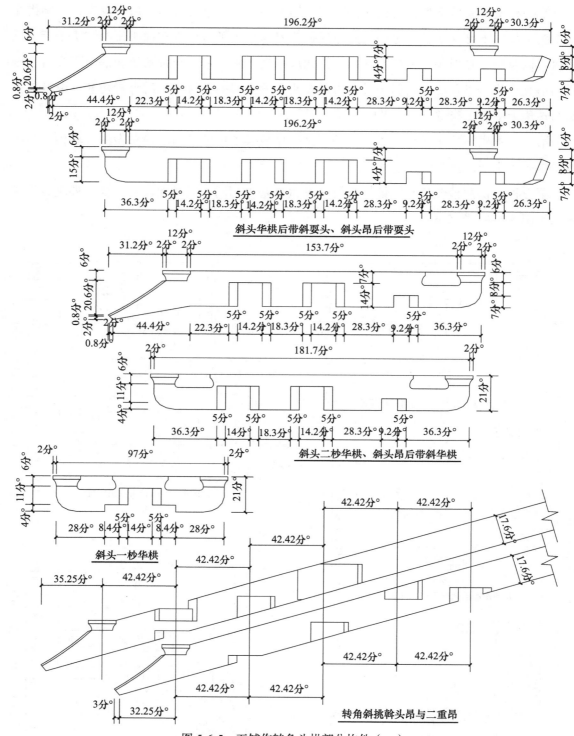

图 5-6-5　五铺作转角斗栱部分构件（一）

搭交华栱后带泥道栱全长 67 分°，厚 10 分°，其中华栱长 36 分°，高 21 分°，泥道栱长 31 分°，高 15 分°。华栱前端上面向下 6 分°、向里 12 分°为交互斗底，由端头上面向里 14 分°为交互斗腰，由此向下做出交互斗腰位置刻口，最后在交互斗底的中位栽上暗

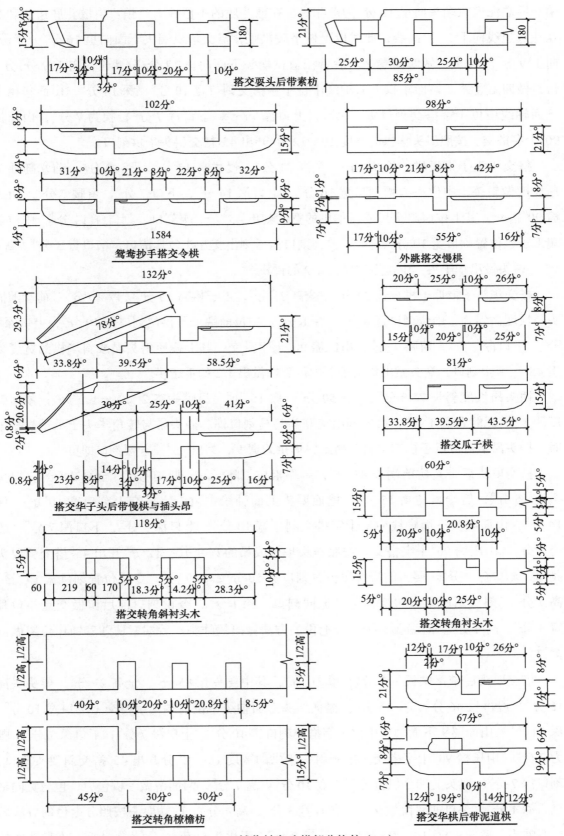

图 5-6-6　五铺作转角斗栱部分构件（二）

销。后端泥道栱端头向里 10 分°为散斗底，在散斗底的中位栽上暗销。由散斗底边线和交互斗底边线向下 2 分°画线，此线以上做平底栱眼，搭交华栱端头下面向里 16 分°分 4 份，向上 9 分°分 4 份，做四瓣卷杀。后带泥道栱端头下面向里 12 分°分 4 份，向上 9 分°分 4 份，做四瓣卷杀。檐面华栱上面轴线中位十字搭交刻口宽 10 分°、深 14 分°，山面华栱上下面轴线中位十字搭交刻口宽 10 分°，上口深 7 分°，下口深 7 分°，腰为 7 分°，山压檐 90°十字搭交。按照斜头华栱的宽度 10～12 分°开出 45°搭交斜头华栱刻口。

搭交华头子带慢栱，长 98 分°，全高 21 分°，慢栱高 15 分°，厚 10 分°。前端随插头昂坡度做斜杀，中位三卡腰刻口宽 10 分°，上口深 14 分°，下 7 分°，留腰 7 分°，山压檐 90°搭交，其上按照斜头昂或斜华栱的宽度刻出 45°三卡腰刻口，刻口深 14 分°，中位前端瓜子栱位置刻口宽 10 分°、深 7 分°，刻口前后刻出交互斗包耳槽口，槽口宽 3 分°、高 4 分°，端头做出华子头。中位后端做出 1/2 的慢栱。

搭交华头子带瓜子栱，长 83 分°，全高 21 分°，瓜子栱高 15 分°，厚 10 分°。前端随插头昂坡度做斜杀，中位刻口宽 8 分°、深 8 分°。中位前端瓜子栱位刻口宽 10 分°，上口深 7 分°，下口深 7 分°，留腰 7 分°，山压檐 90°十字搭交，其上按照斜头昂或斜华栱的宽度刻出 45°三卡腰刻口，端头做出华头子。中位后端做出 1/2 的瓜子栱。

插头昂坡度斜长 77.8 分°，宽 150 分°，厚 10 分°，昂嘴头高 2 分°、出 2 分°，琴面弧度凹 1 分°泥鳅背圆 1 分°，昂上刻出交互斗骑马刻口榫。插头昂与转角华头子瓜子栱搭配时，插头昂上对应瓜子栱刻出斜头昂或斜华栱的宽度，刻出 45°三卡腰刻口即可。

搭交耍头后带素枋前端长 85 分°，后端素枋长随开间，厚 10 分°，全高 21 分°，耍头头高 15 分°，后端素枋高 15 分°，檐面耍头上面轴线中位十字搭交上刻口宽 10 分°、深 14 分°，山面耍头下面轴线中位十字搭交刻口宽 10 分°，上口深 7 分°，下口深 7 分°，腰为 7 分°，山压檐 90°十字搭交。按照斜头华栱或昂的宽度 10～12 分°开出 45°搭交斜耍头刻口，刻口深 7 分°。耍头前端慢栱位置刻口宽 10 分°、高 7 分°，令栱位置刻口宽 10 分°、高 7 分°，刻口两面留做包肩，包肩宽同刻口，深 1 分°，令栱刻口前后留做交互斗包耳宽 3 分°、高 4 分°。前端耍头按照分七份的方法做出蚂蚱头。后端素枋随着铺作位置做出刻口。

搭交耍头后带慢栱长 131 分°，厚 10 分°，其中耍头长 85 分°，全高 21 分°，耍头头高 15 分°，慢栱长 46 分°，高 15 分°。檐面耍头上面轴线中位前端十字搭交上刻口宽 10 分°、深 14 分°，山面耍头下面轴线中位十字搭交刻口宽 10 分°，上口深 7 分°，下口深 7 分°，腰为 7 分°，山压檐 90°十字搭交。按照斜头华栱的宽度 10～12 分开出 45°搭交斜耍头刻口，刻口深 7 分°。耍头前端令栱位置刻口宽 10 分°、高 7 分°，两面留做令栱包肩，包肩宽同刻口，深 1 分°，刻口前后留做交互斗包耳宽 3 分°、高 4 分°。前端耍头按照分七份的方法做出蚂蚱头。后端慢栱中位刻口宽 8 分°、深 8 分°，慢栱头向里 10 分°为散斗底，在散斗底的中位栽上暗销。由散斗底边线向下 2 分°画线，此线以上做平底栱眼，慢栱端头下面向里 16 分°分 4 份，向上 9 分°分 4 份做四瓣卷杀。

搭交令栱长 132 分°，高 15 分°，厚 10 分°。搭交令栱与耍头相交的位置上面刻口宽 8 分°、深 8 分°，前端搭交位置做山压檐十字搭交刻口，檐面上刻口宽 10 分°、深 7 分°，山面下刻口宽 10 分°、深 7 分°。按照斜华栱或斜昂头的宽度 10～12 分°开出 45°搭交昂刻口，刻口深 1 分°。令栱两端下面向里 20 分°分 5 份，向上 9 分°分 5 份做五瓣卷杀。令栱上面两端向里 1 斗口为散斗底，在散斗底的中位栽上暗销，由此向下 0.2 斗口做出平底栱眼。

五铺作转角鸳鸯交手栱分为慢栱交手与令栱交手，做法与正身令栱、慢栱相同，由于处在檐内合角搭接，便出现了连头做法，连头位置根据合角搭接长短和令栱、慢栱的尺寸，可二连合角，亦可三连合角，交手为一个散斗底尺寸 10 分°，下面卷杀角与令栱、慢栱端头相同。

搭交衬头木后带素枋，前端衬头木长 60 分°，高 15 分°，厚 10 分°。后端素枋长随间广。檐面搭交衬头木上面十字搭交刻口宽 10 分°、深 10 分°，山面搭交衬头木上下面轴线中位十字搭交刻口宽 10 分°，上口深 5 分°，下口深 5 分°，山压檐 90°十字搭交。搭交衬头前端做银锭榫与橑檐枋相交。

搭交橑檐枋长为间广加出跳 60 分°再加出际 45 分°，高 21～32 分°，厚 10 分°。山压檐搭交刻口宽 10 分°，深 10.5～16 分°。橑檐枋内侧随着衬头木位置对应做出银锭榫卯口。

罗汉枋长为间广外加内减出跳°，高 15 分°，厚 10 分°。外枋做银锭燕尾交于斜衬头木之上，里枋转角割角搭头。

转角华栱全长 97 分°，高 21 分°，厚 10～12 分°。前后端斗盘连做，斗盘贴耳采用销榫结合，以下面中位轴线为准做出 45°交叉 90°的三卡腰刻口，刻口深 14 分°，华栱头下端向上 9 分°分 4 份，向里 16 分°分 4 份做出四瓣卷杀。

转角昂头连做转角华栱全长 213 分°，转角昂头高 27.5 分°，转角华栱头高 21 分°，厚 10～12 分°。昂嘴高起 2 分°回 2 分°，昂头下斜底边线起始交于斗底里边线，上斜线交于斗底外边线，杀 1 分°上角圆棱。昂头上与华栱头上斗盘连做，斗盘贴耳采用销榫结合，以下面中位轴线为准做出中位与外跳搭交令栱 45°交叉 90°的三卡腰刻口，刻口深 14 分°，后端做出鸳鸯交手栱合角刻口，刻口深 7 分°，华栱头下端向上 9 分°分 4 份，向里 16 分°分 4 份做出四瓣卷杀。

转角二秒华栱全长 182 分°，高 21 分°，厚 10～12 分°。前后端斗盘连做，斗盘贴耳采用销榫结合，以下面中位轴线为准做出中位与外跳搭交令栱 45°交叉 90°的三卡腰刻口，刻口深 14 分°，后端做出鸳鸯交手栱合角刻口，刻口深 7 分°，前后华栱头下端向上 9 分°分 4 份，向里 16 分°分 4 份做出四瓣卷杀。

转角二重昂头连做转角耍头全长 290 分°，转角昂头高 27.5 分°，转角华栱头高 21 分°，厚 10～12 分°。昂嘴高起 2 分°回 2 分°，昂头下斜底边线起始交于斗底里边线，上斜线交于斗底外边线，杀 1 分°上角圆楞。昂头上与华栱头上斗盘连做，斗盘贴耳采用销榫结合，以下面中位轴线为准做出中位与外跳搭交令栱 45°交叉 90°的三卡腰刻口，刻口深 14 分°，中位后端做出鸳鸯交手栱合角刻口，刻口深 7 分°，后端按照分七份的方法做出耍头。

转角三杪华栱连做转角耍头全长 259 分°，高 21 分°，厚 10～12 分°。前后端斗盘连做，斗盘贴耳采用销榫结合，以下面中位轴线为准做出中位与外跳搭交令栱 45°交叉 90°的三卡腰刻口，刻口深 14 分°，后端做出鸳鸯交手栱合角刻口，刻口深 7 分°，华栱头下端向上 9 分°分 4 份，向里 16 分°分 4 份做出四瓣卷杀。

转角衬头木中位前长 60 分°后连素枋，高 15 分°，厚 10 分°。在下面中位轴线位置做出 45°交叉 90°三卡腰刻口，檐面刻口宽 10 分°、深 10 分°，山面刻口宽 10 分°，上口与下口各深 5 分°，留腰 5 分°。中位前端罗汉枋刻口宽 10 分°、深 7 分°，两面做袖 1 分°。端头对应橑檐枋做出银锭燕尾榫。后身素枋对应补间铺作刻口即可。

转角斜衬头木长 118 分°、高 15 分°，厚 10～12 分°。在下面中位轴线位置及外跳做出 45°交叉 90°三卡腰刻口，刻口深 10 分°，前端头对应橑檐枋做出回角峰头。后端对应第一跳合角罗汉枋剌出窝角即可。

枨杆（宝瓶）直径 15 分°，高与枨杆顶斜度按照昂头斗盘至大角梁底的高度定，预制前应事先预留做份。

转角挑斡昂根据实际所放打样打样板，上下两层转角挑斡轴线对应画出搭交栱子位置的搭交刻口，画出素枋正搭斜交袖肩刻口与橑檐卡腰刻口。搭交栱子与挑斡杆三卡腰有上下位置，挑斡杆与栱子的三卡腰只能占用一份做刻口，确保挑杆截面木筋宽顺不小于截面 2/3。昂头 35.25 分°昂上斗盘分做按照斗底斗腰高刻出斗底袖榫。上层昂头向里在搭交橑檐枋位置刻口只是找平不可深刻，其余则做成袖肩卡在搭交橑檐枋上即可。为了保证挑斡昂通直受力，素枋转角不搭交，挑杆上对应素枋做袖肩半榫，榫深不超过挑杆厚的 1/4。斗栱使用压槽枋时，做法与素枋相同。

转角方形栌斗见方 36 分°，高 20 分°，斗底高 8 分°，斗腰高 4 分°，斗耳高 8 分°，斗底做顜弧深 1 分°。转角方栌斗顺向与纵向十字刻口宽 10 分°，刻口深 8 分°，纵向刻口内做包耳（袖肩榫）厚 3 分°、高 4 分°，栌斗与转角栿梁头搭扣面按照栿梁头的宽窄尺寸刻平。

转角圆形栌斗直径 36 分°，高 20 分°，斗底高 8 分°，斗腰高 4 分°，斗耳高 8 分°，斗底做顜弧深 1 分°。转角栌斗顺向与纵向十字刻口宽 10 分°，刻口深 8 分°，纵向刻口内做包耳（袖肩榫）厚 3 分°、高 4 分°，栌斗与转角栿梁头搭扣面按照栿梁头的宽窄尺寸刻平。

转角斗盘安装在转角三搭交的转角华栱头、批竹昂头之上，承托上层搭交构件，宽与广见方 18 分°、厚 6 分°，盘顶厚 2 分°，盘底厚 4 分°，盘底做顜弧深 0.5 分°。斗底栽销座插在华栱、批竹昂头之上，斗盘连做时贴耳应采用燕尾销榫插接。

齐心斗、散斗、交互斗做法与正身铺作相同。

转角斗栱各类构件在使用样板套画过线后，用锯剌出昂嘴、蚂蚱头，剌出栱瓣，用小锯开出槽口、榫卯，然后再用凿子、扁铲剔出槽口、榫卯，最后用刨子刮平，小刨子净光，分类码放以备组装。

五铺作转角斗栱的各类构件制作完成，应按照顺序进行试组装，然后按照组装的顺序编号并写在构件上，再以转角位置进行大编号，编号完成后以整朵为单位存放，为在建筑安装时做好准备，预防安装出现错位，造成质量问题。

七、六铺作重栱单杪双下昂里转二杪 与六铺作重栱三杪里转两杪斗栱

（一）计心造正身铺作

六铺作重栱单杪双下昂里转二杪斗栱檐外三跳檐内二跳，最下面第一层是栌斗，第二层横向泥道栱与纵向华栱十字搭交卡入下面栌斗之中，泥道栱两端装安散斗，华栱的两端头安装交互斗。第三层横向慢栱、内外跳瓜子栱与纵向华栱十字搭交，华栱前端做外挑斡昂时，则华栱前端出头做成华头子斜面，承托挑斡昂。令栱与瓜子栱两端安装散斗，华栱后端做安装交互斗。前端出头做成华头子斜面，承托挑斡昂。第四层横向素枋内跳慢栱、令栱与纵向后斜面插头耍头木十字搭交，第五层横向罗汉枋外跳慢栱、令栱与纵向前反斜面插头耍头木十字搭交，第三层、四层与第五层之间安置头层与第二层挑斡昂，第六层横向压槽枋、罗汉枋、挑檐枋与竖向衬头木十字搭交，叠合在第五层之上（图5-7-1～图5-7-3）。

六铺作重栱三杪里转两杪斗栱檐外三跳檐内二跳，是把六铺作重栱单杪挑斡下昂撤掉，檐外对应位置改做成重栱三杪两杪华栱（图5-7-2）。

泥道栱长62分°，高15分°，厚10分°。泥道栱中位上面刻口宽8分°、深10分°，两端上面向里10分°为散斗底，散斗底的中位应栽上暗销。在泥道栱中位按照齐心斗底和散斗底的尺寸向下2分°画线，此线以上做平底栱眼。泥道栱两端下面向里12分°分4份，向上9分°分4份做四瓣卷杀，两端做出栱眼板槽口深1～1.5分°。

慢栱长92分°，高15分°，厚10分°。慢栱中位上面刻口宽8分°、深10分°，两端上面向里10分°为散斗底，散斗底的中位应栽上暗销。在慢栱中位按照齐心斗底和散斗底的尺寸向下2分°画线，此线以上做平底栱眼。慢栱两端下面向里12分°分4份，向上9

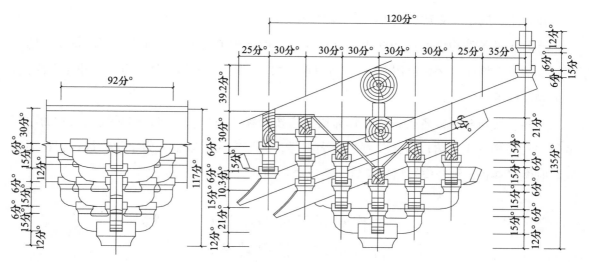

图 5-7-1 六铺作重栱单杪双挑斡下昂里转二杪斗栱（立面、剖面）

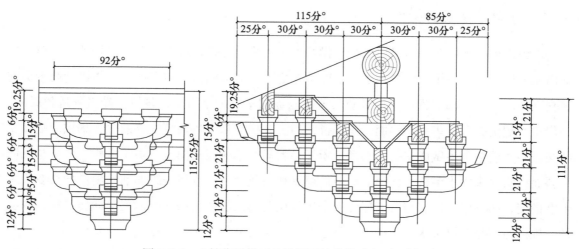

图 5-7-2 六铺作重栱三杪里转两杪斗栱（立面、剖面）

分°分 4 份做四瓣卷杀，两端做出栱眼板槽口深 1～1.5 分°。

瓜子栱长 62 分°，高 15 分°，厚 10 分°。瓜子栱中位上面刻口宽 8 分°、深 10 分°，两端上面向里 10 分°为散斗底，散斗底的中位应栽上暗销。在瓜子栱中位按照齐心斗底和散斗底的尺寸向下 2 分°画线，此线以上做平底栱眼。泥道栱两端下面向里 16 分°分 4 份，向上 9 分°分 4 份做四瓣卷杀。

令栱长 72 分°，高 15 分°，厚 10 分°，令栱中位上面刻口宽 8 分°、深 10 分°，两端上面向里 10 分°为散斗底，散斗底的中位应栽上暗销。在令栱中位按照齐心斗底和散斗底的尺寸向下 2 分°画线，此线以上做平底栱眼。令栱两端下面向里 20 分°分 5 份，向上 9 分°分 5 份做五瓣卷杀。

华栱一跳全长 72 分°，全高 21 分°，栔高 6 分°，厚 10 分°。中位线下面刻口宽根据泥道栱厚度而定，刻口宽 10 分°，高 5 分°，华栱中位两面留做泥道栱包肩，包肩宽同刻口，

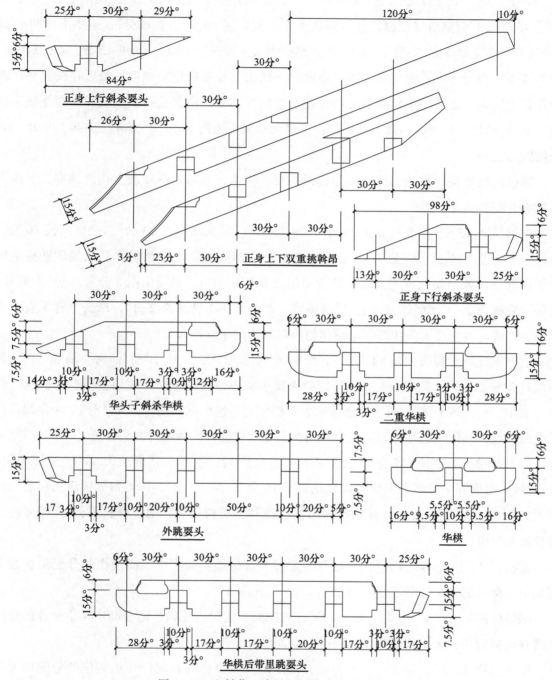

图 5-7-3　六铺作正身补间铺作斗栱部分构件

深1分°，刻口前后按照栌斗刻口内包耳尺寸高4分°、厚3分°做出包耳刻口。华栱两端上面向下6分°、向里12分°为交互斗底，由两端上面向里14分°为交互斗腰，由此向下做出交互斗腰位置刻口，最后在交互斗底的中位栽上暗销。在华栱中位按照齐心斗的尺寸两面画线，由交互斗底边线和齐心斗底边线向下2分°画线，此线以上做平底栱眼。华栱两端头下面向里16分°分4份，向上9分°分4份做四瓣卷杀。

　　华栱二跳全长 132 分°。前端做华头子全长 112 分°，全高 21 分°，栔高 6 分°，厚 10 分°。中位线下面刻口宽根据正慢栱厚度而定，刻口宽 10 分°，高 5 分°，华栱中位两侧 30 分°瓜子栱位置刻口宽 10 分°，高 5 分°，华栱端头上面向下 6 分°、向里 12 分°为交互斗底，由两端上面向里 14 分°为交互斗腰，由此向下做出交互斗腰位置刻口，最后在交互斗底的中位栽上暗销。在华栱中位按照齐心斗的尺寸两面画线，由交互斗底边线和齐心斗底边线向下 2 分°画线，此线以上做平底栱眼。华栱两端头下面向里 16 分°分 4 份，向上 9 分°分 4 份做四瓣卷杀。

　　华栱前端华头子做法，则是按照插昂斜度杀大角，杀角上凿卯栽上止滑销榫，下角出头做梅花瓣华头子。

　　挑斡昂高 15 分°，里截头高 21 分°，厚 10 分°，昂头水平长 23 分°，里截头长 30 分°，头层挑斡昂总水平长 176 分°。二层挑斡昂水平长 246 分°，二层挑斡昂后出挑则随椽架所需长度调整。琴面昂上按照交互斗位置刻出交互斗底刻口，昂嘴头高 3 分°，1 分°为弧背，昂头上背颛弧 2 分°随颛增加 1 分°做圆弧背。批竹昂头上背头高 2 分°，昂头上背平直下杀至昂头上背。挑斡昂下面按照每层铺作斜面对应凿出止滑销卯口。

　　上下正反斜杀耍头上长 84 分°，下长 98 分°，高 21 分°，厚 10 分°。每一跳 30 分°，其中蚂蚱头长 25 分°，蚂蚱头高 15 分°。斜杀耍头从中位线位置向外按照慢栱、令栱位置刻口，宽 10 分°，高 5 分°，两面留做慢栱、令栱包肩，包肩宽同刻口，深 1 分°。令栱刻口前后按照交互斗耳做出包耳刻口，两个端头按照分七份的方法做出蚂蚱头即可。

　　后斜杀衬头木全长 115 分°，无斜杀衬头木全长 125 分°（包括榫长），高 15 分°，厚 10 分°。衬头木底面中位线前罗汉枋位置刻口宽 10 分°，高 7.5 分°，两面留做罗汉枋包肩，包肩宽同刻口，深 1 分°。端头做银锭榫与橑檐枋和压槽枋相交，银锭榫长 5 分°，榫乍角为榫长的 1.5/10。

　　素枋高 15 分°，厚 10 分°，长随开间定尺。素枋随着间广中斗栱铺作的分配位置在上面刻口，刻口的宽度 8 分°，深 7.5 分°。

　　橑檐枋高 1 材 1 栔～2 材，厚 10 分°，长随间广定尺，橑檐枋随着间广斗栱铺作的分配位置在内侧对应衬头木银锭榫做出银锭卯口即可。

　　罗汉枋高 15 分°，厚 10 分°，长随开间定尺。罗汉枋随着间广斗栱铺作的分配位置在内侧对应衬头木银锭榫做出银锭卯口即可。

　　压槽枋截面见方 21 分°，长随间广。

　　栌斗广见方 32 分°，高 20 分°，斗底高 8 分°，斗腰高 4 分°，斗耳高 8 分°，斗底做颛弧深 1 分°。栌斗顺向刻口广 10 分°，纵向刻口广 10 分°，刻口深 8 分°，刻口内做包耳（袖肩榫）厚 3 分°、高 4 分°。按照栱眼板尺寸在栌斗顺身两端做出栱眼板槽口，槽口深 1～1.3 分°。

齐心斗见方 16 分°，高 10 分°，斗底高 4 分°，斗腰高 2 分°，斗耳高 4 分°、厚 3 分°。斗底做颤弧深 0.5 分°，齐心斗顺向刻口广 10 分°，刻口深 4 分°。

散斗广 14 分°，宽 16 分°，高 10 分°，斗底高 4 分°，斗腰高 2 分°，斗耳高 4 分°厚 3 分°，斗底做颤弧深 0.5 分°。散斗顺向刻口广 10 分°，刻口深 4 分°。

交互斗广（宽）18 分°，厚 16 分°，高 10 分°，斗底高 4 分°，斗腰高 2 分°，斗耳高 4 分°、厚 3 分°，斗底做颤弧深 0.5 分°。交互斗顺向刻口广 10 分°，刻口深 4 分°。

栱眼板高 54 分°（素枋下），厚 1.5～2 分°。按照斗栱铺作档距的尺寸再加上入槽口的尺寸定长。

六铺作重栱单杪双下昂斗栱与六铺作重栱两杪斗栱各类构件在使用样板套画过线后，用挖锯剌出昂嘴，做出凸弧刮光，用锯剌出蚂蚱头刮光、铲光，用小锯剌出卷杀栱瓣刮光，然后用小锯开出槽口、榫卯，再用凿子、扁铲剔出槽口、榫卯，最后用小刨子净光，以备组装。

六铺作重栱单杪双下昂斗栱与六铺作重栱两杪斗栱的各类构件制作完成，应按照顺序进行试组装，然后按照组装的顺序编号并写在构件上，再以位置进行大编号，编号完成后以整朵为单位存放，为在建筑安装时提前做好准备，预防安装出现错位，造成质量问题。

（二）计心造转角铺作

六铺作重栱单杪双下昂里转二杪转角斗栱铺作共六层，第一层栌斗，第二层华栱后带泥道栱十字搭交与斜头华栱三卡腰交于栌斗之中，第三层挑斡昂与华头子后带慢栱，第四层转角斜杀耍头对应转角挑斡昂，第五层转角二重斜挑斡昂，第六层转角三重斜挑斡昂上承托素枋、罗汉枋和三卡腰斜衬头与转角十字搭交橑檐枋等。其中每层还需按照里外跳瓜子栱、慢栱位置，对应斜头挑斡昂、华栱、耍头等斜构件，配套做出向应里外跳瓜子栱、慢栱、令栱鸳鸯交手等（图 2-7-1）。

六铺作重栱三杪里转二杪转角斗栱铺作与六铺作重栱单杪双下昂里转二杪转角斗栱铺作基本相同，只是取消了挑斡昂，按照重栱层次改成华栱出跳做法（图 5-7-4～图 5-7-7）。

搭交华栱后带泥道栱全长 67 分°，厚 10 分°，其中华栱长 36 分°，高 21 分°，泥道栱长 31 分°，高 15 分°。华栱前端上面向下 6 分°、向里 12 分°为交互斗底，由端头上面向里 14 分°为交互斗腰，由此向下做出交互斗腰位置刻口，最后在交互斗底的中位栽上暗销。后端泥道栱端头向里 10 分°为散斗底，在散斗底的中位栽上暗销。由散斗底边线和交互斗底边线向下 2 分°画线，此线以上做平底栱眼，搭交华栱端头下面向里 16 分°分 4 份，向上 9 分°分 4 份，做四瓣卷杀。后带泥道栱端头下面向里 12 分°分 4 份，向上 9 分°分 4 份，做四瓣卷杀。檐面华栱上面轴线中位十字搭交刻口宽 10 分°、深 14 分°，山面华栱上下面轴线中位十字搭交刻口宽 10 分°，上口深 7 分°，下口深 7 分°，腰为 7 分°，山压

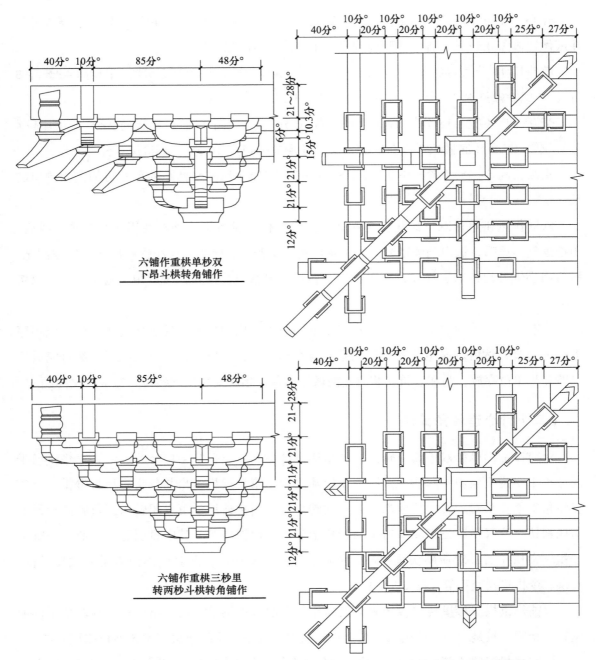

图 5-7-4　六铺作重栱单杪双下昂、重栱三杪里转两杪斗栱转角铺作（立面、仰视）

檐 90°十字搭交。按照斜头华栱的宽度 10～12 分°开出 45°搭交斜头华栱刻口。

　　搭交华头子后带慢栱，长 98 分°，全高 21 分°，慢栱高 15 分°，厚 10 分°。前端随插头昂坡度做斜杀，中位线三卡腰刻口宽 10 分°，上口深 14 分°，下口 7 分°。留腰 7 分°，山压檐 90°搭交，其上按照斜头昂或斜华栱的宽度刻出 45°三卡腰刻口，刻口深 14 分°。中位线前端瓜子栱位置刻口宽 10 分°、深 7 分°，刻口前后刻出交互斗包耳槽口，槽口宽 3 分°、高 4 分°，端头做出华头子。中位后端做出 1/2 的慢栱。

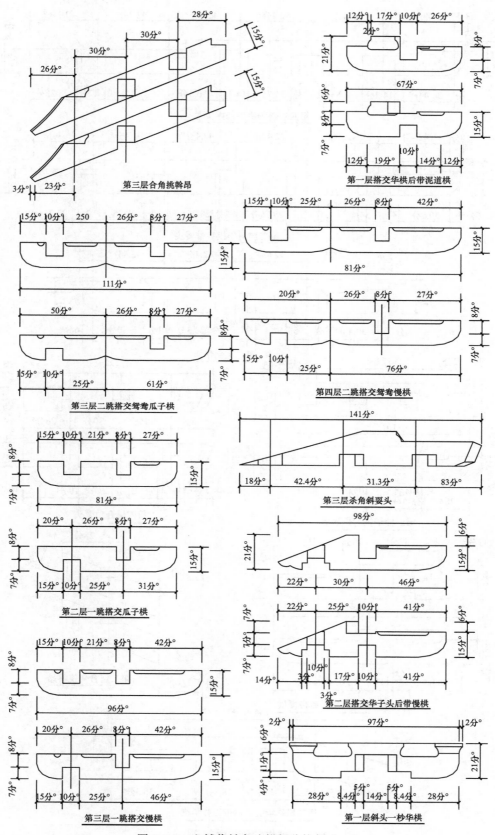

第三层合角挑斡昂

第一层搭交华栱后带泥道栱

第三层二跳搭交鸳鸯瓜子栱

第四层二跳搭交鸳鸯慢栱

第二层一跳搭交瓜子栱

第三层杀角斜耍头

第二层搭交华子头后带慢栱

第三层一跳搭交慢栱

第一层斜头一杪华栱

图 5-7-5　六铺作转角斗栱部分构件（一）

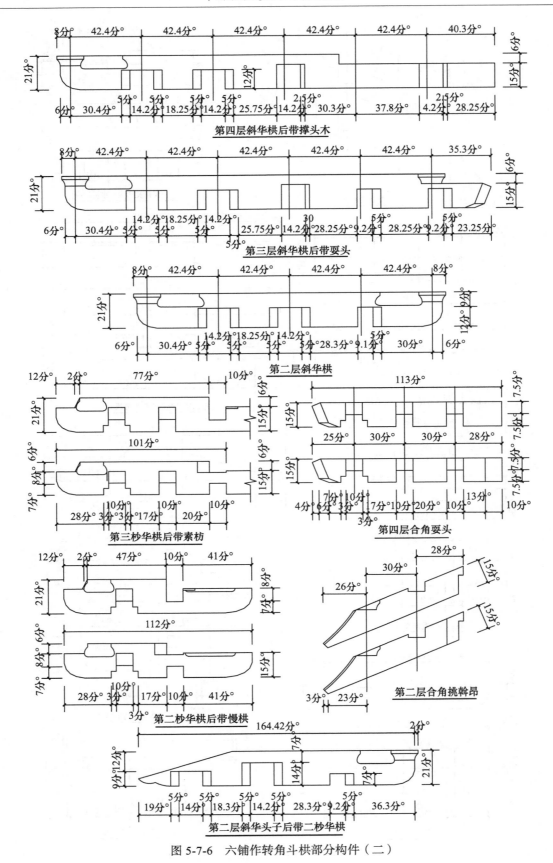

图 5-7-6　六铺作转角斗栱部分构件（二）

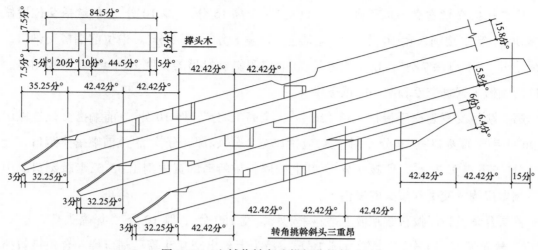

图 5-7-7　六铺作转角斗栱部分构件（三）

搭交华栱后带慢栱，长 112 分°，全高 21 分°，慢栱高 15 分°，厚 10 分°。前端随插头昂坡度做斜杀，中位线三卡腰刻口宽 10 分°，上口深 14 分°，下口 7 分°。留腰 7 分°，山压檐 90°搭交，其上按照斜头昂或斜华栱的宽度刻出 45°三卡腰刻口，刻口深 14 分°。中位线前端瓜子栱位置刻口宽 10 分°、深 7 分°，刻口前后刻出交互斗包耳槽口，槽口宽 3 分°、高 4 分°，端头做出华栱头。中位后端做出 1/2 的慢栱。

搭交华栱后带素枋，其中华栱长 101 分°、高 21 分°，素枋长随间广，高 15 分°，华栱前端上面向下 6 分°、向里 12 分°为交互斗底，由端头上面向里 14 分°为交互斗腰，由此向下做出交互斗腰位置刻口，最后在交互斗底的中位栽上暗销。中位线三卡腰刻口宽 10 分°，上口深 14 分°，下口 7 分°。留腰 7 分°，山压檐 90°搭交，其上按照斜头昂或斜华栱的宽度刻出 45°三卡腰刻口，刻口深 14 分°。中位线前端慢栱、瓜子栱位置刻口宽 10 分°、深 7 分°，瓜子栱刻口前后刻出交互斗包耳槽口，槽口宽 3 分°高 4 分°，端头做出华栱头。

合角耍头长 113 分°，高 15 分°，耍头前端做七分头（蚂蚱头），中位线位置做合角，中位线前端素枋、慢栱、令栱位置刻口宽 10 分°、深 7 分°，刻袖深 1 分°，令栱刻口前后刻出交互斗包耳槽口，槽口宽 3 分°、高 4 分°。

第一跳搭交瓜子栱，长 81 分°，全高 15 分°，厚 10 分°。前端搭交位置做山压檐 90°十字卡腰刻口宽 10 分°，中位对应刻口宽 8 分°、深 8 分°。中位前端搭交刻口，上口深 7 分°下口深 7 分°，留腰 7 分°，其上按照斜挑斡昂的宽度刻出 45°三卡腰刻口。中位后端做出 1/2 的瓜子栱。

第一跳搭交慢栱，长 96 分°，全高 15 分°，厚 10 分°。前端搭交位置做山压檐 90°十字卡腰刻口宽 10 分°，中位对应刻口宽 8 分°、深 8 分°。中位前端搭交刻口，上口深 7 分°，下口深 7 分°，留腰 7 分°，其上按照斜挑斡昂的宽度刻出 45°三卡腰刻口。中位后端做出 1/2 的慢栱。

第二跳搭交鸳鸯交手瓜子栱，长111分°，全高15分°，厚10分°。前端搭交位置做山压檐90°十字卡腰刻口宽10分°，中位对应刻口宽8分°、深8分°。中位前端搭交刻口，上口深7分°，下口深7分°，留腰7分°，其上按照斜挑斡昂的宽度刻出45°三卡腰刻口。中位前后端做出鸳鸯交手和端头的瓜子栱头。

第二跳搭交鸳鸯交手慢栱，长126分°，全高15分°，厚10分°。前端搭交位置做山压檐90°十字卡腰刻口宽10分°，中位对应刻口宽8分°、深8分°。中位前端搭交刻口，上口深7分°，下口深7分°，留腰7分°，其上按照斜挑斡昂的宽度刻出45°三卡腰刻口。中位前后端做出鸳鸯交手和端头的慢栱头。

首层合角挑斡昂按跳数乘坡度举斜率定长，宽150分°、厚10分°，昂嘴头高3分°、回3分°，琴面弧度凹1分°、泥鳅背圆1分°，昂头上刻出交互斗骑马刻口榫。合角挑斡昂与华头子斜搭时对应安装止滑销榫，挑斡昂上对应慢栱刻出搭交刻口，挑斡昂后端对应斜杀耍头宽度刻出45°三卡腰刻口做合角。

二层合角挑斡昂按跳数乘坡度举斜率定长，宽150分°、厚10分°，昂嘴头高3分°、回3分°，琴面弧度凹1分°、泥鳅背圆1分°，昂头上刻出交互斗骑马刻口榫。合角挑斡昂与华头子斜搭时对应安装止滑销榫，挑斡昂下面对应瓜子栱刻出搭交刻口，上面对应素枋刻出搭交刻口，挑斡昂后端对应斜挑斡昂宽度做出45°合角。

上行斜杀耍头后带素枋前端长84分°、厚10分°，全高21分°，耍头头高15分°。斜杀耍头前端上面慢栱位置刻口宽10分°只做袖肩，令栱位置刻口宽10分°、高7分°，刻口两面留做包肩，包肩宽同刻口，深1分°，令栱刻口前后留做交互斗包耳宽3分°、高4分°。前端耍头按照分七份的方法做出蚂蚱头。后端素枋随着铺作位置做出刻口。

搭交令栱长72分°，高15分°，厚10分°。搭交令栱与耍头相交的位置上面刻口宽10分°、深8分°，前端搭交位置做山压檐十字搭交刻口，檐面上刻口宽10分°、深14分°，山面下刻口宽10分°、深7分°。按照斜斜挑斡昂头的宽度10~12分°开出45°搭交挑斡昂刻口，刻口深随挑斡昂斜面。令栱两端下面向里20分°分5份，向上9分°分5份做五瓣卷杀。令栱上面两端向里1斗口为散斗底，在散斗底的中位栽上暗销，由此向下0.2斗口做出平底栱眼。

六铺作转角鸳鸯交手栱分为瓜子栱交手、慢栱交手与令栱交手，做法与正身瓜子栱、令栱、慢栱相同，处在檐内合角搭接中，便会有单独栱或鸳鸯连头栱的做法，鸳鸯连头栱会按照合角搭接的长短根据瓜子栱、令栱、慢栱的尺寸，选择二连合角或三连合角，交手为一个散斗底尺寸10分°，下面卷杀角与瓜子栱、令栱、慢栱端头对应相同。

搭交衬头木后带素枋，前端衬头木长90分°，高15分°，厚10分°。后端素枋长随间广。檐面搭交衬头木上面十字搭交刻口宽10分°、深10分°，山面搭交衬头木上下面轴线中位十字搭交刻口宽10分°，上口深5分°，下口深5分°，山压檐90°十字搭交。搭交衬头前端做银锭榫与橑檐枋相交。

搭交橑檐枋长为间广加出跳 90 分°再加出际 45 分°，高 21～32 分°，厚 10 分°。山压檐搭交刻口宽 10 分°、深 10.5～16 分°。橑檐枋内侧随着衬头木位置对应做出银锭榫卯口。

罗汉枋长为间广檐外加出跳檐内减出跳，高 15 分°，厚 10 分°。外枋做银锭燕尾交于斜衬头木之上，里枋转角割角搭头。

转角一秒华栱全长 97 分°，高 21 分°，厚 10～12 分°。前后端斗盘连做，斗盘贴耳采用销榫结合，以下面中位轴线为准做出 45°交叉 90°的三卡腰刻口，刻口深 14 分°，华栱头下端向上 9 分°分 4 份，向里 16 分°分 4 份做出四瓣卷杀。

转角二秒华栱全长 185.6 分°，高 21 分°，厚 10～12 分°。前后端斗盘连做，斗盘贴耳采用销榫结合，以下面中位轴线为准做出中位与外跳搭交瓜子栱 45°交叉 90°的三卡腰刻口，刻口深 14 分°，后端做出鸳鸯交手瓜子栱合角刻口，刻口深 14 分°，前后华栱头下端向上 9 分°分 4 份，向里 16 分°分 4 份做出四瓣卷杀。

转角三秒华栱后带耍头全长 255.3 分°，高 21 分°，厚 10～12 分°。前后端斗盘连做，斗盘贴耳采用销榫结合，以下面中位轴线为准做出中位与外跳搭交慢栱、搭交瓜子栱 45°交叉 90°的三卡腰刻口，刻口深 14 分°，后端做出鸳鸯交手慢栱、令栱合角搭交刻口，刻口深 14 分°，前端华栱头下面向上 9 分°分 4 份，向里 16 分°分 4 份做出四瓣卷杀。后端耍头按照分七份的方法做出蚂蚱头耍头。

转角四秒华栱后带衬头木全长 260.3 分°，高 21 分°，厚 10～12 分°。前端斗盘连做，斗盘贴耳采用销榫结合，以下面中位轴线为准做出前后罗汉枋合角刻口，做出外跳搭交慢栱、搭交令栱 45°交叉 90°的三卡腰刻口，刻口深 14 分°。前端华栱头下面向上 9 分°分 4 份，向里 16 分°分 4 份做出四瓣卷杀。后端对应合角平棊枋做出窝角槽口。

转角首层斜挑斡昂按跳数乘水平角度斜率再乘坡度举斜率定长，宽 16.3 分°、厚 10 分°，昂嘴头高 3 分°、回 3 分°，琴面弧度凹 1 分°、泥鳅背圆 1 分°，昂头上刻出平盘斗骑马刻口榫。斜挑斡昂上对应素枋、罗汉枋刻出合角搭交袖榫，对应做出鸳鸯交手瓜子栱刻出搭交刻口，斜挑斡昂后端做出斜杀截头。

转角二层斜挑斡昂按跳数乘水平角度斜率再乘坡度举斜率定长，宽 16.3 分°、厚 10 分°，昂嘴头高 3 分°、回 3 分°，琴面弧度凹 1 分°、泥鳅背圆 1 分°，昂头上刻出平盘斗骑马刻口榫。斜挑斡昂上对应压槽枋、罗汉枋刻出合角搭交袖榫，对应做出鸳鸯交手瓜子栱刻出搭交刻口，斜挑斡昂后端根据节点需要做出斜杀截头或挑搭榫头皆可。

转角三层斜挑斡昂按跳数乘水平角度斜率再乘坡度举斜率定长，宽 16.3 分°、厚 10 分°，昂嘴头高 3 分°、回 3 分°，琴面弧度凹 1 分°、泥鳅背圆 1 分°，昂头上刻出平盘斗骑马刻口榫。斜挑斡昂上对应罗汉枋、橑檐枋刻出合角袖榫与搭交刻口，斜挑斡昂后端根据大木节点需要做出斜杀截头或挑搭榫头皆可。

正身衬头木中位前长 84.5 分°后连压槽枋，高 15 分°，厚 10 分°。在下面中位前端罗汉枋刻口宽 10 分°、深 7 分°，两面做袖 1 分°。端头对应橑檐枋做出银锭燕尾榫。后身素枋对应压槽枋做出银锭燕尾榫。

转角斜衬头木长 118 分°，高 15 分°，厚 10~12 分°。在下面中位轴线位置及外跳做出 45°交叉 90°三卡腰刻口，刻口深 10 分°，前端头对应橑檐枋做出回角峰头。后端对应第一跳合角罗汉枋剌出窝角即可。

枨杆（宝瓶）直径 15 分°，高与枨杆顶斜度按照昂头斗盘至大角梁底的高度定，预制前应事先预留做份。

转角方形栌斗见方 36 分°，高 20 分°，斗底高 8 分°，斗腰高 4 分°，斗耳高 8 分°，斗底做颐弧深 1 分°。转角方栌斗顺向与纵向十字刻口宽 10 分°，刻口深 8 分°，纵向刻口内做包耳（袖肩榫）厚 3 分°、高 4 分°，栌斗与转角栿梁头搭扣面按照栿梁头的宽窄尺寸刻平。

转角圆形栌斗直径 36 分°，高 20 分°，斗底高 8 分°，斗腰高 4 分°，斗耳高 8 分°，斗底做颐弧深 1 分°。转角栌斗顺向与纵向十字刻口宽 10 分°，刻口深 8 分°，纵向刻口内做包耳（袖肩榫）厚 3 分°高 4 分°，栌斗与转角栿梁头搭扣面按照栿梁头的宽窄尺寸刻平。

转角斗盘安装在转角三搭交的转角华栱头、批竹昂头之上，承托上层搭交构件，宽与广见方 18 分°，厚 6 分°，盘顶厚 2 分°，盘底厚 4 分°，盘底做颐弧深 0.5 分°。斗底栽销座插在华栱、批竹昂头之上，斗盘连做时贴耳应采用燕尾销榫插接。

齐心斗、散斗、交互斗做法与正身铺作相同。

转角斗栱各类构件在使用样板套画过线后，用锯剌出昂嘴、蚂蚱头，剌出栱瓣，用小锯开出槽口、榫卯，然后再用凿子、扁铲剔出槽口、榫卯，最后用刨子刮平，小刨子净光，分类码放以备组装。

六铺作转角斗栱的各类构件制作完成，应按照顺序进行试组装，然后按照组装的顺序编号并写在构件上，再以转角位置进行大编号，编号完成后以整朵为单位存放，为在建筑安装时做好准备，预防安装出现错位，造成质量问题。

八、七铺作重栱双杪双下昂里转三杪
与重栱四杪里转三杪斗栱

（一）计心造正身铺作

七铺作重栱双杪双下昂里转三杪斗栱外四跳檐内三跳，最下面第一层是栌斗，第二层横向泥道栱与纵向华栱十字搭交卡入下面栌斗之中，泥道栱两端装安散斗，华栱的两端头安装交互斗。第三层横向慢栱、内外跳瓜子栱与纵向华栱十字搭交，华栱的两端头安装交互斗。第四层横向素枋、内外跳慢栱、瓜子栱与纵向华栱十字搭交,慢栱与瓜子栱两端安装散斗,华栱前后端做安装交互斗。华栱前端做外挑斡昂时,华栱前端出头做成华头子斜面,承托挑斡昂。第五层横向素枋、罗汉枋、内跳慢栱、令栱与纵向后斜面插头耍头木十字搭交,第六层横向罗汉枋外跳慢栱、令栱与纵向前反斜杀耍头十字搭交,第四层、五层与第六层之间安置头层与第二层挑斡昂,第七层横向压槽枋、罗汉枋、橑檐枋与竖向衬头木十字搭交,叠合在第六层之上(图5-8-1~图5-8-3)。

由于斗栱出跳分°数值的变化,会导致挑斡栱与每跳搭交位置发生变化。所以七铺作重栱双杪双下昂与重栱四杪里转三杪七铺作斗栱,里外跳要随着需要加以调整,通常外跳的

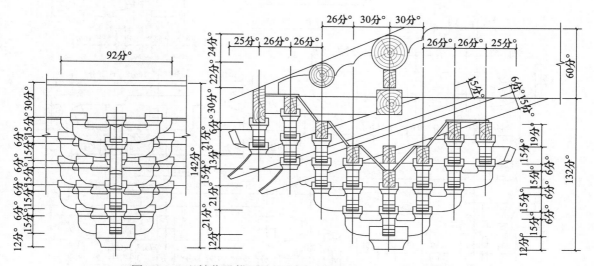

图 5-8-1　七铺作重栱双杪双下昂里转三杪斗栱(立面、剖面)

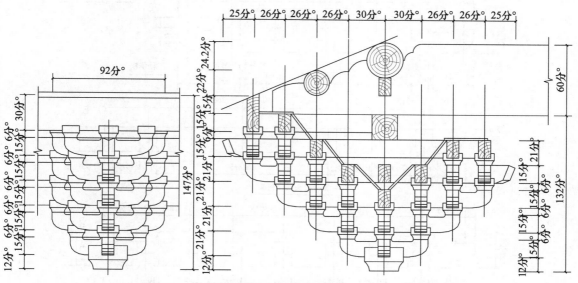

图 5-8-2　七铺作重栱四杪里转三杪斗栱(立面、剖面)

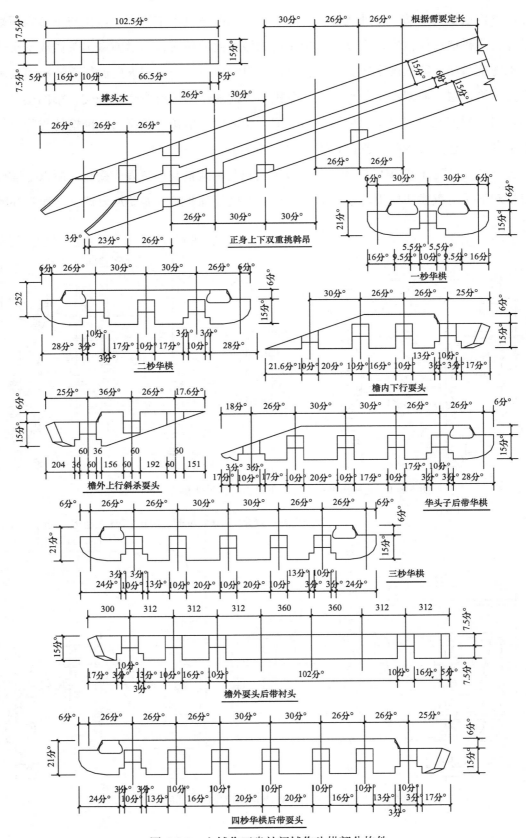

图 5-8-3　七铺作正身补间铺作斗栱部分构件

第一跳保持 30 分°不变，从外跳第二跳以外与里跳则根据需要调整缩小，调整变化控制在 28 分°、27 分°、26 分°之中选择（图 5-8-1）。

七铺作重栱四杪里转三杪斗栱檐外四跳檐内三跳，是把七铺作重栱双杪挑斡下昂撤掉，檐外对应位置改成重栱四杪里转三杪华栱（图 5-8-2）。

泥道栱长 62 分°，高 15 分°，厚 10 分°。泥道栱中位上面刻口宽 8 分°、深 10 分°，两端上面向里 10 分°为散斗底，散斗底的中位应栽上暗销。在泥道栱中位按照齐心斗底和散斗底的尺寸向下 2 分°画线，此线以上做平底栱眼。泥道栱两端下面向里 12 分°分 4 份，向上 9 分°分 4 份做四瓣卷杀，两端做出栱眼板槽口深 1～1.5 分°。

慢栱长 92 分°，高 15 分°，厚 10 分°。慢栱中位上面刻口宽 8 分°、深 10 分°，两端上面向里 10 分°为散斗底，散斗底的中位应栽上暗销。在慢栱中位按照齐心斗底和散斗底的尺寸向下 2 分°画线，此线以上做平底栱眼。慢栱两端下面向里 12 分°分 4 份，向上 9 分°分 4 份做四瓣卷杀，两端做出栱眼板槽口深 1～1.5 分°。

瓜子栱长 62 分°，高 15 分°，厚 10 分°。瓜子栱中位上面刻口宽 8 分°、深 10 分°，两端上面向里 10 分°为散斗底，散斗底的中位应栽上暗销。在瓜子栱中位按照齐心斗底和散斗底的尺寸向下 2 分°画线，此线以上做平底栱眼。泥道栱两端下面向里 16 分°分 4 份，向上 9 分°分 4 份做四瓣卷杀。

令栱长 72 分°，高 15 分°，厚 10 分°，令栱中位上面刻口宽 8 分°、深 10 分°，两端上面向里 10 分°为散斗底，散斗底的中位应栽上暗销。在令栱中位按照齐心斗底和散斗底的尺寸向下 2 分°画线，此线以上做平底栱眼。令栱两端下面向里 20 分°分 5 份，向上 9 分°分 5 份做五瓣卷杀。

华栱一跳全长 72 分°，全高 21 分°，絜高 6 分°，厚 10 分°。中位线下面刻口宽根据泥道栱厚度而定，刻口宽 10 分°，高 5 分°，华栱中位两面留做泥道栱包肩，包肩宽同刻口，深 1 分°，刻口前后按照栌斗刻口内包耳尺寸高 4 分°、厚 3 分°做出包耳刻口。华栱两端上面向下 6 分°、向里 12 分°为交互斗底，由两端上面向里 14 分°为交互斗腰，由此向下做出交互斗腰位置刻口，最后在交互斗底的中位栽上暗销。在华栱中位按照齐心斗的尺寸两面画线，由交互斗底边线和齐心斗底边线向下 2 分°画线，此线以上做平底栱眼。华栱两端头下面向里 16 分°分 4 份，向上 9 分°分 4 份做四瓣卷杀。

华栱二跳全长 124 分°，全高 21 分°，絜高 6 分°，厚 10 分°。中位线下面刻口宽根据慢栱厚度而定，刻口宽 10 分°，高 5 分°，华栱中位两侧里外跳瓜子栱位置刻口宽 10 分°，高 5 分°，华栱前后端上面向下 6 分°、向里 12 分°为交互斗底，由两端上面向里 14 分°为交互斗腰，由此向下做出交互斗腰位置刻口，最后在交互斗底的中位栽上暗销。在华栱中位按照齐心斗的尺寸两面画线，由交互斗底边线和齐心斗底边线向下 2 分°画线，此线以上做平底栱眼。华栱两端头下面向里 16 分°分 4 份，向上 9 分°分 4 份做四瓣卷杀。

华栱三跳全长 176 分°，全高 21 分°，栔高 6 分°，厚 10 分°。中位线下面刻口宽根据慢栱厚度而定，刻口宽 10 分°，高 5 分°，华栱中位两侧里外跳慢栱、瓜子栱位置刻口宽 10 分°，高 5 分°，华栱前后端上面向下 6 分°、向里 12 分°为交互斗底，由端头上面向里 14 分°为交互斗腰，由此向下做出交互斗腰位置刻口，最后在交互斗底的中位栽上暗销。在华栱中位按照齐心斗的尺寸两面画线，由交互斗底边线和齐心斗底边线向下 2 分°画线，此线以上做平底栱眼。华栱两端头下面向里 16 分°分 4 份，向上 9 分°分 4 份做四瓣卷杀。

华栱前端华头子的做法，是按照插昂斜度杀大角，杀角上凿卯栽上止滑销榫，下角出头做梅花瓣华头子。

华栱四跳后带耍头全长 221 分°，全高 21 分°，栔高 6 分°，厚 10 分°。中位线下面刻口宽根据素枋厚度而定，刻口宽 10 分°，高 5 分°，中位素枋两侧里外跳罗汉枋、慢栱、瓜子栱位置刻口宽 10 分°，高 5 分°，华栱前端与后端耍头上面向下 6 分°、向里 12 分°为交互斗底，由端头上面向里 14 分°为交互斗腰，由此向下做出交互斗腰位置刻口，最后在交互斗底的中位栽上暗销。在华栱中位按照齐心斗的尺寸两面画线，由交互斗底边线和齐心斗底边线向下 2 分°画线，此线以上做平底栱眼。华栱前端头下面向里 16 分°分 4 份，向上 9 分°分 4 份做四瓣卷杀，后端按照分七份的方法做出蚂蚱头。

耍头后带衬头全长 215 分°，全高 21 分°，栔高 6 分°，厚 10 分°。中位线下面刻口宽根据素枋厚度而定，刻口宽 10 分°，高 5 分°，中位素枋两侧里外跳罗汉枋、慢栱、瓜子栱位置刻口宽 10 分°，高 5 分°，耍头前端上面向下 6 分°，由轴线向里 12 分°为交互斗底，由端头上面向里 32 分°为交互斗腰，由此向下做出交互斗腰位置刻口，最后在交互斗底的中位栽上暗销。在华栱中位按照齐心斗的尺寸两面画线，由交互斗底边线和齐心斗底边线向下 2 分°画线，此线以上做平底栱眼。耍头前端按照分七份的方法做出蚂蚱头。后端做出与平棊枋相交的燕尾榫。

上下正反斜杀耍头，上杀长 94.6 分°，下杀长 107 分°，高 21 分°，厚 10 分°。每一跳按需而定且不小于 26 分°，其中蚂蚱头长 25 分°，蚂蚱头高 15 分°。斜杀耍头从中位线位置向外按照罗汉枋、慢栱、令栱位置刻口，宽 10 分°，高 5 分°，两面留做罗汉枋、慢栱、令栱包肩，包肩宽同刻口，深 1 分°。令栱刻口前后按照交互斗耳做出包耳刻口，端头按照分七份的方法做出蚂蚱头即可。

挑斡昂高 15 分°，有里截头时里截头高 21 分°，厚 10 分°，昂头水平长 23 分°，里截头长 30 分°，头层挑斡昂总水平长 190 分°，头层挑斡昂如后出挑则随所需长度而定。二层挑斡昂水平长 216 分°，二层挑斡昂后出挑则随所需长度而定。琴面昂上按照交互斗位置刻出交互斗底刻口，昂嘴头高 3 分°，1 分°为弧背，昂头上背颡弧 2 分°随颡增加 1 分°做圆弧背。批竹昂头上背头高 2 分°，昂头上背平直下杀至昂头上背。挑斡昂下面按照每层铺作斜面对应凿出止滑销卯口。按照对应的素枋、罗汉枋、瓜子栱、慢栱做出刻口与刻袖。

衬头木全长 102.5 分°（包括榫长），高 15 分°，厚 10 分°。衬头木底面中位线做刻口与压槽枋相交榫卯，前端罗汉枋位置刻口宽 10 分°，高 7.5 分°，两面留做罗汉枋包肩，包肩宽同刻口，深 1 分°。前端做银锭榫与橑檐枋相交，银锭榫长 5 分°，榫乍角为榫长的 1.5/10。

素枋高 15 分°，厚 10 分°，长随开间定尺。素枋随着间广中斗栱铺作的分配位置在上面刻口，刻口的宽度 8 分°，深 7.5 分°。

橑檐枋高 1 材 1 栔～2 材，厚 10 分°，长随间广定尺，橑檐枋随着间广斗栱铺作的分配位置在内侧对应衬头木银锭榫做出银锭卯口即可。

罗汉枋高 15 分°，厚 10 分°，长随开间定尺。罗汉枋随着间广斗栱铺作的分配位置在内侧对应衬头木银锭榫做出银锭卯口即可。

压槽枋截面见方 21 分°，长随间广。

栌斗广见方 32 分°，高 20 分°，斗底高 8 分°，斗腰高 4 分°，斗耳高 8 分°，斗底做𩑥弧深 1 分°。栌斗顺向刻口广 10 分°，纵向刻口广 10 分°，刻口深 8 分°，刻口内做包耳（袖肩榫）厚 3 分°、高 4 分°。按照栱眼板尺寸在栌斗顺身两端作出栱眼板槽口，槽口深 1～1.3 分°。

齐心斗见方 16 分°，高 10 分°，斗底高 4 分°，斗腰高 2 分°，斗耳高 4 分°、厚 3 分°。斗底做𩑥弧深 0.5 分°，齐心斗顺向刻口广 10 分°，刻口深 4 分°。

散斗广 14 分°，宽 16 分°，高 10 分°，斗底高 4 分°，斗腰高 2 分°，斗耳高 4 分°厚 3 分°，斗底做𩑥弧深 0.5 分°。散斗顺向刻口广 10 分°，刻口深 4 分°。

交互斗广（宽）18 分°，厚 16 分°，高 10 分°，斗底高 4 分°，斗腰高 2 分°，斗耳高 4 分°、厚 3 分°，斗底做𩑥弧深 0.5 分°。交互斗顺向刻口广 10 分°，刻口深 4 分°。

栱眼板高 54 分°（素枋下），厚 1.5～2 分°。按照斗栱铺作档距的尺寸再加上入槽口的尺寸定长。

七铺作重栱双杪双下昂斗栱与六铺作重栱三杪斗栱各类构件在使用样板套画过线后，用挖锯剌出昂嘴，做出凸弧刮光，用锯剌出蚂蚱头刮光、铲光，用小锯剌出卷杀栱瓣刮光，然后用小锯开出槽口、榫卯，再用凿子、扁铲剔出槽口、榫卯，最后用小刨子净光，以备组装。

七铺作重栱双杪双下昂斗栱与六铺作重栱三杪斗栱的各类构件制作完成，应按照顺序进行试组装，然后按照组装的顺序编号并写在构件上，再以位置进行大编号，编号完成后以整朵为单位存放，为在建筑安装时提前做好准备，预防安装出现错位，造成质量问题。

（二）计心造转角铺作

七铺作重栱双杪双下昂里转三杪转角斗栱铺作共七层，第一层栌斗，第二层华栱后带泥道栱十字搭交与斜头华栱三卡腰交于栌斗之中，第三层挑斡昂与华头子后带慢栱，第四层转角斜杀耍头对应转角挑斡昂，第五层转角二重斜挑斡昂，第六层转角三重斜挑斡昂上承托素枋、罗汉枋和三卡腰斜衬头与转角十字搭交橑檐枋等。其中每层还需按照里外跳瓜子栱、慢栱位置，对应斜头挑斡昂、华栱、耍头等斜构件，配套做出向应里外跳瓜子栱、慢栱、令栱鸳鸯交手等（图 5-8-4～图 5-8-8）。

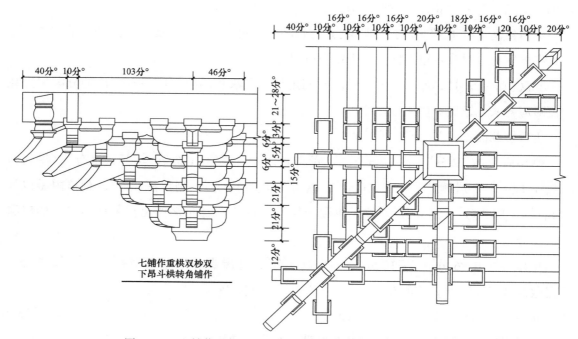

图 5-8-4　七铺作重栱双杪双下昂转角斗栱铺作（立面、仰视）

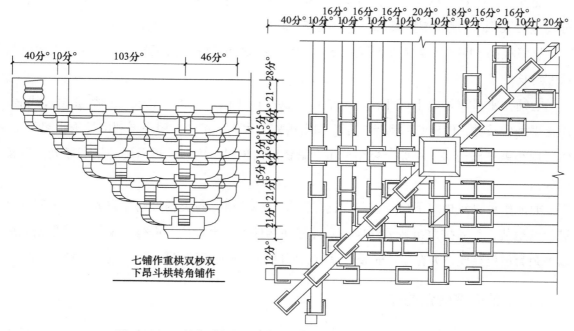

图 5-8-5　七铺作重栱四杪里转三杪转角斗栱铺作（立面、仰视）

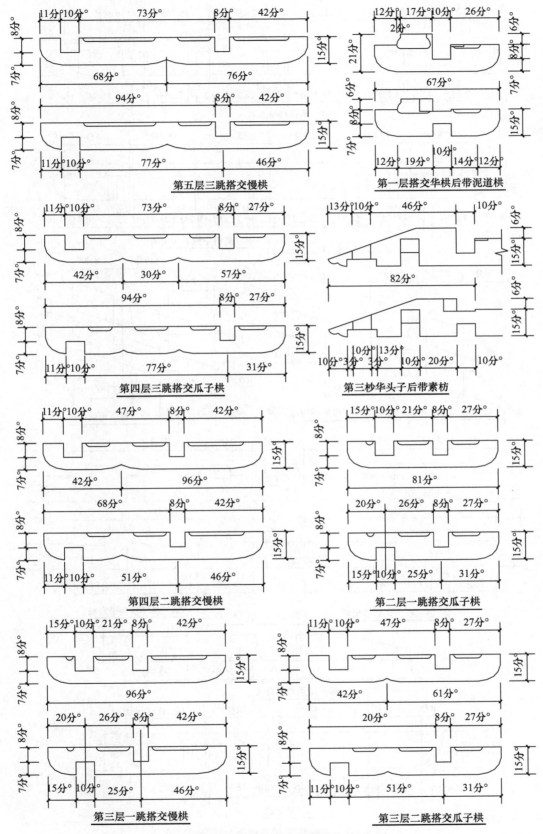

第五层三跳搭交慢栱

第一层搭交华栱后带泥道栱

第四层三跳搭交瓜子栱

第三杪华头子后带素枋

第四层二跳搭交慢栱

第二层一跳搭交瓜子栱

第三层一跳搭交慢栱

第三层二跳搭交瓜子栱

图 5-8-6　七铺作转角斗栱部分构件（一）

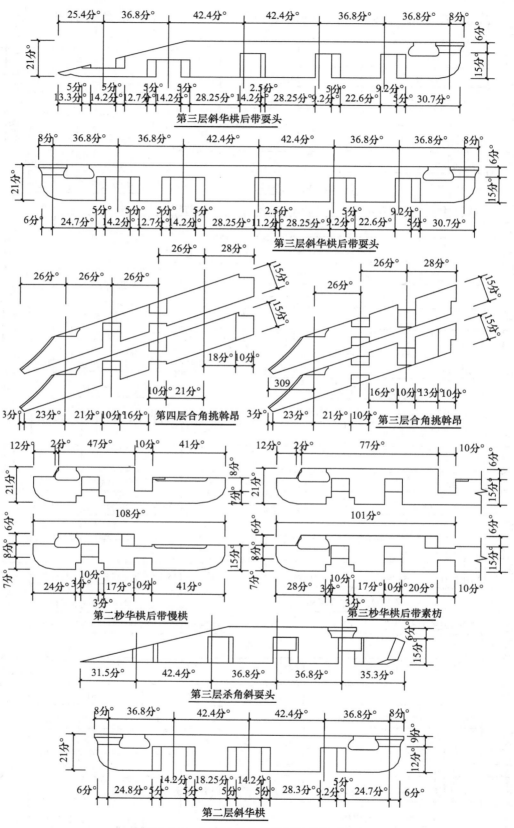

图 5-8-7　七铺作转角斗栱部分构件（二）

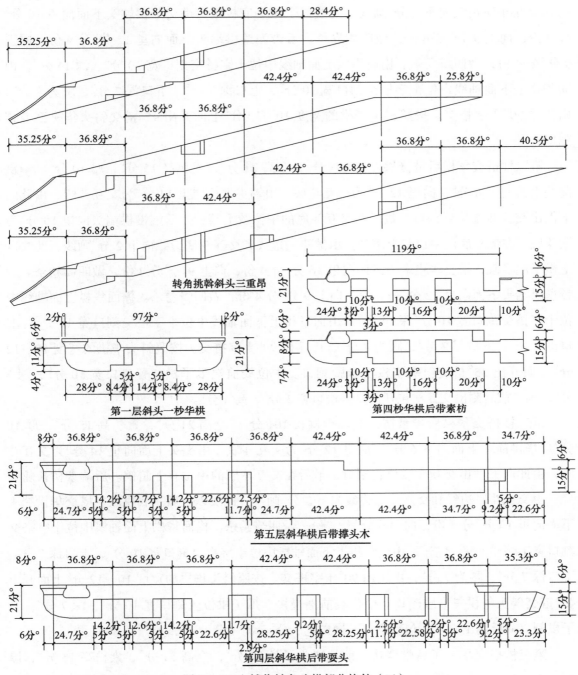

图 5-8-8　七铺作转角斗栱部分构件（三）

七铺作重栱四杪里转三杪转角斗栱铺作与七铺作重栱双杪双下昂里转三杪转角斗栱铺作基本相同，只是取消了挑斡昂，按照重栱层次改成华栱出跳做法（图 5-8-5）。

第一杪搭交华栱后带泥道栱全长 67 分°，厚 10 分°，其中华栱长 36 分°，高 21 分°，泥道栱长 31 分°，高 15 分°。华栱前端上面向下 6 分°、向里 12 分°为交互斗底，由端头上面向里 14 分°为交互斗腰，由此向下做出交互斗腰位置刻口，最后在交互斗底的中位栽上暗销。后端泥道栱端头向里 10 分°为散斗底，在散斗底的中位栽上暗销。由散斗底边线和交互斗底边线向下 2 分°画线，此线以上做平底栱眼，搭交华栱端头下面向里 16 分°分 4 份，向上 9 分°分 4 份，做四瓣卷杀。后带泥道栱端头下面向里 12 分°分 4 份，向上 9 分°分 4 份，做四瓣卷杀。檐面华栱上面轴线中位十字搭交刻口宽 10 分°、深 14 分°，山面华栱上下面轴线中位十字搭交刻口宽 10 分°，上口深 7 分°，下口深 7 分°，腰为 7 分°，山压檐 90°十字搭交。按照斜头华栱的宽度 10～12 分°上面开出 45°搭交斜头华栱三卡腰刻口。

第二秒搭交华栱后带慢栱，长 108 分°，全高 21 分°，慢栱高 15 分°，厚 10 分°。华栱前端上面向下 6 分°、向里 12 分°为交互斗底，由端头上面向里 14 分°为交互斗腰，由此向下做出交互斗腰位置刻口，最后在交互斗底的中位栽上暗销。后端慢栱端头向里 10 分°为散斗底，在散斗底的中位栽上暗销。由散斗底边线和交互斗底边线向下 2 分°画线，此线以上做平底栱眼，搭交华栱端头下面向里 16 分°分 4 份，向上 9 分°分 4 份，做四瓣卷杀。后带慢栱端头下面向里 12 分°分 4 份，向上 9 分°分 4 份，做四瓣卷杀。檐面华栱上面轴线中位十字搭交刻口宽 10 分°深 14 分°，山面华栱上下面轴线中位十字搭交刻口宽 10 分°，上口深 7 分°，下口深 7 分°，腰为 7 分°，山压檐 90°十字搭交。按照斜头华栱的宽度 10～12 分°上面开出 45°搭交斜头华栱三卡腰刻口。中位线前端瓜子栱位置刻口宽 10 分°、深 7 分°，刻口前后刻出交互斗包耳槽口，槽口宽 3 分°、高 4 分°。

第三秒搭交华栱后带素枋，前端华栱长 101 分°，全高 21 分°，素枋高 15 分°，厚 10 分°。华栱前端上面向下 6 分°、向里 12 分°为交互斗底，由端头上面向里 14 分°为交互斗腰，由此向下做出交互斗腰位置刻口，最后在交互斗底的中位栽上暗销。后端素枋长随间广。由交互斗底边线和交互斗底边线向下 2 分°画线，此线以上做平底栱眼，搭交华栱端头下面向里 16 分°分 4 份，向上 9 分°分 4 份，做四瓣卷杀。檐面华栱上面轴线中位十字搭交刻口宽 10 分°、深 14 分°，山面华栱上下面轴线中位十字搭交刻口宽 10 分°，上口深 7 分°，下口深 7 分°，腰为 7 分°，山压檐 90°十字搭交。按照斜头华栱的宽度 10～12 分°上面开出 45°搭交斜头华栱三卡腰刻口。中位线前端慢栱、瓜子栱位置刻口宽 10 分°、深 7 分°，瓜子栱刻口前后刻出交互斗包耳槽口，槽口宽 3 分°、高 4 分°。

第三秒搭交华头子后带素枋，前端华头子长 82 分°，全高 21 分°，素枋高 15 分°，厚 10 分°。前端华头子随挑斡坡度斜杀，后端素枋长随间广。华头子上面轴线中位十字搭交刻口宽 10 分°、深 14 分°，山面华头子上下面轴线中位十字搭交刻口宽 10 分°，上口深 7 分°，下口深 7 分°，腰为 7 分°，山压檐 90°十字搭交。按照斜华头子的宽度 10～12 分°上面开出 45°搭交斜华头子三卡腰刻口。中位线前端慢栱、瓜子栱位置刻口宽 10 分°、深 7 分°，瓜子栱刻口前后刻出交互斗包耳槽口，槽口宽 3 分°、高 4 分°。

第四秒搭交华栱后带素枋，前端华栱长 119 分°，全高 21 分°，素枋高 15 分°，厚 10 分°。华栱前端上面向下 6 分°、向里 12 分°为交互斗底，由端头上面向里 14 分°为交互斗腰，由此向下做出交互斗腰位置刻口，最后在交互斗底的中位栽上暗销。后端素枋长随间广。由交互斗底边线和交互斗底边线向下 2 分°画线，此线以上做平底栱眼，搭交华栱端头下面向里 16 分°分 4 份，向上 9 分°分 4 份，做四瓣卷杀。檐面华栱上面轴线中位十字搭交刻口宽 10 分°、深 14 分°，山面华栱上下面轴线中位十字搭交刻口宽 10 分°，上口深 7 分°，下口深 7 分°，腰为 7 分°，山压檐 90°十字搭交。按照斜头华栱的宽度 10～12 分°上面开出 45°搭交斜头华栱三卡腰刻口。中位线前端罗汉枋、慢栱、瓜子栱位置刻口宽 10 分°、深 7 分°，瓜子栱刻口前后刻出交互斗包耳槽口，槽口宽 3 分°、高 4 分°。

合角耍头长 133 分°、高 15 分°，耍头前端做七分头（蚂蚱头），中位线位置做合角，中位线前端罗汉枋、慢栱、令栱位置刻口宽 10 分°、深 7 分°，刻袖深 1 分°，令栱刻口前后刻出交互斗包耳槽口，槽口宽 3 分°、高 4 分°。

第一跳搭交瓜子栱，长 81 分°，全高 15 分°，厚 10 分°。前端搭交位置做山压檐 90°十字卡腰刻口宽 10 分°，中位对应刻口宽 8 分°、深 8 分°。中位前端搭交刻口，上口深 7 分°，下口深 7 分°，留腰 7 分°，其上按照斜挑斡昂的宽度刻出 45°三卡腰刻口。中位后端做出 1/2 的瓜子栱。

第一跳搭交慢栱，长 96 分°，全高 15 分°，厚 10 分°。前端搭交位置做山压檐 90°卡腰刻口宽 10 分°，中位对应刻口宽 8 分°、深 8 分°。中位前端搭交刻口，上口深 7 分°，下口深 7 分°，留腰 7 分°，其上按照斜挑斡昂的宽度刻出 45°三卡腰刻口。中位后端做出 1/2 的慢栱。

第二跳搭交鸳鸯交手瓜子栱，长 103 分°，全高 15 分°，厚 10 分°。前端搭交位置做山压檐 90°十字卡腰刻口宽 10 分°，中位对应刻口宽 8 分°、深 8 分°。中位前端搭交刻口，上口深 7 分°，下口深 7 分°，留腰 7 分°，其上按照斜挑斡昂的宽度刻出 45°三卡腰刻口。中位前后端做出鸳鸯交手和端头的瓜子栱头。

第二跳搭交鸳鸯交手慢栱，长 118 分°，全高 15 分°，厚 10 分°。前端搭交位置做山压檐 90°十字卡腰刻口宽 10 分°，中位对应刻口宽 8 分°、深 8 分°。中位前端搭交刻口，上口深 7 分°，下口深 7 分°，留腰 7 分°，其上按照斜挑斡昂的宽度刻出 45°三卡腰刻口。中位前后端做出鸳鸯交手和端头的慢栱头。

第三跳搭交鸳鸯交手瓜子栱，长 129 分°，全高 15 分°，厚 10 分°。前端搭交位置做山压檐 90°十字卡腰刻口宽 10 分°，中位对应刻口宽 8 分°、深 8 分°。中位前端搭交刻口，上口深 7 分°，下口深 7 分°，留腰 7 分°，其上按照斜挑斡昂的宽度刻出 45°三卡腰刻口。中位前后端做出鸳鸯交手和端头的瓜子栱头。

第三跳搭交鸳鸯交手慢栱，长 144 分°，全高 15 分°，厚 10 分°。前端搭交位置做山压檐 90°十字卡腰刻口宽 10 分°，中位对应刻口宽 8 分°，深 8 分°。中位前端搭交刻口，上口深 7 分°，下口深 7 分°，留腰 7 分°，其上按照斜挑斡昂的宽度刻出 45°三卡腰刻口。中位前后端做出鸳鸯交手和端头的慢栱头。

首层合角挑斡昂按跳数乘坡度举斜率定长，宽 150 分°、厚 10 分°，昂嘴头高 3 分°、回 3 分°，琴面弧度凹 1 分°、泥鳅背圆 1 分°，昂头上刻出交互斗骑马刻口榫。合角挑斡昂与华头子斜搭时对应安装止滑销榫，挑斡昂上对应素枋、罗汉枋、瓜子栱刻出搭交刻口，挑斡昂后端对应斜杀耍头宽度刻出 45°三卡腰刻口做合角。

二层合角挑斡昂按跳数乘坡度举斜率定长，宽 150 分°、厚 10 分°，昂嘴头高 3 分°、回 3 分°，琴面弧度凹 1 分°、泥鳅背圆 1 分°，昂头上刻出交互斗骑马刻口榫。挑斡昂下面对应罗汉枋、慢栱、瓜子栱刻出搭交刻口，上面对应压槽枋刻出搭交刻口，挑斡昂后端对应斜挑斡昂宽度做出 45°合角。

上行斜杀耍头 95 分°，厚 10 分°，全高 21 分°，耍头头高 15 分°。斜杀耍头前端上面慢栱位置刻口宽 10 分°做袖肩，罗汉枋、令栱位置刻口宽 10 分°、高 7 分°，刻口两面留做包肩，包肩宽同刻口，深 1 分°，令栱刻口前后留做交互斗包耳宽 3 分°、高 4 分°。前端耍头按照分七份的方法做出蚂蚱头。后端素枋随着铺作位置做出刻口。

搭交令栱长 72 分°，高 15 分°，厚 10 分°。搭交令栱与耍头相交的位置上面刻口宽 10 分°、深 8 分°，前端十字搭交令栱搭交位置做山压檐十字搭交刻口，檐面上刻口宽 10 分°、深 14 分°，山面下刻口宽 10 分°、深 7 分°。按照斜斜挑斡昂头的宽度 10～12 分°开出 45°搭交挑斡昂刻口，刻口深随挑斡昂斜面。令栱两端下面向里 20 分°分 5 份，向上 9 分°分 5 份做五瓣卷杀。令栱上面两端向里 1 斗口为散斗底，在散斗底的中位栽上暗销，由此向下 0.2 斗口做出平底栱眼。

七铺作转角鸳鸯交手栱分为瓜子栱交手、慢栱交手与令栱交手，做法与正身瓜子栱、令栱、慢栱相同，处在檐内合角搭接中，便会有单独栱或鸳鸯连头栱的做法，鸳鸯连头栱会按照合角搭接的长短根据瓜子栱、令栱、慢栱的尺寸，选择二连合角或三连合角，交手为一个散斗底尺寸 10 分°，下面卷杀角与瓜子栱、令栱、慢栱端头对应相同。

搭交衬头木长 117 分°，高 15 分°，厚 10 分°。后端与压槽枋相交。衬头木上面十字搭交刻口宽 10 分°，上下面轴线中位十字搭交刻口，上口深 5 分°、下口深 5 分°，搭交衬头前后端做银锭榫与橑檐枋、压槽枋相交。

搭交橑檐枋长为间广加出跳 90 分°再加出际 45 分°，高 21～32 分°，厚 10 分°。山压檐搭交刻口宽 10 分°、深 10.5～16 分°。橑檐枋内侧随着衬头木位置对应做出银锭榫卯口。

罗汉枋长为间广檐外加出跳檐内减出跳，高 15 分°，厚 10 分°。外枋做银锭燕尾交于斜衬头木之上，里枋转角割角搭头。

转角一杪华栱全长 97 分°，高 21 分°，厚 10～12 分°。前后端斗盘连做，斗盘贴耳采用销榫结合，以下面中位轴线为准做出 45°交叉 90°的三卡腰刻口，刻口深 14 分°，华栱头下端向上 9 分°分 4 份，向里 16 分°分 4 份做出四瓣卷杀。

转角二杪华栱全长 174.4 分°，高 21 分°，厚 10～12 分°。前后端斗盘连做，斗盘贴耳采用销榫结合，以下面中位轴线为准做出中位与外跳搭交瓜子栱 45°交叉 90°的三卡腰刻口，刻口深 14 分°，后端做出鸳鸯交手瓜子栱合角刻口，刻口深 14 分°，前后华栱头下端向上 9 分°分 4 份，向里 16 分°分 4 份做出四瓣卷杀。

转角三杪华栱全长 248 分°，高 21 分°，厚 10～12 分°。前后端斗盘连做，斗盘贴耳采用销榫结合，以下面中位轴线为准做出中位素枋与内跳鸳鸯交手合角慢栱、瓜子栱刻口，刻口深 14 分°，做出外跳搭交慢栱、瓜子栱 45°交叉 90°的三卡腰刻口，刻口深 14 分°，前后华栱头下端向上 9 分°分 4 份，向里 16 分°分 4 份做出四瓣卷杀。

转角华头子后带华栱全长 228.6 分°，高 21 分°，厚 10～12 分°。前端随斜挑斡昂坡度斜杀，后端斗盘连做，斗盘贴耳采用销榫结合，以下面中位轴线为准做出中位素枋与内跳鸳鸯交手合角慢栱、瓜子栱刻口，刻口深 14 分°，做出外跳搭交慢栱、瓜子栱 45°交叉 90°的三卡腰刻口，刻口深 14 分°，后端华栱头下端向上 9 分°分 4 份，向里 16 分°分 4 份做出四瓣卷杀。

转角四杪华栱后带耍头全长 312.1 分°，高 21 分°，厚 10～12 分°。前后端斗盘连做，斗盘贴耳采用销榫结合，以下面中位轴线为准做出素枋、罗汉枋与外跳搭交慢栱、搭交瓜子栱 45°交叉 90°的三卡腰刻口，刻口深 14 分°，后端做出鸳鸯交手慢栱、令栱合角搭交刻口，刻口深 14 分°，前端华栱头下面向上 9 分°分 4 份，向里 16 分°分 4 份做出四瓣卷杀。后端耍头按照分七份的方法做出蚂蚱头耍头。

转角五杪华栱后带衬头木全长 311.5 分°，高 21 分°，厚 10～12 分°。前端斗盘连做，斗盘贴耳采用销榫结合，以下面中位轴线为准做出前后罗汉枋合角刻口，做出外跳搭交慢栱、搭交令栱 45°交叉 90°的三卡腰刻口，刻口深 14 分°。前端华栱头下面向上 9 分°分 4 份，向里 16 分°分 4 份做出四瓣卷杀。后端对应合角平棊枋做出窝角槽口。

转角首层斜挑斡昂按跳数乘水平角度斜率再乘坡度举斜率定长，且按照后尾交点加长定尺，宽 16.3 分°、厚 10 分°，昂嘴头高 3 分°、回 3 分°，琴面弧度凹 1 分°、泥鳅背圆 1 分°，昂头上刻出平盘斗骑马刻口榫。斜挑斡昂上对应素枋、罗汉枋刻出合角搭交袖榫，对应做出鸳鸯交手瓜子栱刻出搭交刻口，斜挑斡昂后端做出斜杀截头。

转角二层斜挑斡昂按跳数乘水平角度斜率再乘坡度举斜率定长，且按照后尾交点加长定尺，宽 16.3 分°、厚 10 分°，昂嘴头高 3 分°、回 3 分°，琴面弧度凹 1 分°、泥鳅背圆 1 分°，昂头上刻出平盘斗骑马刻口榫。斜挑斡昂上对应罗汉枋刻出合角搭交袖榫，对应做出鸳鸯交手瓜子栱刻出搭交刻口，斜挑斡昂后端根据节点需要做出斜杀截头或挑搭榫头皆可。

转角三层斜挑斡昂按跳数乘水平角度斜率再乘坡度举斜率定长，且按照后尾交点加长定尺，宽 16.3 分°、厚 10 分°，昂嘴头高 3 分°、回 3 分°，琴面弧度凹 1 分°、泥鳅背圆 1 分°，昂头上刻出平盘斗骑马刻口榫。斜挑斡昂上对应压槽枋、罗汉枋、橑檐枋刻出合角袖榫与搭交刻口，对应做出令栱刻出搭交刻口，斜挑斡昂后端根据大木节点需要做出斜杀截头或挑搭榫头皆可。

正身衬头木中位前长 102.5 分°后连压槽枋，高 15 分°，厚 10 分°。在下面中位前端罗汉枋刻口宽 10 分°、深 7 分°，两面做袖 1 分°。端头对应橑檐枋做出银锭燕尾榫。后身素枋对应压槽枋做出银锭燕尾榫。

转角斜衬头木长 140.8 分°，高 15 分°，厚 10～12 分°。在下面中位轴线位置及外跳做出 45°交叉 90°三卡腰刻口，刻口深 10 分°，前端头对应橑檐枋做出回角峰头。后端对应第一跳合角罗汉枋剌出窝角即可。

枨栿（宝瓶）直径 15 分°，高与枨栿顶斜度按照昂头斗盘至大角梁底的高度定，预制前应事先预留做份。

转角方形栌斗见方 36 分°，高 20 分°，斗底高 8 分°，斗腰高 4 分°，斗耳高 8 分°，斗底做顣弧深 1 分°。转角方栌斗顺向与纵向十字刻口宽 10 分°，刻口深 8 分°，纵向刻口内做包耳（袖肩榫）厚 3 分°、高 4 分°，栌斗与转角栿梁头搭扣面按照栿梁头的宽窄尺寸刻平。

转角圆形栌斗直径 36 分°，高 20 分°，斗底高 8 分°，斗腰高 4 分°，斗耳高 8 分°，斗底做顣弧深 1 分°。转角栌斗顺向与纵向十字刻口宽 10 分°，刻口深 8 分°，纵向刻口内做包耳（袖肩榫）厚 3 分°、高 4 分°，栌斗与转角栿梁头搭扣面按照栿梁头的宽窄尺寸刻平。

转角斗盘安装在转角三搭交的转角华栱头、批竹昂头之上，承托上层搭交构件，宽与广见方 18 分°，厚 6 分°，盘顶厚 2 分°，盘底厚 4 分°，盘底做顣弧深 0.5 分°。斗底栽销座插在华栱、批竹昂头之上，斗盘连做时贴耳应采用燕尾销榫插接。

齐心斗、散斗、交互斗做法与正身铺作相同。

转角斗栱各类构件在使用样板套画过线后，用锯剌出昂嘴、蚂蚱头，剌出栱瓣，用小锯开出槽口、榫卯，然后再用凿子、扁铲剔出槽口、榫卯，最后用刨子刮平，小刨子净光，分类码放，以备组装。

七铺作转角斗栱的各类构件制作完成，应按照顺序进行试组装，然后按照组装的顺序编号并写在构件上，再以转角位置进行大编号，编号完成后以整朵为单位存放，为在建筑安装时做好准备，预防安装出现错位，造成质量问题。

九、八铺作重栱双杪三下昂斗栱

（一）计心造正身铺作

八铺作重栱双杪三下昂斗栱最下面第一层是栌斗，第二层横向泥道栱与纵向华栱十字搭交卡入下面栌斗之中，泥道栱两端装安散斗，第一杪华栱的两端头安装交互斗。第三层横向慢栱、内外跳瓜子栱与纵向华栱十字搭交，第二秒华栱的两端头安装交互斗。第四层横向素枋、内外跳慢栱、瓜子栱与纵向华栱十字搭交，令栱与瓜子栱两端安装散斗，华栱后端做安装交互斗。华栱前端做外挑斡昂时，则华栱前端出头做成华头子斜面，承托挑斡昂。第五层横向素枋、罗汉枋、内跳慢栱、令栱与纵向后斜面插头耍头十字搭交，第六层只在第五层耍头上安装插尖撑头，令栱之上增加一层慢栱。第七层横向罗汉枋外跳慢栱、令栱与纵向前反斜面插头耍头十字搭交。第四层、五层、六层与第七层之间安置头层、第二层与第三层挑斡昂，第八层横向压槽枋、罗汉枋、橑檐枋与竖向衬头木十字搭交，叠合在第七层之上。由于外檐斗栱出跳的跳数多于内檐，会导致与挑斡栱每跳搭交位置发生变化。所以里外跳尺寸会随着需要加以调整，通常外跳的第一跳保持30分°不变，从外跳第二跳以外与里外跳则根据需要调整缩小，调整变化控制在28、27、26分°之中选择（图5-9-1、图5-9-2）。

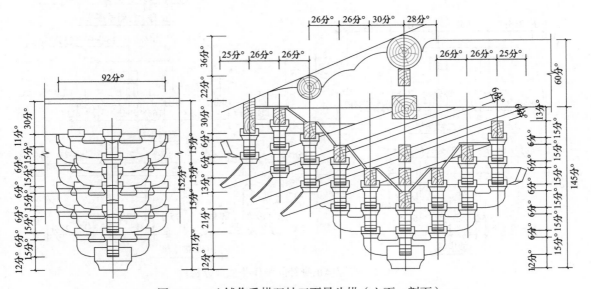

图 5-9-1　八铺作重栱双秒三下昂斗栱（立面、剖面）

泥道栱长62分°，高15分°，厚10分°。泥道栱中位上面刻口宽8分°、深10分°，两端上面向里10分°为散斗底，散斗底的中位应栽上暗销。在泥道栱中位按照齐心斗底和散斗底的尺寸向下2分°画线，此线以上做平底栱眼。泥道栱两端下面向里12分°分4份，向上9分°分4份做四瓣卷杀，两端做出栱眼板槽口深1～1.5分°。

慢栱长92分°，高15分°，厚10分°。慢栱中位上面刻口宽8分°、深10分°，两端上面向里10分°为散斗底，散斗底的中位应栽上暗销。在慢栱中位按照齐心斗底和散斗底的尺寸向下2分°画线，此线以上做平底栱眼。慢栱两端下面向里12分°分4份，向上9分°分4份做四瓣卷杀，两端做出栱眼板槽口深1～1.5分°。

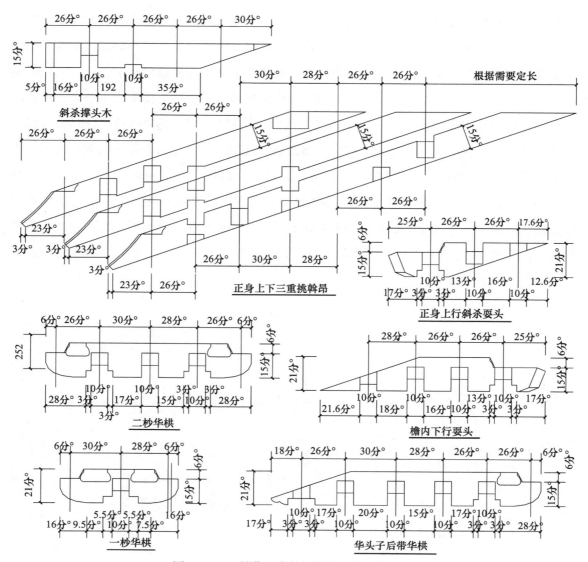

图 5-9-2　八铺作正身补间铺作斗栱部分构件

瓜子栱长 62 分°，高 15 分°，厚 10 分°。瓜子栱中位上面刻口宽 8 分°、深 10 分°，两端上面向里 10 分°为散斗底，散斗底的中位应栽上暗销。在瓜子栱中位按照齐心斗底和散斗底的尺寸向下 2 分°画线，此线以上做平底栱眼。泥道栱两端下面向里 16 分°分 4 份，向上 9 分°分 4 份做四瓣卷杀。

令栱长 72 分°，高 15 分°，厚 10 分°，令栱中位上面刻口宽 8 分°、深 10 分°，两端上面向里 10 分°为散斗底，散斗底的中位应栽上暗销。在令栱中位按照齐心斗底和散斗底的尺寸向下 2 分°画线，此线以上做平底栱眼。令栱两端下面向里 20 分°分 5 份，向上 9 分°分 5 份做五瓣卷杀。

华栱一跳全长 70 分°，全高 21 分°，栔高 6 分°，厚 10 分°。中位线下面刻口宽根据泥道栱厚度而定，刻口宽 10 分°，高 5 分°，华栱中位两面留做泥道栱包肩，包肩宽同刻口，深 1 分°，刻口前后按照栌斗刻口内包耳尺寸高 4 分°、厚 3 分°做出包耳刻口。华栱两端上面向下 6 分°、向里 12 分°为交互斗底，由两端上面向里 14 分°为交互斗腰，由此向下做出交互斗腰位置刻口，最后在交互斗底的中位栽上暗销。在华栱中位按照齐心斗的尺寸两面画线，由交互斗底边线和齐心斗底边线向下 2 分°画线，此线以上做平底栱眼。华栱两端头下面向里 16 分°分 4 份，向上 9 分°分 4 份做四瓣卷杀。

华栱二跳全长 122 分°，全高 21 分°，絜高 6 分°，厚 10 分°。中位线下面刻口宽根据慢栱厚度而定，刻口宽 10 分°，高 5 分°，华栱中位两侧里外跳瓜子栱位置刻口宽 10 分°，高 5 分°，华栱前后端上面向下 6 分°、向里 12 分°为交互斗底，由两端上面向里 14 分°为交互斗腰，由此向下做出交互斗腰位置刻口，最后在交互斗底的中位栽上暗销。在华栱中位按照齐心斗的尺寸两面画线，由交互斗底边线和齐心斗底边线向下 2 分°画线，此线以上做平底栱眼。华栱两端头下面向里 16 分°分 4 份，向上 9 分°分 4 份做四瓣卷杀。

华栱三跳前端华头子全长 160 分°，全高 21 分°，絜高 6 分°，厚 10 分°。中位线下面刻口宽根据慢栱厚度而定，刻口宽 10 分°，高 5 分°，华栱中位两侧里外跳慢栱、瓜子栱位置刻口宽 10 分°，高 5 分°，华栱前端华头子按照插昂斜度杀大角，杀角上凿卯栽上止滑销榫，下角出头做梅花瓣华头子。后端上面向下 6 分°、向里 12 分°为交互斗底，由端头上面向里 14 分°为交互斗腰，由此向下做出交互斗腰位置刻口，最后在交互斗底的中位栽上暗销。在华栱中位按照齐心斗的尺寸两面画线，由交互斗底边线和齐心斗底边线向下 2 分°画线，此线以上做平底栱眼。华栱端头下面向里 16 分°分 4 份，向上 9 分°分 4 份做四瓣卷杀。

上下正反斜杀耍头，上杀长 94.6 分°，下杀长 131.6 分°，高 21 分°，厚 10 分°。每一跳按照上下对应的分°数而定，其中蚂蚱头长 25 分°，蚂蚱头高 15 分°。斜杀耍头从中位线位置向外按照罗汉枋、慢栱、令栱位置刻口，宽 10 分°，高 5 分°，两面留做罗汉枋、慢栱、令栱包肩，包肩宽同刻口，深 1 分°。令栱刻口前后按照交互斗耳做出包耳刻口，端头按照分七份的方法做出蚂蚱头即可。

挑斡昂高 15 分°，有里截头时里截头高 21 分°，厚 10 分°，昂头水平长 23 分°，里截头长 30 分°，头层挑斡昂总水平长 278 分°，头层挑斡昂如后出挑则随所需长度而定。二层挑斡昂水平长 241 分°，二层挑斡昂后出挑则随所需长度而定。三层挑斡昂水平长 204 分°，三层挑斡昂后出挑则随所需长度而定。琴面昂上按照交互斗位置刻出交互斗底刻口，昂嘴头高 3 分°，1 分°为弧背，昂头上背颤弧 2 分°随颤增加 1 分°做圆弧背。批竹昂头上背头高 2 分°，昂头上背平直下杀至昂头上背。挑斡昂下面按照每层铺作斜面对应凿出止滑销卯口。按照对应的素枋、罗汉枋、瓜子栱、慢栱做出刻口与刻袖。

衬头木全长 134 分°（包括榫长），高 15 分°，厚 10 分°。衬头木底面中位线做刻口与压槽枋相交榫卯，前端罗汉枋位置刻口宽 10 分°，高 7.5 分°，两面留做罗汉枋包肩，包肩宽同刻口，深 1 分°。前端做银锭榫与橑檐枋相交，银锭榫长 5 分°，榫乍角为榫长的 1.5/10。

素枋高 15 分°，厚 10 分°，长随开间定尺。素枋随着间广中斗栱铺作的分配位置在上面刻口，刻口的宽度 8 分°，深 7.5 分°。

橑檐枋高 1 材 1 栔～2 材，厚 10 分°，长随间广定尺，橑檐枋随着间广斗栱铺作的分配位置，在内侧对应衬头木银锭榫做出银锭卯口即可。

罗汉枋高 15 分°，厚 10 分°，长随开间定尺。罗汉枋随着间广斗栱铺作的分配位置，在内侧对应衬头木银锭榫做出银锭卯口即可。

压槽枋截面见方 21 分°，长随间广。

栌斗广见方 32 分°，高 20 分°，斗底高 8 分°，斗腰高 4 分°，斗耳高 8 分°，斗底做𩩍弧深 1 分°。栌斗顺向刻口广 10 分°，纵向刻口广 10 分°，刻口深 8 分°，刻口内做包耳（袖肩榫）厚 3 分°、高 4 分°。按照栱眼板尺寸在栌斗顺身两端做出栱眼板槽口，槽口深 1～1.3 分°。

齐心斗见方 16 分°，高 10 分°，斗底高 4 分°，斗腰高 2 分°，斗耳高 4 分°、厚 3 分°。斗底做𩩍弧深 0.5 分°，齐心斗顺向刻口广 10 分°，刻口深 4 分°。

散斗广 14 分°，宽 16 分°，高 10 分°，斗底高 4 分°，斗腰高 2 分°，斗耳高 4 分°、厚 3 分°，斗底做𩩍弧深 0.5 分°。散斗顺向刻口广 10 分°，刻口深 4 分°。

交互斗广（宽）18 分°，厚 16 分°，高 10 分°，斗底高 4 分°，斗腰高 2 分°，斗耳高 4 分°、厚 3 分°，斗底做𩩍弧深 0.5 分°。交互斗顺向刻口广 10 分°，刻口深 4 分°。

栱眼板高 54 分°（素枋下），厚 1.5～2 分°。按照斗栱铺作档距的尺寸再加上入槽口的尺寸定长。

八铺作重栱双杪三下昂里转六铺作重栱三杪斗栱各类构件在使用样板套画过线后，用挖锯剌出昂嘴，做出凸弧刮光，用锯剌出蚂蚱头刮光、铲光，用小锯剌出卷杀栱瓣刮光，然后用小锯开出槽口、榫卯，再用凿子、扁铲剔出槽口、榫卯，最后用小刨子净光，以备组装。

八铺作重栱双杪三下昂斗里转六铺作重栱三杪斗栱的各类构件制作完成后，应按照顺序进行试组装，然后按照组装的顺序编号并写在构件上，再以位置进行大编号，编号完成后以整朵为单位存放，为在建筑安装时提前做好准备，预防安装出现错位，造成质量问题。

（二）计心造转角铺作

八铺作重栱双杪三下昂里转三杪转角斗栱铺作共七层，第一层栌斗，第二层华栱后带泥道栱十字搭交与斜头华栱三卡腰交于栌斗之中，第三层挑斡昂与华头子后带慢栱，第四层转角斜杀耍头对应转角挑斡昂，第五层转角二重斜挑斡昂，第六层转角三重斜挑斡昂上承托素枋、罗汉枋和三卡腰斜衬头与转角十字搭交橑檐枋等。其中每层还需按照里外跳瓜子栱、慢栱位置，对应斜头挑斡昂、华栱、耍头等斜构件，配套做出相应里外跳瓜子栱、慢栱、令栱鸳鸯交手等（图 5-9-3～图 5-9-6）。

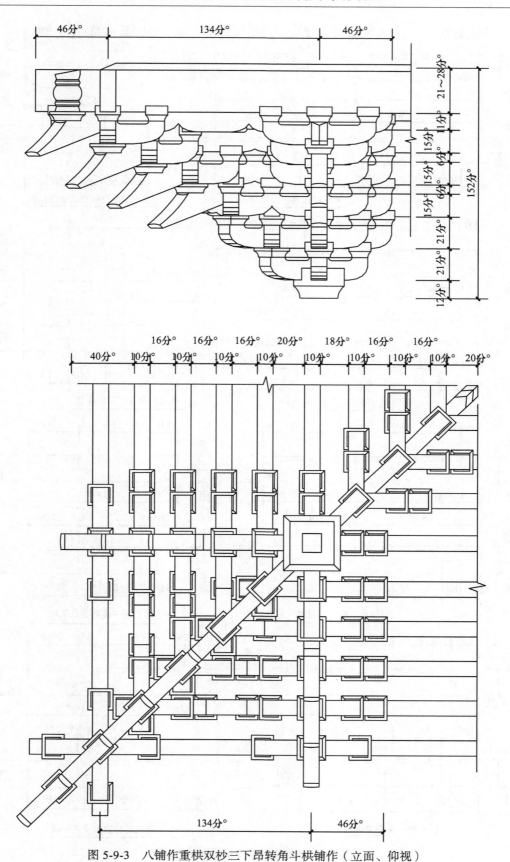

图 5-9-3　八铺作重栱双杪三下昂转角斗栱铺作（立面、仰视）

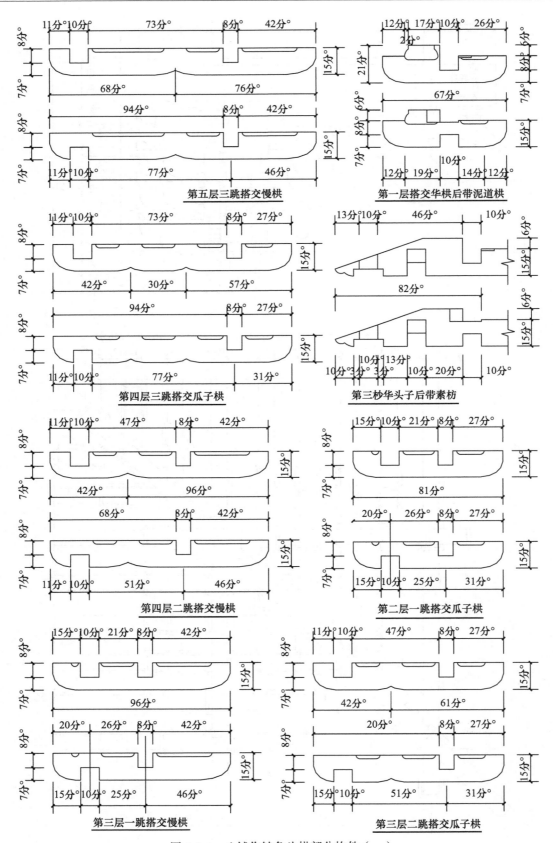

图 5-9-4 八铺作转角斗栱部分构件（一）

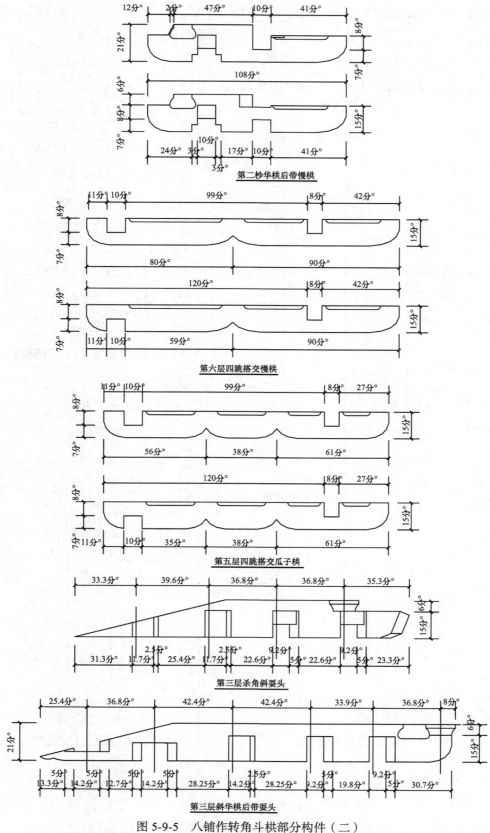

第二杪华栱后带慢栱

第六层四跳搭交慢栱

第五层四跳搭交瓜子栱

第三层杀角斜要头

第三层斜华栱后带要头

图 5-9-5 八铺作转角斗栱部分构件（二）

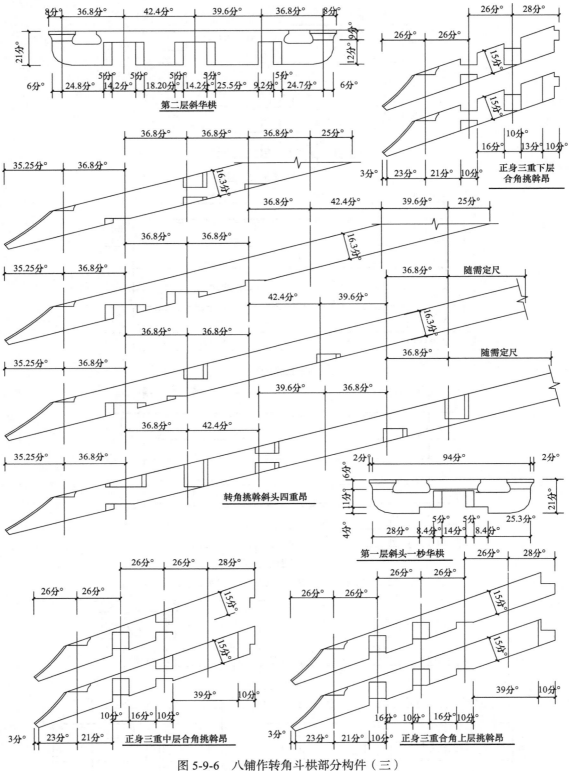

图 5-9-6　八铺作转角斗栱部分构件（三）

　　第一杪搭交华栱后带泥道栱全长 67 分°，厚 10 分°，其中华栱长 36 分°，高 21 分°，泥道栱长 31 分°，高 15 分°。华栱前端上面向下 6 分°、向里 12 分°为交互斗底，由端头上面向里 14 分°为交互斗腰，由此向下做出交互斗腰位置刻口，最后在交互斗底的中位栽上暗销。后端泥道栱端头向里 10 分°为散斗底，在散斗底的中位栽上暗销。由散斗底边线和交互斗底边线向下 2 分°画线，此线以上做平底栱眼，搭交华栱端头下面向里 16 分°分 4 份，向上 9 分°分 4 份，做四瓣卷杀。后带泥道栱端头下面向里 12 分°分 4 份，向上 9 分°分 4 份，做四瓣卷杀。檐面华栱上面轴线中位十字搭交刻口宽 10 分°、深 14 分°，山面华栱上下面轴线中位十字搭交刻口宽 10 分°，上口深 7 分°，下口深 7 分°，腰为 7 分°，山压檐 90°十字搭交。按照斜头华栱的宽度 10～12 分°上面开出 45°搭交斜头华栱三卡腰刻口。

第二杪搭交华栱后带慢栱，长 108 分°，全高 21 分°，慢栱高 15 分°，厚 10 分°。华栱前端上面向下 6 分°，向里 12 分°为交互斗底，由端头上面向里 14 分°为交互斗腰，由此向下做出交互斗腰位置刻口，最后在交互斗底的中位栽上暗销。后端慢栱端头向里 10 分°为散斗底，在散斗底的中位栽上暗销。由散斗底边线和交互斗底边线向下 2 分°画线，此线以上做平底栱眼，搭交华栱端头下面向里 16 分°分 4 份，向上 9 分°分 4 份，做四瓣卷杀。后带慢栱端头下面向里 12 分°分 4 份，向上 9 分°分 4 份，做四瓣卷杀。檐面华栱上面轴线中位十字搭交刻口宽 10 分°、深 14 分°，山面华栱上下面轴线中位十字搭交刻口宽 10 分°，上口深 7 分°，下口深 7 分°，腰为 7 分°，山压檐 90°十字搭交。按照斜头华栱的宽度 10～12 分°上面开出 45°搭交斜头华栱三卡腰刻口。中位线前端瓜子栱位置刻口宽 10 分°、深 7 分°，刻口前后刻出交互斗包耳槽口，槽口宽 3 分°、高 4 分°。

第三杪搭交华头子后带素枋，前端华头子长 82 分°，全高 21 分°，素枋高 15 分°，厚 10 分°。前端华头子随挑斡坡度斜杀，后端素枋长随间广。华头子上面轴线中位十字搭交刻口宽 10 分°、深 14 分°，山面华头子上下面轴线中位十字搭交刻口宽 10 分°，上口深 7 分°，下口深 7 分°，腰为 7 分°，山压檐 90°十字搭交。按照斜华头子的宽度 10～12 分°上面开出 45°搭交斜华头子三卡腰刻口。中位线前端慢栱、瓜子栱位置刻口宽 10 分°、深 7 分°，瓜子栱刻口前后刻出交互斗包耳槽口，槽口宽 3 分°、高 4 分°。

第一跳搭交瓜子栱，长 81 分°，全高 15 分°，厚 10 分°。前端搭交位置做山压檐 90°十字卡腰刻口宽 10 分°，中位对应刻口宽 8 分°、深 8 分°。中位前端搭交刻口，上口深 7 分°，下口深 7 分°，留腰 7 分°，其上按照斜挑斡昂的宽度刻出 45°三卡腰刻口。中位后端做出 1/2 的瓜子栱。

第一跳搭交慢栱，长 96 分°，全高 15 分°，厚 10 分°。前端搭交位置做山压檐 90°十字卡腰刻口宽 10 分°，中位对应刻口宽 8 分°、深 8 分°。中位前端搭交刻口，上口深 7 分°，下口深 7 分°，留腰 7 分°，其上按照斜挑斡昂的宽度刻出 45°三卡腰刻口。中位后端做出 1/2 的慢栱。

第二跳搭交鸳鸯交手瓜子栱，长 103 分°，全高 15 分°，厚 10 分°。前端搭交位置做山压檐 90°十字卡腰刻口宽 10 分°，中位对应刻口宽 8 分°、深 8 分°。中位前端搭交刻口，上口深 7 分°，下口深 7 分°，留腰 7 分°，其上按照斜挑斡昂的宽度刻出 45°三卡腰刻口。中位前后端做出鸳鸯交手和端头的瓜子栱头。

第二跳搭交鸳鸯交手慢栱，长 118 分°，全高 15 分°，厚 10 分°。前端搭交位置做山压檐 90°十字卡腰刻口宽 10 分°，中位对应刻口宽 8 分°、深 8 分°。中位前端搭交刻口，上口深 7 分°，下口深 7 分°，留腰 7 分°，其上按照斜挑斡昂的宽度刻出 45°三卡腰刻口。中位前后端做出鸳鸯交手和端头的慢栱头。

第三跳搭交鸳鸯交手瓜子栱，长 129 分°，全高 15 分°，厚 10 分°。前端搭交位置做山压檐 90°十字卡腰刻口宽 10 分°，中位对应刻口宽 8 分°、深 8 分°。中位前端搭交刻口，上口深 7 分°，下口深 7 分°，留腰 7 分°，其上按照斜挑斡昂的宽度刻出 45°三卡腰刻口。中位前后端做出鸳鸯交手和端头的瓜子栱头。

第三跳搭交鸳鸯交手慢栱，长 144 分°，全高 15 分°，厚 10 分°。前端搭交位置做山压檐 90°十字卡腰刻口宽 10 分°，中位对应刻口宽 8 分°、深 8 分°。中位前端搭交刻口，上口深 7 分°，下口深 7 分°，留腰 7 分°，其上按照斜挑斡昂的宽度刻出 45°三卡腰刻口。中位前后端做出鸳鸯交手和端头的慢栱头。

第四跳搭交鸳鸯交手瓜子栱，长 55 分°，全高 15 分°，厚 10 分°。前端搭交位置做山压檐 90°十字卡腰刻口宽 10 分°，中位对应刻口宽 8 分°、深 8 分°。中位前端搭交刻口，上口深 7 分°，下口深 7 分°，留腰 7 分°，其上按照斜挑斡昂的宽度刻出 45°三卡腰刻口。中位前后端做出鸳鸯交手和端头的瓜子栱头。

第四跳搭交鸳鸯交手慢栱，长 170 分°，全高 15 分°，厚 10 分°。前端搭交位置做山压檐 90°十字卡腰刻口宽 10 分°，中位对应刻口宽 8 分°、深 8 分°。中位前端搭交刻口，上口深 7 分°，下口深 7 分°，留腰 7 分°，其上按照斜挑斡昂的宽度刻出 45°三卡腰刻口。中位前后端做出鸳鸯交手和端头的慢栱头。

首层合角挑斡昂按跳数乘坡度举斜率定长，宽 150 分°、厚 10 分°，昂嘴头高 3 分°、回 3 分°，琴面弧度凹 1 分°、泥鳅背圆 1 分°，昂头上刻出交互斗骑马刻口榫。合角挑斡昂与华头子斜搭时对应安装止滑销榫，挑斡昂上对应素枋、罗汉枋、瓜子栱刻出搭交刻口，挑斡昂后端对应斜杀耍头宽度刻出 45°三卡腰刻口做合角。

二层合角挑斡昂按跳数乘坡度举斜率定长，宽 150 分°、厚 10 分°，昂嘴头高 3 分°、回 3 分°，琴面弧度凹 1 分°、泥鳅背圆 1 分°，昂头上刻出交互斗骑马刻口榫。挑斡昂上下面对应素枋、罗汉枋、瓜子栱、慢栱刻出搭交刻口，挑斡昂后端对应斜挑斡昂宽度做出 45°合角。

三层合角挑斡昂按跳数乘坡度举斜率定长，宽 150 分°、厚 10 分°，昂嘴头高 3 分°、回 3 分°，琴面弧度凹 1 分°、泥鳅背圆 1 分°，昂头上刻出交互斗骑马刻口榫。挑斡昂上下面对应罗汉枋、慢栱、瓜子栱刻出搭交刻口，上面对应压槽枋刻出搭交刻口，挑斡昂后端对应斜挑斡昂宽度做出 45°合角。

上行斜杀耍头长 95 分°，厚 10 分°，全高 21 分°，耍头头高 15 分°。斜杀耍头前端上面慢栱位置刻口宽 10 分°做袖肩，罗汉枋、令栱位置刻口宽 10 分°、高 7 分°，刻口两面留做包肩，包肩宽同刻口，深 1 分°，令栱刻口前后留做交互斗包耳宽 3 分°、高 4 分°。前端耍头按照分七份的方法做出蚂蚱头。后端素枋随着铺作位置做出刻口。

搭交令栱长 72 分°，高 15 分°，厚 10 分°。搭交令栱与耍头相交的位置上面刻口宽 10 分°、深 8 分°，前端十字搭交令栱搭交位置做山压檐十字搭交刻口，檐面上刻口宽 10 分°、深 14 分°，山面下刻口宽 10 分°、深 7 分°。按照斜挑斡昂头的宽度 10～12 分°开出 45°搭交挑斡昂刻口，刻口深随挑斡昂斜面。令栱两端下面向里 20 分°分 5 份，向上 9 分°分 5 份做五瓣卷杀。令栱上面两端向里 1 斗口为散斗底，在散斗底的中位栽上暗销，由此向下 0.2 斗口做出平底栱眼。

八铺作转角鸳鸯交手栱分为瓜子栱交手、慢栱交手与令栱交手，做法与正身瓜子栱、令栱、慢栱相同，处在檐内合角搭接中，便会有单独栱或鸳鸯连头栱的做法，鸳鸯连头栱会按照合角搭接的长短和瓜子栱、令栱、慢栱的尺寸，选择二连合角或三连合角，交手为一个散斗底尺寸 10 分°，下面卷杀角与瓜子栱、令栱、慢栱端头对应相同。

搭交衬头木长 134 分°，高 15 分°，厚 10 分°。后端与压槽枋相交。衬头木上面十字搭交刻口宽 10 分°，上下面轴线中位十字搭交刻口，上口深 5 分°、下口深 5 分°，搭交衬头前后端做银锭榫与橑檐枋、压槽枋相交。

搭交橑檐枋长为间广加出跳 90 分°再加出际 45 分°，高 21～32 分°，厚 10 分°。山压檐搭交刻口宽 10 分°、深 10.5～16 分°。橑檐枋内侧随着衬头木位置对应做出银锭榫卯口。

罗汉枋长为间广檐外加出跳檐内减出跳，高 15 分°，厚 10 分°。外枋做银锭燕尾交于斜衬头木之上，里枋转角割角搭头。

转角一杪华栱全长 94 分°，高 21 分°，厚 10～12 分°。前后端斗盘连做，斗盘贴耳采用销榫结合，以下面中位轴线为准做出 45°交叉 90°的三卡腰刻口，刻口深 14 分°，华栱头下端向上 9 分°分 4 份，向里 16 分°分 4 份做出四瓣卷杀。

转角二杪华栱全长 171.6 分°，高 21 分°，厚 10～12 分°。前后端斗盘连做，斗盘贴耳采用销榫结合，以下面中位轴线为准做出中位与外跳搭交瓜子栱 45°交叉 90°的三卡腰刻口，刻口深 14 分°，后端做出鸳鸯交手瓜子栱合角刻口，刻口深 14 分°，前后华栱头下端向上 9 分°分 4 份，向里 16 分°分 4 份做出四瓣卷杀。

转角华头子后带华栱全长 225.8 分°，高 21 分°，厚 10～12 分°。前端随斜挑斡昂坡度斜杀，后端斗盘连做，斗盘贴耳采用销榫结合，以下面中位轴线为准做出中位素枋与内跳鸳鸯交手合角慢栱、瓜子栱刻口，刻口深 14 分°，做出外跳搭交慢栱、瓜子栱 45°交叉 90°

的三卡腰刻口，刻口深 14 分°，后端华栱头下端向上 9 分°分 4 份，向里 16 分°分 4 份做出四瓣卷杀。

转角斜杀耍头全长 181.8 分°，高 21 分°，厚 10～12 分°。前端随斜挑斡昂坡度斜杀，后端斗盘连做，斗盘贴耳采用销榫结合，以下面中位轴线为准做出素枋、里跳罗汉枋合角袖肩刻口，刻口深 3 分°，做出后端鸳鸯交手慢栱、令栱合角搭交刻口，刻口深 14 分°，后端耍头按照分七份的方法做出蚂蚱头耍头。

转角首层斜挑斡昂按跳数乘水平角度斜率再乘坡度举斜率定长，且按照后尾交点加长定尺，宽 16.3 分°、厚 10 分°，昂嘴头高 3 分°、回 3 分°，琴面弧度凹 1 分°、泥鳅背圆 1 分°，昂头上刻出平盘斗骑马刻口榫。斜挑斡昂上对应素枋、罗汉枋刻出合角搭交袖榫，对应做出鸳鸯交手瓜子栱刻出搭交刻口，斜挑斡昂后端做出斜杀截头。

转角二层斜挑斡昂按跳数乘水平角度斜率再乘坡度举斜率定长，且按照后尾交点加长定尺，宽 16.3 分°、厚 10 分°，昂嘴头高 3 分°、回 3 分°，琴面弧度凹 1 分°、泥鳅背圆 1 分°，昂头上刻出平盘斗骑马刻口榫。斜挑斡昂上对应素枋、罗汉枋刻出合角搭交袖榫，对应做出鸳鸯交手慢栱、鸳鸯交手瓜子栱刻出搭交刻口，斜挑斡昂后端根据节点需要做出斜杀截头或挑搭榫头皆可。

转角三层斜挑斡昂按跳数乘水平角度斜率再乘坡度举斜率定长，且按照后尾交点加长定尺，宽 16.3 分°、厚 10 分°，昂嘴头高 3 分°、回 3 分°，琴面弧度凹 1 分°、泥鳅背圆 1 分°，昂头上刻出平盘斗骑马刻口榫。斜挑斡昂上对应压槽枋、罗汉枋刻出合角袖榫与搭交刻口，对应做出鸳鸯交手慢栱、鸳鸯交手瓜子栱刻出搭交刻口，斜挑斡昂后端根据大木节点需要做出斜杀截头或挑搭榫头皆可。

转角四层斜挑斡昂按跳数乘水平角度斜率再乘坡度举斜率定长，且按照后尾交点加长定尺，宽 16.3 分°、厚 10 分°，昂嘴头高 3 分°、回 3 分°，琴面弧度凹 1 分°、泥鳅背圆 1 分°，昂头上刻出平盘斗骑马刻口榫。斜挑斡昂上对应罗汉枋、橑檐枋刻出合角袖榫与搭交刻口，对应做出令栱刻出搭交刻口，斜挑斡昂后端根据大木节点需要做出斜杀截头或挑搭榫头皆可。

转角斜杀衬头木长 68 分°，高 15 分°，厚 10～12 分°。前端合角罗汉枋位置做出合角刻口，前端头对应橑檐枋做出回角峰头，后端对应的挑斡斜杀即可。

枨杆（宝瓶）直径 15 分°，高与枨杆顶斜度按照昂头斗盘至大角梁底的高度定，预制前应事先预留做份。

转角方形栌斗见方 36 分°，高 20 分°，斗底高 8 分°，斗腰高 4 分°，斗耳高 8 分°，斗底做颤弧深 1 分°。转角方栌斗顺向与纵向十字刻口宽 10 分°，刻口深 8 分°，纵向刻口内做包耳（袖肩榫）厚 3 分°、高 4 分°，栌斗与转角栿梁头搭扣面按照栿梁头的宽窄尺寸刻平。

转角圆形栌斗直径 36 分°，高 20 分°，斗底高 8 分°，斗腰高 4 分°，斗耳高 8 分°，斗底做颤弧深 1 分°。转角栌斗顺向与纵向十字刻口宽 10 分°，刻口深 8 分°，纵向刻口内做包耳（袖肩榫）厚 3 分°、高 4 分°，栌斗与转角栿梁头搭扣面按照栿梁头的宽窄尺寸刻平。

转角斗盘安装在转角三搭交的转角华栱头、批竹昂头之上，承托上层搭交构件，宽与广见方 18 分°、厚 6 分°，盘顶厚 2 分°、盘底厚 4 分°，盘底做颤弧深 0.5 分°。斗底栽销座插在华栱、批竹昂头之上，斗盘连做时贴耳应采用燕尾销榫插接。

齐心斗、散斗、交互斗做法与正身铺作相同。

转角斗栱各类构件在使用样板套画过线后，用锯刺出昂嘴、蚂蚱头，刺出栱瓣，用小锯开出槽口、榫卯，然后再用凿子、扁铲剔出槽口、榫卯，最后用刨子刮平，小刨子净光，分类码放，以备组装。

八铺作转角斗栱的各类构件制作完成，应按照顺序进行试组装，然后按照组装的顺序编号并写在构件上，再以转角位置进行大编号，编号完成后以整朵为单位存放，为在建筑安装时做好准备，预防安装出现错位，造成质量问题。

十、五铺作重栱出上昂挑斡斗栱

（一）计心造正身铺作

五铺作重栱出上昂挑斡斗栱通常铺作在建筑内槽之中，其上承托平棊天花。亦可用于外檐平坐层缠柱造，很少在外檐铺作中使用。一般会根据外槽、内槽平棊天花位置，选择上昂挑斡斗栱的里外面的做法。最下面第一层是栌斗，第二层横向泥道栱与纵向华栱十字搭交卡入下面栌斗之中，泥道栱两端装安散斗，华栱的两端头安装交互斗。第三层横向慢栱、内外跳瓜子栱与纵向华栱十字搭交，华栱后端做上昂挑斡，则华栱后端出头做成杀角反斜面，承压上昂挑斡。令栱与瓜子栱两端安装散斗，华栱前端安装交互斗。第四层横向素枋内外跳慢栱、令栱与纵向后反斜面斜杀要头木十字搭交，第五层横向铺装素枋、橑檐枋、罗汉枋与纵向后要头木十字搭交，上昂挑起安置在里跳二层以上五层以下的三层、四层之间，第六层横向平棊枋与竖向衬头木钉银锭搭交，叠合在第五层之上，其上置压槽枋。

五铺作重栱出上昂挑斡斗栱里外跳可随着需要加以调整，通常外跳的第一跳保持 30 分°且不大于 30 分°，从外跳第二跳以外与里跳则根据需要调整缩减，调整分°数变化控制在 22 分°～28 分°之中选择（图 5-10-1、图 5-10-2）。

泥道栱长 62 分°，高 15 分°，厚 10 分°。泥道栱中位上面刻口宽 8 分°、深 10 分°，两端上面向里 10 分°为散斗底，散斗底的中位应栽上暗销。在泥道栱中位按照齐心斗底和散斗底的尺寸向下 2 分°画线，此线以上做平底栱眼。泥道栱两端下面向里 12 分°分 4 份，向上 9 分°分 4 份做四瓣卷杀，两端做出栱眼板槽口深 1～1.5 分°。

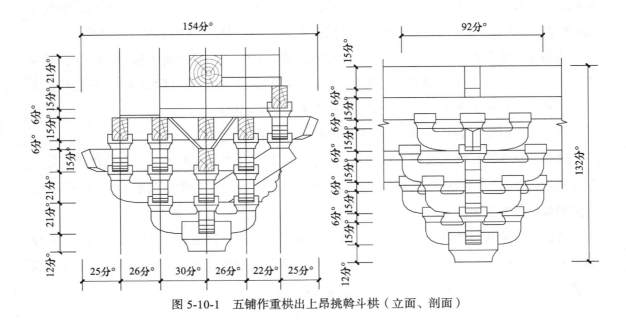

图 5-10-1　五铺作重栱出上昂挑斡斗栱（立面、剖面）

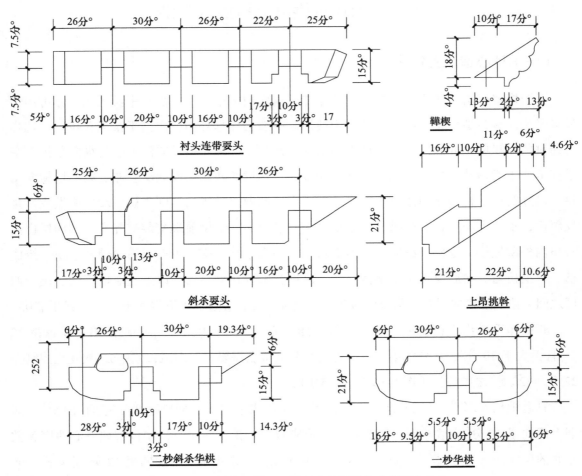

图 5-10-2　五铺作重栱出上昂正身补间铺作斗栱部分构件

慢栱长 92 分°，高 15 分°，厚 10 分°。慢栱中位上面刻口宽 8 分°、深 10 分°，两端上面向里 10 分°为散斗底，散斗底的中位应栽上暗销。在慢栱中位按照齐心斗底和散斗底的尺寸向下 2 分°画线，此线以上做平底栱眼。慢栱两端下面向里 12 分°分 4 份，向上 9 分°分 4 份做四瓣卷杀，两端做出栱眼板槽口深 1～1.5 分°。

瓜子栱长 62 分°，高 15 分°，厚 10 分°。瓜子栱中位上面刻口宽 8 分°、深 10 分°，两端上面向里 10 分°为散斗底，散斗底的中位应栽上暗销。在瓜子栱中位按照齐心斗底和散斗底的尺寸向下 2 分°画线，此线以上做平底栱眼。泥道栱两端下面向里 16 分°分 4 份，向上 9 分°分 4 份做四瓣卷杀。

令栱长 72 分°，高 15 分°，厚 10 分°，令栱中位上面刻口宽 8 分°、深 10 分°，两端上面向里 10 分°为散斗底，散斗底的中位应栽上暗销。在令栱中位按照齐心斗底和散斗底的尺寸向下 2 分°画线，此线以上做平底栱眼。令栱两端下面向里 20 分°分 5 份，向上 9 分°分 5 份做五瓣卷杀。

华栱一跳全长 68 分°，全高 21 分°，栔高 6 分°，厚 10 分°。中位线下面刻口宽根据泥道栱厚度而定，刻口宽 10 分°，高 5 分°，华栱中位两面留做泥道栱包肩，包肩宽同刻口，深 1 分°，刻口前后按照栌斗刻口内包耳尺寸高 4 分°、厚 3 分°做出包耳刻口。华栱两端上面向下 6 分°、向里 12 分°为交互斗底，由两端上面向里 14 分°为交互斗腰，由此向下做出交互斗腰位置刻口，最后在交互斗底的中位栽上暗销。在华栱中位按照齐心斗的尺寸两面画线，由交互斗底边线和齐心斗底边线向下 2 分°画线，此线以上做平底栱眼。华栱两端头下面向里 16 分°分 4 份，向上 9 分°分 4 份做四瓣卷杀。

二跳斜杀华栱全长 81.3 分°，高 21 分°，厚 10 分°。中位线下面刻口宽根据正慢栱厚度而定，刻口宽 10 分°，高 5 分°，华栱中位前端 30 分°瓜子栱位置刻口宽 10 分°，高 5 分°，华栱前端上面向下 6 分°、向里 12 分°为交互斗底，由前端上面向里 14 分°为交互斗腰，由此向下做出交互斗腰位置刻口，最后在交互斗底的中位栽上暗销。在华栱中位按照齐心斗的尺寸两面画线，由交互斗底边线和齐心斗底边线向下 2 分°画线，此线以上做平底栱眼。华栱前端头下面向里 16 分°分 4 份，向上 9 分°分 4 份做四瓣卷杀。华栱后端则是按照上昂挑斡斜度下杀大角，杀角上凿卯栽上止滑销榫。

上昂挑斡宽 15 分°、厚 10 分°，上昂挑斡水平长 53.6 分°，昂头上端安置交互斗。

鞾楔水平长 30 分°，宽、厚 10 分°，下角刻出交互斗包耳，插入瓜子栱刻口中紧贴上昂挑斡，底面做成顶珠莲花式。

反斜杀耍头长 131 分°，高 21 分°，厚 10 分°。第一外跳 30 分°，其他内外跳则按需调整，其中蚂蚱头长 25 分°，蚂蚱头高 15 分°。斜杀耍头从中位线素枋刻口位置向两端按照、慢栱、令栱位置刻口，宽 10 分°，高 5 分°，两面留做慢栱、令栱包肩，包肩宽同刻口，深 1 分°。令栱刻口前后按照交互斗耳做出包耳刻口，前端蚂蚱头按照分七份的方法做出蚂蚱头，后端则是按照上昂挑斡斜度下杀大角，杀角上凿卯栽上止滑销榫。

外衬头木连做耍头全长 129 分°（包括榫长），高 15 分°，厚 10 分°。衬头木底面中位素枋位置向两端做出位素枋、罗汉枋刻口，刻口宽 10 分°，高 7.5 分°，两面留做罗汉枋包肩，包肩宽同刻口，深 1 分°。前端做银锭榫与橑檐枋相交，银锭榫长 5 分°，榫乍角为榫长的 1.5/10。后端罗汉枋以外做出令栱刻口，刻口以外按照分七份的方法做出蚂蚱头即可。

杀截衬头木全长 77 分°（包括榫长），高 15 分°，厚 10 分°。耍头里跳做银锭与罗汉枋钉头扣搭，其上承托压槽枋。

素枋高 15 分°，厚 10 分°，长随开间定尺。素枋随着间广中斗栱铺作的分配位置在上面刻口，刻口的宽度 8 分°，深 7.5 分°。

罗汉枋高 15 分°，厚 10 分°，长随开间定尺。罗汉枋随着间广斗栱铺作的分配位置，在内侧对应衬头木银锭榫做出银锭卯口即可。

压槽枋截面见方 21 分°，长随间广。

栌斗广见方 32 分°，高 20 分°，斗底高 8 分°，斗腰高 4 分°，斗耳高 8 分°，斗底做颛弧深 1 分°。栌斗顺向刻口广 10 分°，纵向刻口广 10 分°，刻口深 8 分°，刻口内做包耳（袖肩榫）厚 3 分°高 4 分°。按照栱眼板尺寸在栌斗顺身两端做出栱眼板槽口，槽口深 1～1.3 分°。

齐心斗见方 16 分°，高 10 分°，斗底高 4 分°，斗腰高 2 分°，斗耳高 4 分°、厚 3 分°。斗底做颛弧深 0.5 分°，齐心斗顺向刻口广 10 分°，刻口深 4 分°。

散斗广 14 分°，宽 16 分°，高 10 分°，斗底高 4 分°，斗腰高 2 分°，斗耳高 4 分°、厚 3 分°，斗底做颛弧深 0.5 分°。散斗顺向刻口广 10 分°，刻口深 4 分°。

交互斗广（宽）18 分°，厚 16 分°，高 10 分°，斗底高 4 分°，斗腰高 2 分°，斗耳高 4 分°、厚 3 分°，斗底做颛弧深 0.5 分°。交互斗顺向刻口广 10 分°，刻口深 4 分°。

五铺作重栱出上昂挑斡斗栱各类构件在使用样板套画过线后，用锯剌出蚂蚱头刮光、铲光，用小锯剌出卷杀，栱瓣刮光，然后用小锯开出槽口、榫卯，再用凿子、扁铲剔出槽口、榫卯，最后用小刨子净光，以备组装。

五铺作重栱出上昂挑斡斗栱的各类构件制作完成，应按照顺序进行试组装，然后按照组装的顺序编号并写在构件上，再以位置进行大编号，编号完成后以整朵为单位存放，为在建筑安装时提前做好准备，预防安装出现错位，造成质量问题。

（二）计心造转角铺作

五铺作重栱出上昂挑斡斗栱转角铺作共六层，随着所选择的里外面，转角会出现两种不同的阴阳角做法。

一是挑斡杆阳角华栱阴角，阳角华栱做法基本与五铺作重栱二杪转角斗栱铺相同，只是阴角转角为上昂挑斡做法（图 5-10-3～图 5-10-6）。

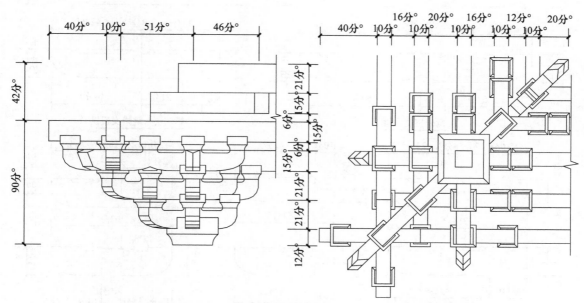

图 5-10-3　五铺作重栱出上昂转角挑斡斗栱（立面、仰视）（华栱面）

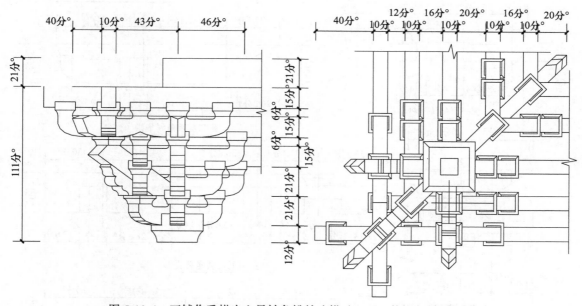

图 5-10-4　五铺作重栱出上昂转角挑斡斗栱（立面、仰视）（挑斡面）

二是华栱阳角挑斡杆阴角，阳角挑斡做法的，第一层栌斗。第二层华栱后带泥道栱十字搭交与斜头华栱三卡腰交于栌斗之中。第三层挑斡昂与鞾楔后带杀角慢栱与转角斜杀华栱，纵横向搭交瓜子栱。第四层挑斡昂、转角挑斡昂对应转角斜杀要头，纵横向素枋、搭交慢栱、鸳鸯令栱。第五层转角要头，纵横向素枋、罗汉枋、平棊枋。第六层衬头木与平棊枋以上置压槽枋（图 5-10-4）。

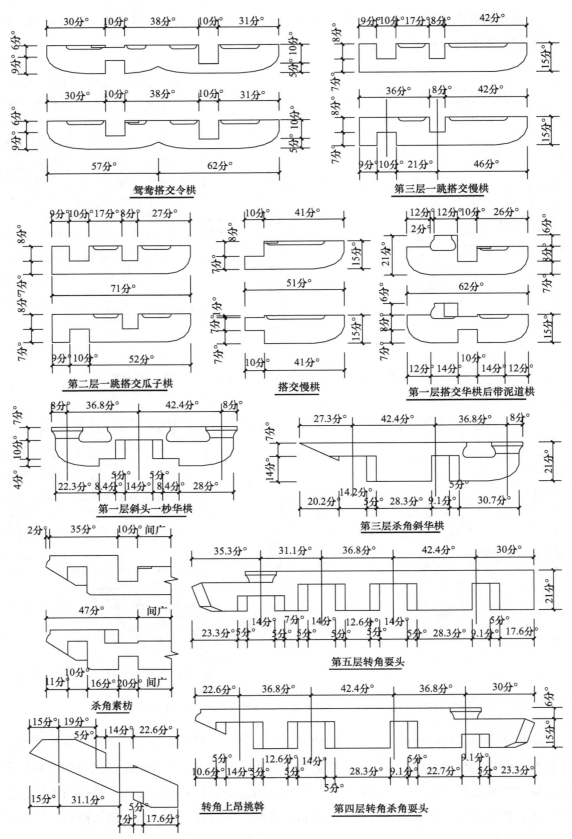

图 5-10-5　五铺作重栱出上昂转角斗栱部分构件（一）

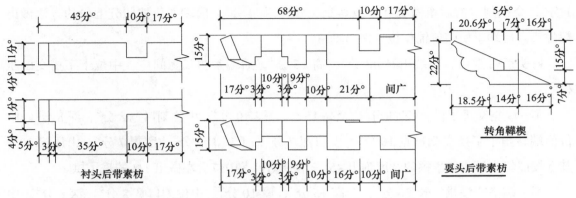

图 5-10-6　五铺作重栱出上昂转角斗栱部分构件（二）

　　五铺作重栱出上昂挑斡斗栱转角铺作每层按照里外跳瓜子栱、慢栱位置，对应斜头挑斡昂、华栱、耍头等斜构件，配套做交里外跳出搭瓜子栱、慢栱、令栱鸳鸯交手等构件都应采取山压檐做法。

　　搭交华栱后带泥道栱全长 62 分°，厚 10 分°，其中华栱长 31 分°，高 21 分°，泥道栱长 31 分°，高 15 分°。华栱前端上面向下 6 分°、向里 12 分°为交互斗底，由端头上面向里 14 分°为交互斗腰，由此向下做出交互斗腰位置刻口，最后在交互斗底的中位栽上暗销。后端泥道栱端头向里 10 分°为散斗底，在散斗底的中位栽上暗销。由散斗底边线和交互斗底边线向下 2 分°画线，此线以上做平底栱眼，搭交华栱端头下面向里 16 分°分 4 份，向上 9 分°分 4 份，做四瓣卷杀。后带泥道栱端头下面向里 12 分°分 4 份，向上 9 分°分 4 份，做四瓣卷杀。檐面华栱上面轴线中位十字搭交刻口宽 10 分°深 14 分°，山面华栱上下面轴线中位十字搭交刻口宽 10 分°，上口深 7 分°，下口深 7 分°，腰为 7 分°，山压檐 90°十字搭交。按照斜头华栱的宽度 10～12 分°开出 45°搭交斜头华栱刻口。

　　搭交慢栱，长 51 分°，全高 15 分°，厚 10 分°。前端中位三卡腰刻口宽 10 分°，上口深 14 分°，下口 7 分°，留腰 7 分°，山压檐 90°搭交，其上按照斜头昂或斜华栱的宽度刻出 45°三卡腰刻口。中位后端做出 1/2 的慢栱。

　　斜杀头后带素枋，斜杀头出跳 42 分°、高 21 分°，后端素枋长随间广，高 15 分°，厚 10 分°，前端随上昂挑斡斜度做杀角，中位线前慢栱位置做搭交刻口，刻口宽 10 分°、深 4 分°，刻袖深 1 分°，中位三卡腰刻口宽 10 分°，上口深 14 分°，下口 7 分°，留腰 7 分°，山压檐 90°搭交，其上按照斜头昂或斜华栱的宽度刻出 45°三卡腰刻口。

　　耍头后带素枋，耍头出跳 73 分°、高 21 分°，后端素枋长随间广，高 15 分°，厚 10 分°，檐面耍头上面轴线中位十字搭交上刻口宽 10 分°、深 14 分°，山面耍头下面轴线中位十字搭交刻口宽 10 分°，上口深 7 分°，下口深 7 分°，腰为 7 分°，山压檐 90°十字搭交。按照斜头华栱或昂的宽度 10～12 分开出 45°搭交斜耍头刻口，耍头前端罗汉枋位置刻口宽 10 分°、高 7 分°，令栱位置刻口宽 10 分°、高 7 分°，刻口两面留做包肩，包肩宽同刻口深

1 分°，令栱刻口前后留做交互斗包耳宽 3 分°、高 4 分°。前端耍头按照分七份的方法做出蚂蚱头。后端素枋随着铺作位置做出刻口。

衬头后带素枋，前端出跳 48 分°、高 15 分°，后端素枋长随间广，中位十字搭交山压檐。

第一跳搭交瓜子栱，长 71 分°，全高 15 分°，厚 10 分°。中位刻口宽 8 分°、深 8 分°。中位前端转角十字搭交刻口宽 10 分°，上口深 7 分°，下口深 7 分°，留腰 7 分°，山压檐 90°，其上按照斜头昂或斜华栱的宽度刻出 45°三卡腰刻口，中位后端做出 1/2 的瓜子栱。

第一跳搭交慢栱，长 86 分°，全高 15 分°，厚 10 分°。中位刻口宽 8 分°、深 8 分°。中位前端转角十字搭交刻口宽 10 分°，上口深 7 分°，下口深 7 分°，留腰 7 分°，山压檐 90°，其上按照斜头昂或斜华栱的宽度刻出 45°三卡腰刻口，中位后端做出 1/2 的慢栱。

鸳鸯搭交令栱，长 119 分°，全高 15 分°，厚 10 分°。前端搭交位置做山压檐 90°十字卡腰刻口宽 10 分°，中位对应刻口宽 8 分°、深 8 分°。中位前端搭交刻口，上口深 7 分°，下口深 7 分°，留腰 7 分°，其上按照斜挑斡昂的宽度刻出 45°三卡腰刻口。中位前后端做出鸳鸯交手和端头的令栱头。

转角一杪华栱全长 95.2 分°，高 21 分°，厚 10～12 分°。前后端斗盘连做，斗盘贴耳采用销榫结合，以下面中位轴线为准做出 45°交叉 90°的三卡腰刻口，刻口深 14 分°，华栱头下端向上 9 分°分 4 份，向里 16 分°分 4 份做出四瓣卷杀。

转角杀角斜华栱全长 114.5 分°，高 21 分°，厚 10～12 分°。后端斗盘连做，斗盘贴耳采用销榫结合，以下面中位轴线为准做出中位与内跳搭交瓜子栱 45°交叉 90°的三卡腰刻口，刻口深 14 分°，前端随着转角上昂挑斡斜度做出杀角。

转角杀角斜耍头全长 168.6 分°，高 21 分°，厚 10～12 分°。后端耍头斗盘连做，斗盘贴耳采用销榫结合，以下面中位轴线为准做出中位与内外跳搭交素枋、慢栱、令栱 45°交叉 90°的三卡腰刻口，刻口深 14 分°，前端随着转角上昂挑斡斜度做出杀角，后端按照分七份的方法做出蚂蚱头耍头。

转角耍头衬头连做全长 175.6 分°，高 21 分°，厚 10～12 分°。前端耍头斗盘连做，斗盘贴耳采用销榫结合，以下面中位轴线为准做出中位与内外跳搭交素枋、罗汉枋、平棊枋、鸳鸯搭交令栱 45°交叉 90°的三卡腰刻口，刻口深 14 分°，前端端按照分七份的方法做出蚂蚱头耍头，后端随鸳鸯搭交令栱合角做出合角槽口。

转角上昂挑斡，水平长 75.6 分°随仰起定高，厚 10～12 分°。按照瓜子栱定位置刻口，顶端做出斗盘平底即可。

转角鞾楔，水平长 48.5 分°，高 22 分°，厚 10～12 分°，下端卡入斗内紧贴上昂挑斡，底面做成顶珠莲花式。

转角方形栌斗见方 36 分°，高 20 分°，斗底高 8 分°，斗腰高 4 分°，斗耳高 8 分°，斗底做䫜弧深1分°。转角方栌斗顺向与纵向十字刻口宽10分°，刻口深8分°，纵向刻口内做包耳（袖肩榫）厚3分°、高4分°，栌斗与转角栿梁头搭扣面按照栿梁头的宽窄尺寸刻平。

转角圆形栌斗直径36分°，高20分°，斗底高8分°，斗腰高4分°，斗耳高8分°，斗底做䫜弧深1分°。转角栌斗顺向与纵向十字刻口宽10分°，刻口深8分°，纵向刻口内做包耳（袖肩榫）厚3分°、高4分°，栌斗与转角栿梁头搭扣面按照栿梁头的宽窄尺寸刻平。

转角斗盘安装在转角三搭交的转角华栱头、上昂挑斡头之上，承托上层搭交构件，宽与广见方18分°、厚6分°，盘顶厚2分°、盘底厚4分°，盘底做䫜弧深0.5分°。斗底栽销座插在华栱、批竹昂头之上，斗盘连做时贴耳应采用燕尾销榫插接。

齐心斗、散斗、交互斗做法与正身铺作相同。

转角斗栱各类构件在使用样板套画过线后，用锯剌出昂嘴、蚂蚱头，剌出栱瓣，用小锯开出槽口、榫卯，然后再用凿子、扁铲剔出槽口、榫卯，最后用刨子刮平，小刨子净光，分类码放以备组装。

五铺作转角上昂挑斡斗栱的各类构件制作完成，应按照顺序进行试组装，然后按照组装的顺序编号并写在构件上，再以转角位置进行大编号，编号完成后以整朵为单位存放，为在建筑安装时做好准备，预防安装出现错位，造成质量问题。

十一、六铺作重栱出上昂挑斡斗栱

（一）内档骑斗偷心跳正身铺作

六铺作重栱出上昂挑斡斗栱是铺作在内槽之中的斗栱，其上承托平綦天花。亦可用于平坐层缠柱造，最下面第一层是栌斗，第二层横向泥道栱与纵向华栱十字搭交卡入下面栌斗之中，泥道栱两端装安散斗，华栱的两端头安装交互斗。第三层横向慢栱、外跳瓜子栱与纵向华栱十字搭交，华栱一端不使瓜子栱为偷心跳做法。第四层横向内素枋外跳慢栱、瓜子栱与纵向华栱十字搭交，华栱一端做上昂挑斡，则华栱另一端出头做成杀角反斜面，承压上昂挑斡。瓜子栱与慢栱两端安装散斗，华栱前端安装交互斗。第五层横向罗汉枋内外跳慢栱、瓜子栱、令栱与纵向后反斜面杀角耍头木十字搭交，第六层横向铺装素枋、罗汉枋、慢栱、令栱与纵向前衬头后耍头木十字搭交，上昂挑斡安置在里跳三层以上六层以下的四层、五层之间，第七层横向罗汉枋、平綦枋与竖向衬头木钉子银锭榫搭交，叠合在第六层之上，其上置压槽枋（图5-11-1、图5-11-2）。

六铺作重栱出上昂挑斡斗栱里外跳可随着需要加以调整，通常外跳的第一跳保持30分°

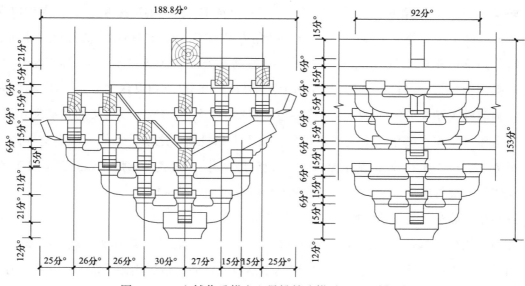

图 5-11-1　六铺作重栱出上昂挑斡斗栱（立面、剖面）

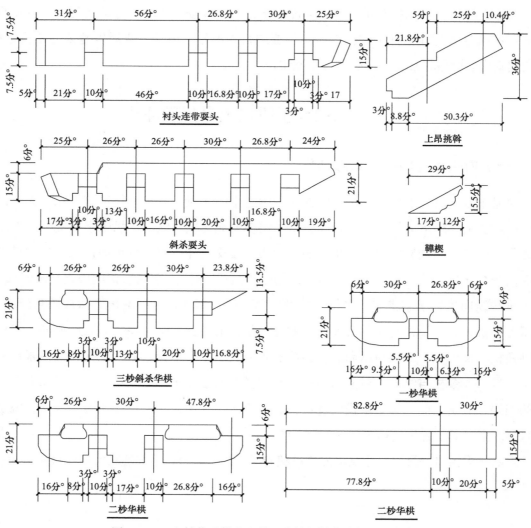

图 5-11-2　六铺作重栱出上昂正身补间铺作斗栱部分构件

不变，从外跳第二跳以外与里跳则根据需要调整缩小，调整变化控制在 28 分°、27 分°、26 分°、22 分°之中选择（图 5-11-1）。

泥道栱长 62 分°，高 15 分°，厚 10 分°。泥道栱中位上面刻口宽 8 分°、深 10 分°，两端上面向里 10 分°为散斗底，散斗底的中位应栽上暗销。在泥道栱中位按照齐心斗底和散斗底的尺寸向下 2 分°画线，此线以上做平底栱眼。泥道栱两端下面向里 12 分°分 4 份，向上 9 分°分 4 份做四瓣卷杀，两端做出栱眼板槽口深 1～1.5 分°。

慢栱长 92 分°，高 15 分°，厚 10 分°。慢栱中位上面刻口宽 8 分°、深 10 分°，两端上面向里 10 分°为散斗底，散斗底的中位应栽上暗销。在慢栱中位按照齐心斗底和散斗底的尺寸向下 2 分°画线，此线以上做平底栱眼。慢栱两端下面向里 12 分°分 4 份，向上 9 分°分 4 份做四瓣卷杀，两端做出栱眼板槽口深 1～1.5 分°。

瓜子栱长 62 分°，高 15 分°，厚 10 分°。瓜子栱中位上面刻口宽 8 分°、深 10 分°，两端上面向里 10 分°为散斗底，散斗底的中位应栽上暗销。在瓜子栱中位按照齐心斗底和散斗底的尺寸向下 2 分°画线，此线以上做平底栱眼。泥道栱两端下面向里 16 分°分 4 份，向上 9 分°分 4 份做四瓣卷杀。

令栱长 72 分°，高 15 分°，厚 10 分°，令栱中位上面刻口宽 8 分°、深 10 分°，两端上面向里 10 分°为散斗底，散斗底的中位应栽上暗销。在令栱中位按照齐心斗底和散斗底的尺寸向下 2 分°画线，此线以上做平底栱眼。令栱两端下面向里 20 分°分 5 份，向上 9 分°分 5 份做五瓣卷杀。

华栱一跳全长 68.8 分°，全高 21 分°，絜高 6 分°，厚 10 分°。中位线下面刻口宽根据泥道栱厚度而定，刻口宽 10 分°，高 7.5 分°，华栱中位两面留做泥道栱包肩，包肩宽同刻口，深 1 分°，刻口前后按照栌斗刻口内包耳尺寸高 4 分°、厚 3 分°做出包耳刻口。华栱两端上面向下 6 分°、向里 12 分°为交互斗底，由两端上面向里 14 分°为交互斗腰，由此向下做出交互斗腰位置刻口，最后在交互斗底的中位栽上暗销。在华栱中位按照齐心斗的尺寸两面画线，由交互斗底边线和齐心斗底边线向下 2 分°画线，此线以上做平底栱眼。华栱两端头下面向里 16 分°分 4 份，向上 9 分°分 4 份做四瓣卷杀。

华栱二跳全长 109.8 分°，全高 21 分°，絜高 6 分°，厚 10 分°。中位线下面刻口宽根据慢栱厚度而定，刻口宽 10 分°，高 7.5 分°，华栱中位前端 30 分°瓜子栱位置刻口宽 10 分°，高 7.5 分°，华栱前后端上面向下 6 分°、向里 12 分°为交互斗底，由前后端上面向里 14 分°为交互斗腰，由此向下做出交互斗腰位置刻口，最后在交互斗底的中位栽上暗销。在华栱中位按照齐心斗的尺寸两面画线，由交互斗底边线和齐心斗底边线向下 2 分°画线，此线以上做平底栱眼。华栱前后端头下面向里 16 分°分 4 份，向上 9 分°分 4 份做四瓣卷杀。华栱后端偷去瓜子栱，长短偷半跳，其他做法与前端相同。

华栱三跳杀角全长 111.8 分°，高 21 分°，厚 10 分°。中位线下面刻口宽根据正中素枋厚度而定，刻口宽 10 分°，高 7.5 分°，华栱中位前端慢栱、瓜子栱位置刻口宽 10 分°，高 7.5 分°，华栱前端上面向下 6 分°、向里 12 分°为交互斗底，由前端上面向里 14 分°为交互斗腰，由此向下做出交互斗腰位置刻口，最后在交互斗底的中位栽上暗销。在华栱中位按照齐心斗的尺寸两面画线，由交互斗底边线和齐心斗底边线向下 2 分°画线，此线以上做平底栱眼。华栱前端头下面向里 16 分°分 4 份，向上 9 分°分 4 份做四瓣卷杀。华栱后端则是按照上昂挑斡斜度做杀角，杀角上凿卯栽上止滑销榫。

斜杀耍头长 157.8 分°，高 21 分°，厚 10 分°。第一外跳 30 分°，其他内外跳则按需调整，其中蚂蚱头长 25 分°、高 15 分°，斜杀耍头从中位线慢栱刻口宽 10 分°，高 7.5 分°，中位线前端按照罗汉枋、慢栱、令栱位置刻口，宽 10 分°，高 7.5 分°，两面留做慢栱、令栱包肩，包肩宽同刻口，深 1 分°。令栱刻口前后按照交互斗耳做出包耳刻口，前端蚂蚱头按照分七份的方法做出蚂蚱头即可。中位线后端按照瓜子栱刻口宽 10 分°，高 5 分°，其后做反斜杀角。

上昂挑斡宽 15 分°、厚 10 分°，上昂挑斡水平长 62.2 分°，昂头上端安置交互斗。

靻楔长 29 分°，高 15.5 分°，厚 10 分°，下角插入连珠斗刻口中紧贴上昂挑斡，底面做成顶珠莲花式。

外衬头木里耍头全长 168.8 分°（包括榫长），高 15 分°，厚 10 分°。衬头木底面中位素枋位置向前端作出位罗汉枋刻口，刻口宽 10 分°，高 7.5 分°，两面留做罗汉枋包肩，包肩宽同刻口，深 1 分°。前端做银锭榫与撩檐枋相交，银锭榫长 5 分°，榫乍角为榫长的 1.5/10。后端素枋中位以外做出慢栱、令栱刻口，刻口以外按照分七份的方法做出蚂蚱头即可。

外截头衬头木全长 112.8 分°（包括榫长），高 15 分°，厚 10 分°。耍头里跳罗汉枋刻口宽 10 分°，深 7.5 分°。端头做银锭与外端罗汉枋钉头扣搭，其上承托压槽枋。

素枋高 15 分°，厚 10 分°，长随开间定尺。素枋随着间广中斗栱铺作的分配位置在上面刻口，刻口的宽度 8 分°，深 7.5 分°。

罗汉枋高 15 分°，厚 10 分°，长随开间定尺。罗汉枋随着间广斗栱铺作的分配位置，在内侧对应衬头木银锭榫做出银锭卯口即可。

压槽枋截面见方 21 分°，长随间广。

栌斗广见方 32 分°，高 20 分°，斗底高 8 分°，斗腰高 4 分°，斗耳高 8 分°，斗底做颤弧深 1 分°。栌斗顺向刻口广 10 分°，纵向刻口广 10 分°，刻口深 8 分°，刻口内做包耳（袖肩榫）厚 3 分°、高 4 分°。按照栱眼板尺寸在栌斗顺身两端做出栱眼板槽口，槽口深 1~1.3 分°。

齐心斗见方 16 分°，高 10 分°，斗底高 4 分°，斗腰高 2 分°，斗耳高 4 分°、厚 3 分°。斗底做颤弧深 0.5 分°，齐心斗顺向刻口广 10 分°，刻口深 4 分°。

散斗广 14 分°，宽 16 分°，高 10 分°，斗底高 4 分°，斗腰高 2 分°，斗耳高 4 分°、厚 3 分°，斗底做颛弧深 0.5 分°。散斗顺向刻口广 10 分°，刻口深 4 分°。

交互斗广（宽）18 分°，厚 16 分°，高 10 分°，斗底高 4 分°，斗腰高 2 分°，斗耳高 4 分°、厚 3 分°，斗底做颛弧深 0.5 分°。交互斗顺向刻口广 10 分°，刻口深 4 分°。

连珠斗宽与广 16 分°，高 20 分°，外形做法如同两个齐心斗重叠在一起，上斗开槽口宽 10 分°，深 4 分°。

六铺作重栱出上昂挑斡斗栱各类构件在使用样板套画过线后，用锯刺出蚂蚱头刮光、铲光，用小锯刺出卷杀栱瓣刮光，然后用小锯开出槽口、榫卯，再用凿子、扁铲剔出槽口、榫卯，最后用小刨子净光，以备组装。

六铺作重栱出上昂挑斡斗栱的各类构件制作完成，应按照顺序进行试组装，然后按照组装的顺序编号并写在构件上，再以位置进行大编号，编号完成后以整朵为单位存放，为在建筑安装时提前做好准备，预防安装出现错位，造成质量问题。

（二）内档骑斗偷心跳转角铺作

六铺作重栱出上昂挑斡斗栱转角铺作共七层，随着所选择的里外面，转角会出现两种不同的阴阳角做法：

一是挑斡杆阳角华栱阴角，阳角华栱做法基本与五铺作重栱二秒转角斗栱铺相同，只是阴角转角为上昂挑斡做法（图 5-11-3～图 5-11-6）。

二是华栱阳角挑斡杆阴角，阳角挑斡做法的，第一层栌斗。第二层华栱后带泥道栱十字搭交与斜头华栱三卡腰交于栌斗之中。第三层挑斡昂与鞾楔后带杀角慢栱与转角斜杀华

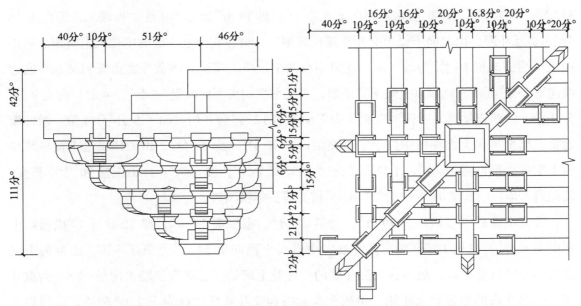

图 5-11-3　六铺作重栱出上昂转角挑斡斗栱（立面、仰视）（华栱面）

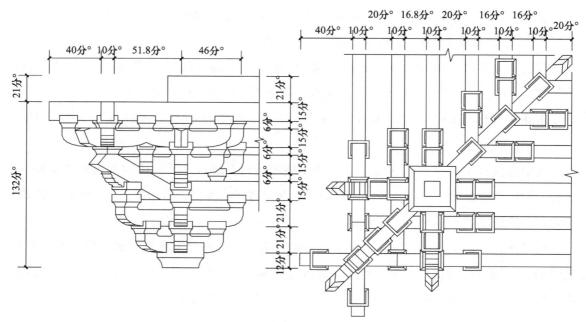

图 5-11-4　六铺作重栱出上昂转角挑斡斗栱（立面、仰视）（挑斡面）

栱，纵横向搭交瓜子栱。第四层挑斡昂、转角挑斡昂对应转角斜杀耍头，纵横向素枋、搭交慢栱、鸳鸯令栱。第五层转角耍头，纵横向素枋、罗汉枋、平棊枋。第六层衬头木与平棊枋以上置压槽枋（图 5-11-4）。

六铺作重栱出上昂挑斡斗栱转角铺作每层按照里外跳瓜子栱、慢栱位置，对应斜头挑斡昂、华栱、耍头等斜构件，配套做交里外跳出搭瓜子栱、慢栱、令栱鸳鸯交手等构件都应采取山压檐做法。

搭交华栱后带泥道栱全长 64 分°，厚 10 分°，其中华栱长 31 分°，高 21 分°，泥道栱长 31 分°，高 15 分°。华栱前端上面向下 6 分°、向里 12 分°为交互斗底，由端头上面向里 14 分°为交互斗腰，由此向下做出交互斗腰位置刻口，最后在交互斗底的中位栽上暗销。后端泥道栱端头向里 10 分°为散斗底，在散斗底的中位栽上暗销。由散斗底边线和交互斗底边线向下 2 分°画线，此线以上做平底栱眼，搭交华栱端头下面向里 16 分°分 4 份，向上 9 分°分 4 份，做四瓣卷杀。后带泥道栱端头下面向里 12 分°分 4 份，向上 9 分°分 4 份，做四瓣卷杀。檐面华栱上面轴线中位十字搭交刻口宽 10 分°、深 14 分°，山面华栱上下面轴线中位十字搭交刻口宽 10 分°，上口深 7 分°，下口深 7 分°，腰为 7 分°，山压檐 90°十字搭交。按照斜头华栱的宽度 10～12 分°开出 45°搭交斜头华栱刻口。

搭交华栱后带慢栱，长 79 分°，全高 21 分°，慢栱高 15 分°，厚 10 分°。华栱前端上面向下 6 分°、向里 12 分°为交互斗底，由端头上面向里 14 分°为交互斗腰，由此向下做出交互斗腰位置刻口，最后在交互斗底的中位栽上暗销。后端慢栱端头向里 10 分°为散斗底，在散斗底的中位栽上暗销。由散斗底边线和交互斗底边线向下 2 分°画线，此线以上

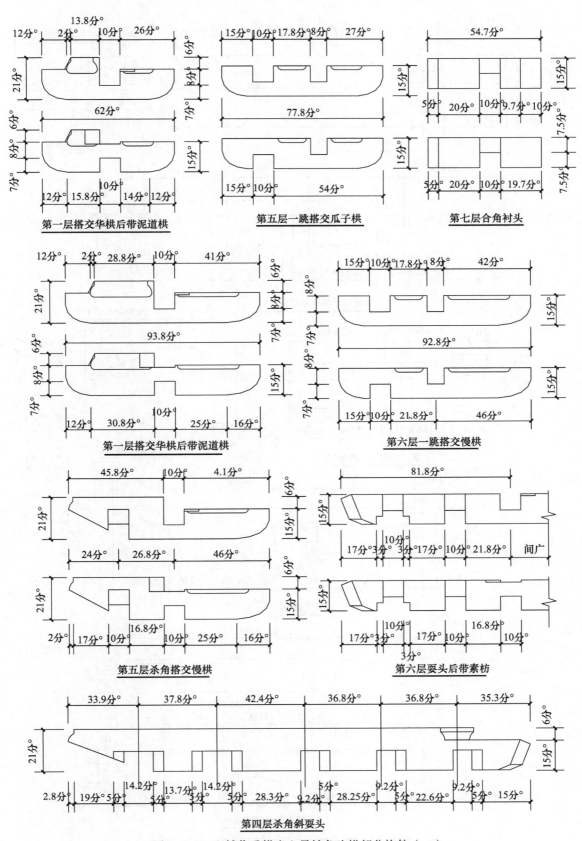

第一层搭交华栱后带泥道栱

第五层一跳搭交瓜子栱

第七层合角衬头

第一层搭交华栱后带泥道栱

第六层一跳搭交慢栱

第五层杀角搭交慢栱

第六层耍头后带素枋

第四层杀角斜耍头

图 5-11-5　六铺作重栱出上昂转角斗栱部分构件（一）

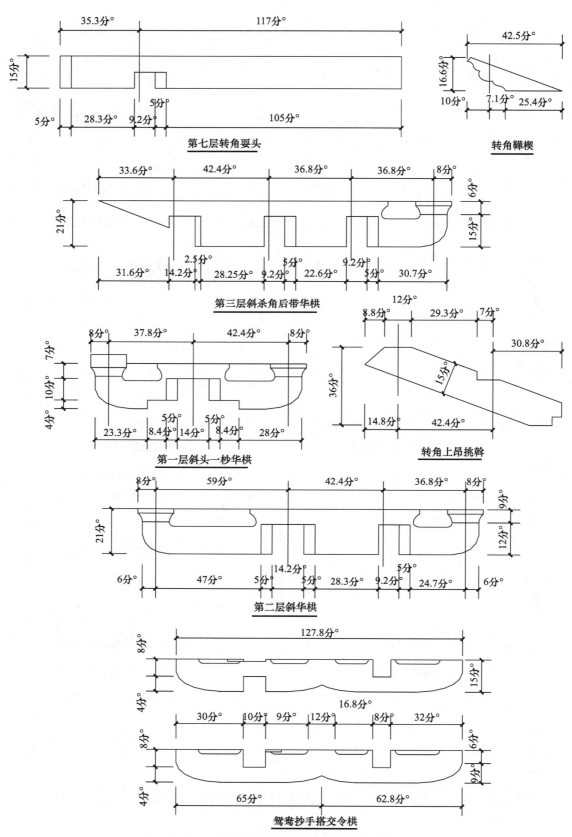

第七层转角耍头

转角鞾楔

第三层斜杀角后带华栱

第一层斜头一杪华栱

转角上昂挑斡

第二层斜华栱

鸳鸯抄手搭交令栱

图 5-11-6　六铺作重栱出上昂转角斗栱部分构件（二）

做平底栱眼，搭交华栱端头下面向里 16 分°分 4 份，向上 9 分°分 4 份，做四瓣卷杀。后带慢栱端头下面向里 12 分°分 4 份，向上 9 分°分 4 份，做四瓣卷杀。檐面华栱上面轴线中位十字搭交刻口宽 10 分°、深 14 分°，山面华栱上下面轴线中位十字搭交刻口宽 10 分°，上口深 7 分°，下口深 7 分°，腰为 7 分°，山压檐 90°十字搭交。按照斜头华栱的宽度 10～12 分°上面开出 45°搭交斜头华栱三卡腰刻口。中位线前端瓜子栱位置刻口宽 10 分°、深 7 分°，刻口前后刻出交互斗包耳槽口，槽口宽 3 分°、高 4 分°。

斜杀头后带幔长 96.8 分°，全高 21 分°，斜杀头出跳 50.8 分°，后端素枋长随间广，高 15 分°，厚 10 分°，前端随上昂挑幹斜度做杀角，中位线前瓜子栱位置做搭交刻口，刻口宽 10 分°、深 4 分°，刻袖深 1 分°，中位三卡腰刻口宽 10 分°，上口深 14 分°，下口深 7 分°，留腰 7 分°，山压檐 90°搭交，其上按照转角耍头的宽度刻出 45°三卡腰刻口。

耍头后带素枋，耍头出跳 81.8 分°、高 15 分°，后端素枋长随间广，厚 10 分°，檐面耍头上面轴线中位十字搭交上刻口宽 10 分°、深 8 分°，山面耍头下面轴线中位十字搭交刻口宽 10 分°，下口深 7 分°，腰为 7 分°，山压檐 90°十字搭交。按照斜耍头的宽度 10～12 分°开出 45°搭交斜耍头刻口，耍头前端罗汉枋位置刻口宽 10 分°、高 7 分°，令栱位置刻口宽 10 分°、高 7 分°，刻口两面留做包肩，包肩宽同刻口，深 1 分°，令栱刻口前后留做交互斗包耳宽 3 分°、高 4 分°。前端耍头按照分七份的方法做出蚂蚱头。后端素枋随着铺作位置做出刻口。

衬头后带素枋，前端出跳 47 分°、高 15 分°，后端素枋长随间广，中位十字搭交山压檐。

第一跳搭交瓜子栱，长 77.8 分°，全高 15 分°，厚 10 分°。中位刻口宽 8 分°、深 8 分°。中位前端转角十字搭交刻口宽 10 分°，上口深 7 分°，下口深 7 分°，留腰 7 分°，山压檐 90°，其上按照斜头昂或斜华栱的宽度刻出 45°三卡腰刻口，中位后端做出 1/2 的瓜子栱。

第一跳搭交慢栱，长 92.8 分°，全高 15 分°，厚 10 分°。中位刻口宽 8 分°、深 8 分°。中位前端转角十字搭交刻口宽 10 分°，上口深 7 分°，下口深 7 分°，留腰 7 分°，山压檐 90°，其上按照斜头昂或斜华栱的宽度刻出 45°三卡腰刻口，中位后端做出 1/2 的慢栱。

第二跳搭交令栱，长 127.8 分°，全高 15 分°，厚 10 分°。中位刻口宽 8 分°、深 8 分°。中位前端转角十字搭交刻口宽 10 分°，上口深 7 分°，下口深 7 分°，留腰 7 分°，山压檐 90°，其上按照斜耍头的宽度刻出 45°三卡腰刻口，前后两端做出令栱卷杀头。

转角一秒华栱全长 96.2 分°，高 21 分°，厚 10～12 分°。前端做散斗，后端斗盘连做，斗盘贴耳采用销榫结合，以下面中位轴线为准做出 45°交叉 90°的三卡腰刻口，刻口深 14 分°，华栱头下端向上 9 分°分 4 份，向里 16 分°分 4 份做出四瓣卷杀。

转角二秒华栱全长 154.2 分°，高 21 分°，厚 10～12 分°。前后端斗盘连做，斗盘贴耳采用销榫结合，以下面中位轴线为准做出中位与里跳搭交瓜子栱 45°交叉 90°的三卡腰刻口，刻口深 14 分°，前后华栱头下端向上 9 分°分 4 份，向里 16 分°分 4 份做出四瓣卷杀。

转角杀角斜华栱全长 157.6 分°，高 21 分°，厚 10～12 分°。后端斗盘连做，斗盘贴耳采用销榫结合，以下面中位轴线为准做出中位与内跳搭交慢栱、瓜子栱 45°交叉 90°的三卡腰刻口，刻口深 14 分°，前端随着转角上昂挑斡斜度做出杀角。

转角杀角斜耍头全长 223 分°，高 21 分°，厚 10～12 分°。后端耍头斗盘连做，斗盘贴耳采用销榫结合，以下面中位轴线为准做出中位与内外跳搭交素枋、慢栱、瓜子栱、鸳鸯搭交令栱 45°交叉 90°的三卡腰刻口，刻口深 14 分°，前端随着转角上昂挑斡斜度做出杀角，后端按照分七份的方法做出蚂蚱头耍头。

转角衬头全长 152.3 分°，高 15 分°，厚 10～12 分°。以下面中位轴线为准做出中位与外跳搭罗汉枋、平棊枋、45°交叉 90°的卡腰刻口，刻口深 7 分°，前端随平棊搭交角度做出合角槽口。

转角上昂挑斡，水平长 88 分°随仰起定高°，厚 10～12 分°。按照瓜子栱定位置刻口，顶端做出斗盘平底即可。

转角䫜楔，水平长 42.5 分°，高 16.6 分°，厚 10～12 分°，下端卡入斗内紧贴上昂挑斡，底面做成顶珠莲花式。

转角方形栌斗见方 36 分°，高 20 分°，斗底高 8 分°，斗腰高 4 分°，斗耳高 8 分°，斗底做颬弧深 1 分°。转角方栌斗顺向与纵向十字刻口宽 10 分°，刻口深 8 分°，纵向刻口内做包耳（袖肩榫）厚 3 分°、高 4 分°，栌斗与转角栿梁头搭扣面按照栿梁头的宽窄尺寸刻平。

转角圆形栌斗直径 36 分°，高 20 分°，斗底高 8 分°，斗腰高 4 分°，斗耳高 8 分°，斗底做颬弧深 1 分°。转角栌斗顺向与纵向十字刻口宽 10 分°，刻口深 8 分°，纵向刻口内做包耳（袖肩榫）厚 3 分°、高 4 分°，栌斗与转角栿梁头搭扣面按照栿梁头的宽窄尺寸刻平。

转角斗盘安装在转角三搭交的转角华栱头、上昂挑斡头之上，承托上层搭交构件，宽与广见方 18 分°、厚 6 分°，盘顶厚 2 分°、盘底厚 4 分°，盘底做颬弧深 0.5 分°。斗底栽销座插在华栱、批竹昂头之上，斗盘连做时贴耳应采用燕尾销榫插接。

齐心斗、散斗、交互斗做法与正身铺作相同。

转角斗栱各类构件在使用样板套画过线后，用锯剌出昂嘴、蚂蚱头，剌出栱瓣，用小锯开出槽口、榫卯，然后再用凿子、扁铲剔出槽口、榫卯，最后用刨子刮平，小刨子净光，分类码放，以备组装。

六铺作转角上昂挑斡斗栱的各类构件制作完成，应按照顺序进行试组装，然后按照组装的顺序编号并写在构件上，再以转角位置进行大编号，编号完成后以整朵为单位存放，为在建筑安装时做好准备，预防安装出现错位，造成质量问题。

十二、七铺作重栱出上昂挑斡斗栱

（一）内档骑斗偷心跳正身铺作

七铺作重栱出上昂挑斡斗栱是铺作在内槽之中的斗栱，其上承托平棊天花。最下面第一层是栌斗，第二层横向泥道栱与纵向华栱十字搭交卡入下面栌斗之中，泥道栱两端装安散斗，华栱的两端头安装交互斗。第三层横向慢栱、外跳瓜子栱与纵向华栱十字搭交，华栱后端不使瓜子栱为偷心跳做法。第四层横向外跳慢栱、令栱与纵向华栱十字搭交，华栱后端做上昂挑斡，则华栱后端出头做成叉角反斜面，承压上昂挑斡。令栱与慢栱两端安装散斗，华栱前端安装交互斗。第五层横向中位慢栱外跳罗汉枋、瓜子栱、令栱与纵向后反斜面插头耍头十字搭交，第六层横向铺装素枋、罗汉枋、慢栱与纵向衬头木十字搭交，双层上昂挑斡安置在里跳三层以上七层以下的四层至六层之间，第七层横向罗汉枋、令栱与竖向耍头十字搭交，叠合在第六层之上，其上衬头木与罗汉枋丁字搭交于压槽枋。叠压在第七层之上（图5-12-1、图5-12-2）。

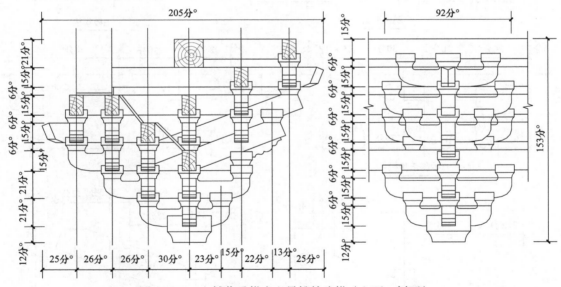

图 5-12-1　七铺作重栱出上昂挑斡斗栱（立面、剖面）

七铺作重栱出上昂挑斡斗栱里外跳可随着需要加以调整，通常外跳的第一跳保持30分°不变，从外跳第二跳以外与里跳偷心跳则根据需要调整缩小，调整变化外挑控制在28分°、27分°、26分°之中选择。里跳偷心跳通常不小于15分°（图5-12-1）。

泥道栱长62分°，高15分°，厚10分°。泥道栱中位上面刻口宽8分°、深10分°，两端上面向里10分°为散斗底，散斗底的中位应栽上暗销。在泥道栱中位按照齐心斗底和散斗底的尺寸向下2分°画线，此线以上做平底栱眼。泥道栱两端下面向里12分°分4份，

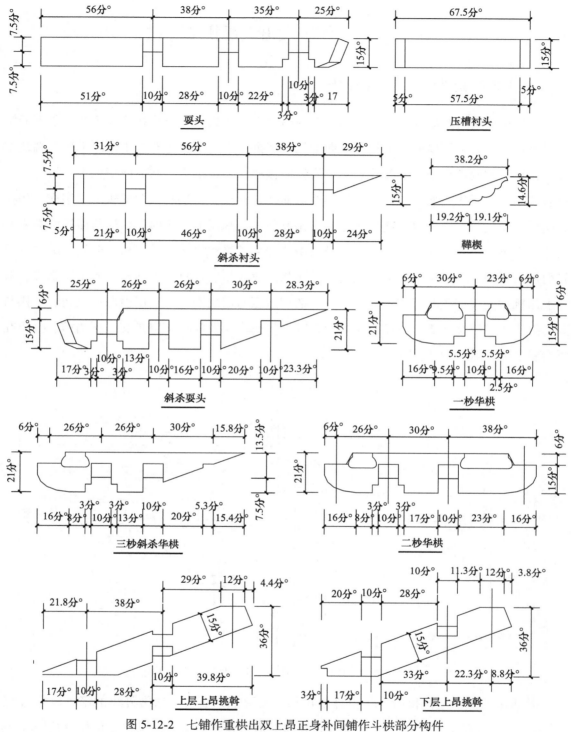

图 5-12-2　七铺作重栱出双上昂正身补间铺作斗栱部分构件

向上 9 分°分 4 份做四瓣卷杀，两端做出栱眼板槽口深 1～1.5 分°。

　　慢栱长 92 分°，高 15 分°，厚 10 分°。慢栱中位上面刻口宽 8 分°、深 10 分°，两端上面向里 10 分°为散斗底，散斗底的中位应栽上暗销。在慢栱中位按照齐心斗底和散斗底的尺寸向下 2 分°画线，此线以上做平底栱眼。慢栱两端下面向里 12 分°分 4 份，向上 9 分°分

4 份做四瓣卷杀，两端做出栱眼板槽口深 1～1.5 分°。

瓜子栱长 62 分°，高 15 分°，厚 10 分°。瓜子栱中位上面刻口宽 8 分°、深 10 分°，两端上面向里 10 分°为散斗底，散斗底的中位应栽上暗销。在瓜子栱中位按照齐心斗底和散斗底的尺寸向下 2 分°画线，此线以上做平底栱眼。泥道栱两端下面向里 16 分°分 4 份，向上 9 分°分 4 份做四瓣卷杀。

令栱长 72 分°，高 15 分°，厚 10 分°，令栱中位上面刻口宽 8 分°、深 10 分°，两端上面向里 10 分°为散斗底，散斗底的中位应栽上暗销。在令栱中位按照齐心斗底和散斗底的尺寸向下 2 分°画线，此线以上做平底栱眼。令栱两端下面向里 20 分°分 5 份，向上 9 分°分 5 份做五瓣卷杀。

华栱一跳全长 65 分°，全高 21 分°，絜高 6 分°，厚 10 分°。中位线下面刻口宽根据泥道栱厚度而定，刻口宽 10 分°，高 5 分°，华栱中位两面留做泥道栱包肩，包肩宽同刻口，深 1 分°，刻口前后按照栌斗刻口内包耳尺寸高 4 分°、厚 3 分°做出包耳刻口。华栱两端上面向下 6 分°、向里 12 分°为交互斗底，由两端上面向里 14 分°为交互斗腰，由此向下做出交互斗腰位置刻口，最后在交互斗底的中位栽上暗销。在华栱中位按照齐心斗的尺寸两面画线，由交互斗底边线和齐心斗底边线向下 2 分°画线，此线以上做平底栱眼。华栱两端头下面向里 16 分°分 4 份，向上 9 分°分 4 份做四瓣卷杀。

华栱二跳全长 100 分°，全高 21 分°，絜高 6 分°，厚 10 分°。中位线下面刻口宽根据正慢栱厚度而定，刻口宽 10 分°，高 5 分°，华栱中位前端 30 分°瓜子栱位置刻口宽 10 分°，高 5 分°，华栱前端上面向下 6 分°、向里 12 分°为交互斗底，由前端上面向里 14 分°为交互斗腰，由此向下做出交互斗腰位置刻口，最后在交互斗底的中位栽上暗销。在华栱中位按照齐心斗的尺寸两面画线，由交互斗底边线和齐心斗底边线向下 2 分°画线，此线以上做平底栱眼。华栱前端头下面向里 16 分°分 4 份，向上 9 分°分 4 份做四瓣卷杀。华栱后端偷去瓜子栱，长短偷半跳，其他做法与前端相同。

华栱三跳斜杀角全长 103.8 分°，全高 21 分°，厚 10 分°。从中线向外按照慢栱、瓜子栱位置刻口，刻口宽 10 分°，深 7 分°，华栱前端瓜子栱位置做出交互斗两面包耳刻口，两面刻口各宽 3 分°，高 4 分°，华栱前端上面向下 6 分°、向里 12 分°为交互斗底，由前端上面向里 14 分°为交互斗腰，由此向下做出交互斗腰位置刻口，最后在交互斗底的中位栽上暗销。在华栱交互斗两面底边线向下 2 分°画线，此线以上做平底栱眼。华栱前端头下面向里 16 分°分 4 份，向上 9 分°分 4 份做四瓣卷杀。华栱后端按照上昂挑斡斜面做杀角。

斜杀耍头长 135.3 分°，高 15 分°，厚 10 分°。第一外跳 30 分°，其他内外跳则按需调整，其中蚂蚱头长 25 分°，斜杀耍头从中位线前端按照罗汉枋、慢栱、令栱位置刻口，宽 10 分°，深 7 分°，两面留做罗汉枋、慢栱、令栱包肩，包肩宽同刻口，深 1 分°。令栱刻口前后按照交互斗耳做出包耳刻口，前端蚂蚱头按照分七份的方法做出蚂蚱头即可。中位线位置前后按照上昂挑斡的斜度做反角斜杀。

双层上昂挑斡各宽 15 分°厚 10 分°，下层上昂挑斡水平长 94.1 分°，上层上昂挑斡水平长 105.2 分°，昂头上端安置交互斗。上下层上昂挑斡中处于素枋、慢栱、瓜子栱的刻口宽 10 分°，刻口深度则对应其慢栱、瓜子栱位置而定。

鞾楔长 38.2 分°，高 4.6 分°、厚 10 分°，下角插入连珠斗刻口中紧贴上昂挑斡，底面做成顶珠莲花式。

外衬头木全长 154 分°（包括榫长），高 15 分°，厚 10 分°。衬头木底面中位素枋位置刻口与前端做出罗汉枋刻口，刻口宽 10 分°，高 7.5 分°，两面留做罗汉枋包肩，包肩宽同刻口，深 1 分°。前端做银锭榫与外跳平棊枋相交，银锭榫长 5 分°，榫乍角为榫长的 1.5/10。后端素枋中位以外做出慢栱刻口，刻口以外按照上昂挑斡斜面做出反向杀角载上止滑销。

外截头里耍头全长 154 分°，高 15 分°，厚 10 分°。截头衬头木底面中位线后端做出里跳罗汉枋、令栱刻口，刻口宽 10 分°，罗汉枋刻口深 7.5 分°，令栱刻口两侧做出交互斗包耳深 4 分°，两面留做包肩宽同刻口，深 1 分°。外端按照分七份的方法做出蚂蚱头即可。其上承托压槽枋。

截头衬头木全长 67.5 分°（包括榫长），高 15 分°，厚 10 分°。衬头里端与压槽枋搭扣。外端头做银锭与外端平棊枋丁头扣搭。

素枋高 15 分°，厚 10 分°，长随开间定尺。素枋随着间广中斗栱铺作的分配位置在上面刻口，刻口的宽度 8 分°，深 7.5 分°。

罗汉枋高 15 分°，厚 10 分°，长随开间定尺。罗汉枋随着间广斗栱铺作的分配位置，在内侧对应衬头木银锭榫做出银锭卯口即可。

压槽枋截面见方 21 分°，长随间广。

栌斗广见方 32 分°，高 20 分°，斗底高 8 分°，斗腰高 4 分°，斗耳高 8 分°，斗底做𩏨弧深 1 分°。栌斗顺向刻口广 10 分°，纵向刻口广 10 分°，刻口深 8 分°，刻口内做包耳（袖肩榫）厚 3 分°、高 4 分°。按照栱眼板尺寸在栌斗顺身两端做出栱眼板槽口，槽口深 1～1.3 分°。

齐心斗见方 16 分°，高 10 分°，斗底高 4 分°，斗腰高 2 分°，斗耳高 4 分°、厚 3 分°。斗底做𩏨弧深 0.5 分°，齐心斗顺向刻口广 10 分°，刻口深 4 分°。

散斗广 14 分°，宽 16 分°，高 10 分°，斗底高 4 分°，斗腰高 2 分°，斗耳高 4 分°、厚 3 分°，斗底做𩏨弧深 0.5 分°。散斗顺向刻口广 10 分°，刻口深 4 分°。

交互斗广（宽）18 分°，厚 16 分°，高 10 分°，斗底高 4 分°，斗腰高 2 分°，斗耳高 4 分°、厚 3 分°，斗底做𩏨弧深 0.5 分°。交互斗顺向刻口广 10 分°，刻口深 4 分°。

连珠斗宽与广 16 分°，高 20 分°，外形做法如同两个齐心斗重叠在一起，上斗开槽口宽 10 分°，深 4 分°。

七铺作重栱出上昂挑斡斗栱各类构件在使用样板套画过线后，用锯剌出蚂蚱头刮光、铲光，用小锯剌出卷杀栱瓣刮光，然后用小锯开出槽口、榫卯，再用凿子、扁铲剔出槽口、榫卯，最后用小刨子净光，以备组装。

七铺作重栱出上昂挑斡斗栱的各类构件制作完成，应按照顺序进行试组装，然后按照组装的顺序编号并写在构件上，再以位置进行大编号，编号完成后以整朵为单位存放，为在建筑安装时提前做好准备，预防安装出现错位，造成质量问题。

（二）内档骑斗偷心跳转角铺作

七铺作重栱出双上昂挑斡斗栱转角铺作共层，随着所选择的里外面，转角会出现两种不同的阴阳角做法，

一是挑斡杆阳角华栱阴角，阳角华栱做法基本与五铺作重栱二杪转角斗栱铺相同，只是阴角转角为上昂挑斡做法（图 2-7-1）。

二是华栱阳角挑斡杆阴角，阳角挑斡做法的，第一层栌斗。第二层华栱后带泥道栱十字搭交与斜头华栱三卡腰交于栌斗之中。第三层华栱后带慢栱十字搭交，纵横向搭交瓜子栱。第四层挑斡昂与鞾楔后带杀角素枋与转角斜杀华栱，纵横向搭交慢栱、瓜子栱。第五层挑斡昂、转角挑斡昂对应转角斜杀要头，纵横向罗汉枋、搭交慢栱、搭交瓜子栱、鸳鸯令栱。第六层转角衬头，纵横向素枋、罗汉枋、平棊枋、慢栱。第七层转角要头，纵横向罗汉枋、令栱。第八层衬头木与平棊枋以上置压槽枋（图 5-12-3～图 5-12-6）。

七铺作重栱出上昂挑斡斗栱转角铺作每层按照里外跳瓜子栱、慢栱位置，对应斜头挑斡昂、华栱、要头等斜构件，配套做交里外跳出搭瓜子栱、慢栱、令栱鸳鸯交手等构件都

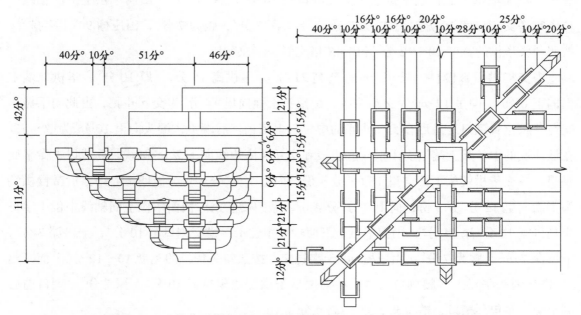

图 5-12-3 七铺作重栱出双上昂转角挑斡斗栱（立面、仰视）（华栱面）

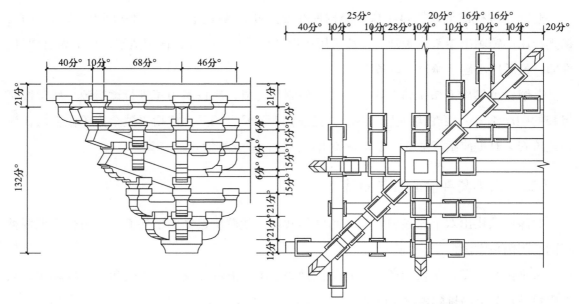

图 5-12-4 七铺作重栱出双上昂转角挑斡斗栱（立面、仰视）（挑斡面）

应采取山压檐做法。

搭交华栱后带泥道栱全长 60 分°，厚 10 分°，其中华栱长 29 分°，高 21 分°，泥道栱长 31 分°，高 15 分°。华栱前端上面向下 6 分°、向里 12 分°为交互斗底，由端头上面向里 14 分°为交互斗腰，由此向下做出交互斗腰位置刻口，最后在交互斗底的中位栽上暗销。后端泥道栱端头向里 10 分°为散斗底，在散斗底的中位栽上暗销。由散斗底边线和交互斗底边线向下 2 分°画线，此线以上做平底栱眼，搭交华栱端头下面向里 16 分°分 4 份，向上 9 分°分 4 份，做四瓣卷杀。后带泥道栱端头下面向里 12 分°分 4 份，向上 9 分°分 4 份，做四瓣卷杀。檐面华栱上面轴线中位十字搭交刻口宽 10 分°、深 14 分°，山面华栱上下面轴线中位十字搭交刻口宽 10 分°，上口深 7 分°，下口深 7 分°，腰为 7 分°，山压檐 90°十字搭交。按照斜头华栱的宽度 10~12 分°开出 45°搭交斜头华栱刻口。

搭交华栱后带慢栱，长 90 分°，全高 21 分°，慢栱高 15 分°，厚 10 分°。华栱前端上面向下 6 分°、向里 12 分°为交互斗底，由端头上面向里 14 分°为交互斗腰，由此向下做出交互斗腰位置刻口，最后在交互斗底的中位栽上暗销。后端慢栱端头向里 10 分°为散斗底，在散斗底的中位栽上暗销。由散斗底边线和交互斗底边线向下 2 分°画线，此线以上做平底栱眼，搭交华栱端头下面向里 16 分°分 4 份，向上 9 分°分 4 份，做四瓣卷杀。后带慢栱端头下面向里 12 分°分 4 份，向上 9 分°分 4 份，做四瓣卷杀。檐面华栱上面轴线中位十字搭交刻口宽 10 分°深 14 分°，山面华栱上下面轴线中位十字搭交刻口宽 10 分°，上口深 7 分°，下口深 7 分°，腰为 7 分°，山压檐 90°十字搭交。按照斜头华栱的宽度 10~12 分°上面开出 45°搭交斜头华栱三卡腰刻口。中位线前端瓜子栱位置刻口宽 10 分°、深 7 分°，刻口前后刻出交互斗包耳槽口，槽口宽 3 分°、高 4 分°。

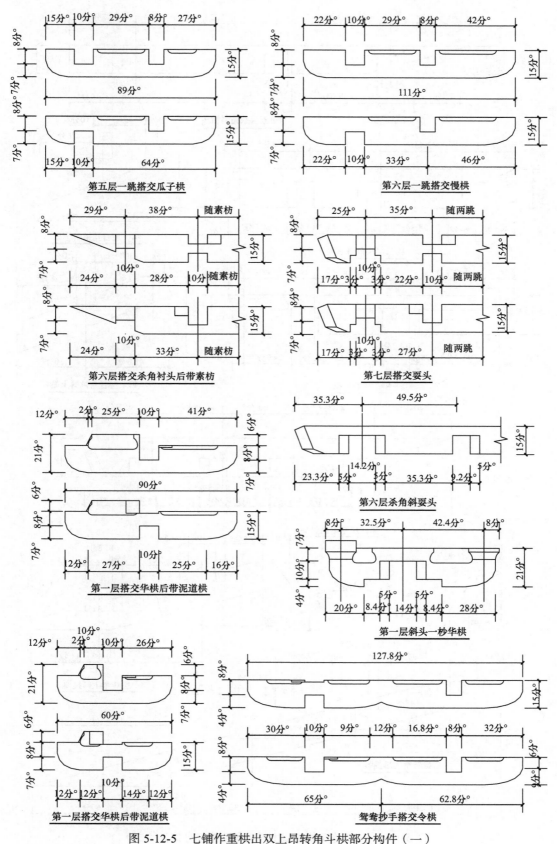

第五层一跳搭交瓜子栱

第六层一跳搭交慢栱

第六层搭交杀角衬头后带素枋

第七层搭交耍头

第一层搭交华栱后带泥道栱

第六层杀角斜耍头

第一层斜头一抄华栱

第一层搭交华栱后带泥道栱

鸳鸯抄手搭交令栱

图 5-12-5　七铺作重栱出双上昂转角斗栱部分构件（一）

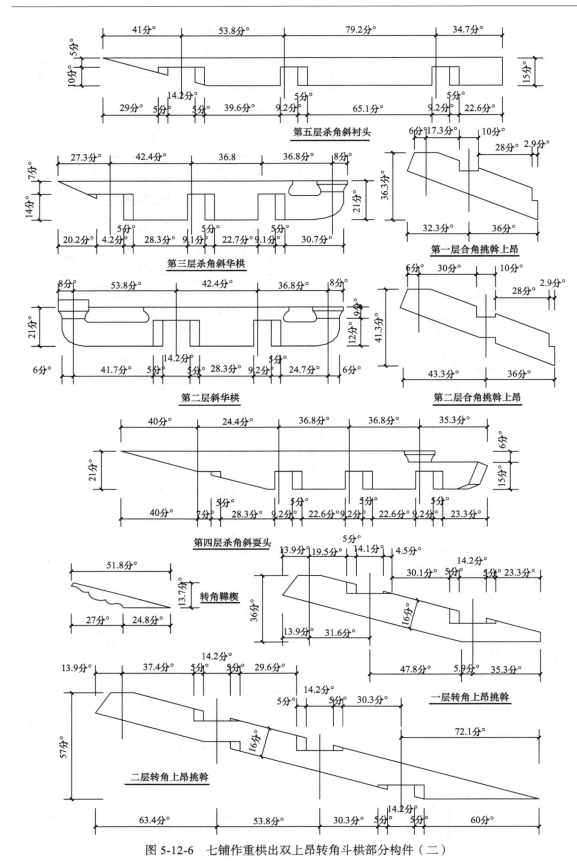

图 5-12-6　七铺作重栱出双上昂转角斗栱部分构件（二）

斜杀头后带素枋，斜杀头出跳长 67 分°，全高 15 分°，后端素枋长随间广，高 15 分°，厚 10 分°，前端随上昂挑斡斜度做杀角，中位线前瓜子栱位置做搭交刻口，刻口宽 10 分°、深 4 分°，刻袖深 1 分°，中位三卡腰刻口宽 10 分°，上口深 14 分°，下口 7 分°，留腰 7 分°，山压檐 90°搭交，其上按照转角衬头的宽度刻出 45°三卡腰刻口。

搭交耍头，前端出跳 60 分°、高 15 分°，后端长随两跳，厚 10 分°，檐面耍头上面轴线中位十字搭交上刻口宽 10 分°、深 10 分°，山面耍头下面轴线中位十字搭交刻口宽 10 分°，下口深 5 分°，腰为 5 分°，山压檐 90°十字搭交。按照斜耍头的宽度 10～12 分°开出 45°搭交斜耍头刻口，耍头前端罗汉枋位置刻口宽 10 分°、高 7 分°，令栱位置刻口宽 10 分°、高 7 分°，刻口两面留做包肩，包肩宽同刻口，深 1 分°，令栱刻口前后留做交互斗包耳宽 3 分°、高 4 分°。前端耍头按照分七份的方法做出蚂蚱头。

衬头长 57 分°、高 15 分°，前后端做燕尾榫，与平棊枋和压斗枋相交。

第一跳搭交瓜子栱，长 89 分°，全高 15 分°，厚 10 分°。中位刻口宽 8 分°，深 8 分°。中位前端转角十字搭交刻口宽 10 分°，上口深 7 分°，下口深 7 分°，留腰 7 分°，山压檐 90°，其上按照斜头昂或斜华栱的宽度刻出 45°三卡腰刻口，中位后端做出 1/2 的瓜子栱。

第一跳搭交慢栱，长 111 分°，全高 15 分°，厚 10 分°。中位刻口宽 8 分°、深 8 分°。中位前端转角十字搭交刻口宽 10 分°，上口深 7 分°，下口深 7 分°，留腰 7 分°，山压檐 90°，其上按照斜头昂或斜华栱的宽度刻出 45°三卡腰刻口，中位后端做出 1/2 的慢栱。

搭交鸳鸯令栱，长 127.8 分°，全高 15 分°，厚 10 分°。中位刻口宽 8 分°、深 8 分°。中位前端转角十字搭交刻口宽 10 分°，上口深 7 分°，下口深 7 分°，留腰 7 分°，山压檐 90°，其上按照斜耍头的宽度刻出 45°三卡腰刻口，前后两端做出令栱卷杀头。

转角一秒华栱全长 90.7 分°，高 21 分°，厚 10～12 分°。前端做散斗，后端斗盘连做，斗盘贴耳采用销榫结合，以下面中位轴线为准做出 45°交叉 90°的三卡腰刻口，刻口深 14 分°，华栱头下端向上 9 分°分 4 份，向里 16 分°分 4 份做出四瓣卷杀。

转角二秒华栱全长 149 分°，高 21 分°，厚 10～12 分°。前端做散斗，后端斗盘连做，斗盘贴耳采用销榫结合，以下面中位轴线为准做出中位与里跳搭交瓜子栱 45°交叉 90°的三卡腰刻口，刻口深 14 分°，前后华栱头下端向上 9 分°分 4 份，向里 16 分°分 4 份做出四瓣卷杀。

转角杀角斜华栱全长 151.3 分°，高 21 分°，厚 10～12 分°。后端斗盘连做，斗盘贴耳采用销榫结合，以下面中位轴线为准做出中位与内跳搭交慢栱、瓜子栱 45°交叉 90°的三卡腰刻口，刻口深 14 分°，前端随着转角上昂挑斡斜度做出杀角。

转角杀角斜耍头全长 174.3 分°，高 21 分°，厚 10～12 分°。后端耍头斗盘连做，斗盘贴耳采用销榫结合，以下面中位轴线为准做出中位与内外跳搭交素枋、慢栱、瓜子栱、鸳鸯搭交令栱 45°交叉 90°的三卡腰刻口，刻口深 14 分°，前端随着转角上昂挑斡斜度做出杀角，后端按照分七份的方法做出蚂蚱头耍头。

转角衬头全长 208.7 分°，高 15 分°，厚 10～12 分°。以下面中位轴线为准做出中位素枋与外跳搭罗汉枋、平棊枋、45°交叉 90°的卡腰刻口，刻口深 7 分°，前端随平棊搭交角度做出合角槽口。

合角上昂挑斡，一层水平长 68.3 分°，二层水平长 79.3 分°随仰起定高，厚 10～12 分°。按照瓜子栱、慢栱定位置刻口，顶端做出斗盘平底栽销即可。

转角上昂挑斡，一层水平长 153.5 分°，二层水平长 231.7 分°随仰起定高°，厚 10～12 分°。按照瓜子栱、慢栱定位置刻口，顶端做出斗盘平底栽销即可。

转角鞾楔，水平长 51.8 分°，高 16.6 分°，厚 10～12 分°，下端卡入斗内紧贴上昂挑斡，底面做成顶珠莲花式。

转角方形栌斗见方 36 分°，高 20 分°，斗底高 8 分°，斗腰高 4 分°，斗耳高 8 分°，斗底做颤弧深 1 分°。转角方栌斗顺向与纵向十字刻口宽 10 分°，刻口深 8 分°，纵向刻口内做包耳（袖肩榫）厚 3 分°、高 4 分°，栌斗与转角栿梁头搭扣面按照栿梁头的宽窄尺寸刻平。

转角圆形栌斗直径 36 分°，高 20 分°，斗底高 8 分°，斗腰高 4 分°，斗耳高 8 分°，斗底做颤弧深 1 分°。转角栌斗顺向与纵向十字刻口宽 10 分°，刻口深 8 分°，纵向刻口内做包耳（袖肩榫）厚 3 分°、高 4 分°，栌斗与转角栿梁头搭扣面按照栿梁头的宽窄尺寸刻平。

转角斗盘安装在转角三搭交的转角华栱头、上昂挑斡头之上，承托上层搭交构件，宽与广见方 18 分°、厚 6 分°，盘顶厚 2 分°，盘底厚 4 分°，盘底做颤弧深 0.5 分°。斗底栽销座插在华栱、批竹昂头之上，斗盘连做时贴耳应采用燕尾销榫插接。

齐心斗、散斗、交互斗做法与正身铺作相同。

转角斗栱各类构件在使用样板套画过线后，用锯剌出昂嘴、蚂蚱头，剌出栱瓣，用小锯开出槽口、榫卯，然后再用凿子、扁铲剔出槽口、榫卯，最后用刨子刮平，小刨子净光，分类码放，以备组装。

六铺作转角上昂挑斡斗栱的各类构件制作完成，应按照顺序进行试组装，然后按照组装的顺序编号并写在构件上，再以转角位置进行大编号，编号完成后以整朵为单位存放，为在建筑安装时做好准备，预防安装出现错位，造成质量问题。

十三、八铺作重栱出上昂挑斡斗栱

（一）内档骑斗偷心跳正身铺作

八铺作三重栱出上昂挑斡斗栱是铺作在内槽之中的斗栱，其上承托平棊天花。最下面第一层是栌斗，第二层横向泥道栱与纵向华栱十字搭交卡入下面栌斗之中，泥道栱两端装安散斗，华栱的两端头安装交互斗。第三层横向慢栱、外跳瓜子栱与纵向华栱十字搭交，华栱后端不使瓜子栱为偷心跳做法。第四层横向素枋、慢栱、外跳慢栱、瓜子栱与纵向华栱十字搭交，华栱后端不使慢栱、瓜子栱为偷心跳做法。第五层横向外跳罗汉枋、慢栱、令栱与纵向耍头十字搭交，慢栱与令栱两端安装散斗，耍头后端做上昂挑斡，则耍头后端出头做成叉角反斜面，承压上昂挑斡。第六层横向中位慢栱外跳罗汉枋与纵向后反斜面插头衬头十字搭交，

第七层横向铺装素枋、慢栱与纵向截头衬木十字搭交，截头衬木后端做成叉角反斜面，承压上昂挑斡。双层上昂挑斡安置在里跳四层以上八层以下的五层至七层之间，第八层横向罗汉枋、令栱与竖向耍头十字搭交，叠合在第七层之上，其上衬头木与罗汉枋丁字搭交于压槽枋。叠压在第八层之上（图5-13-1、图5-13-2）。

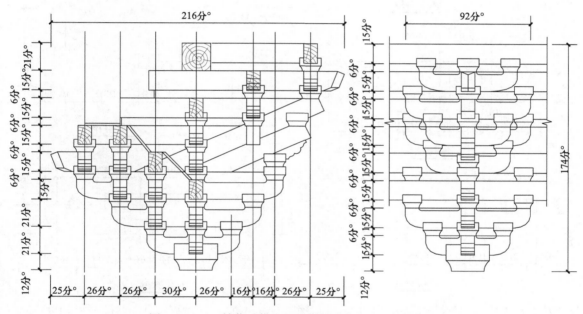

图 5-13-1　八铺作重栱出上昂挑斡斗栱（立面、剖面）

八铺作重栱出上昂挑斡斗栱里外跳可随着需要加以调整，通常外跳的第一跳保持30分°不变，从外跳第二跳以外与里跳偷心跳则根据需要调整缩小，调整变化外挑控制在28分°、27分°、26分°的选择之中。里跳偷心跳通常不小于15分°（图5-13-1）。

泥道栱长62分°，高15分°，厚10分°。泥道栱中位上面刻口宽8分°、深10分°，两端上面向里10分°为散斗底，散斗底的中位应栽上暗销。在泥道栱中位按照齐心斗底和散斗底的尺寸向下2分°画线，此线以上做平底栱眼。泥道栱两端下面向里12分°分4份，向上9分°分4份做四瓣卷杀，两端做出栱眼板槽口深1～1.5分°。

慢栱长92分°，高15分°，厚10分°。慢栱中位上面刻口宽8分°、深10分°，两端

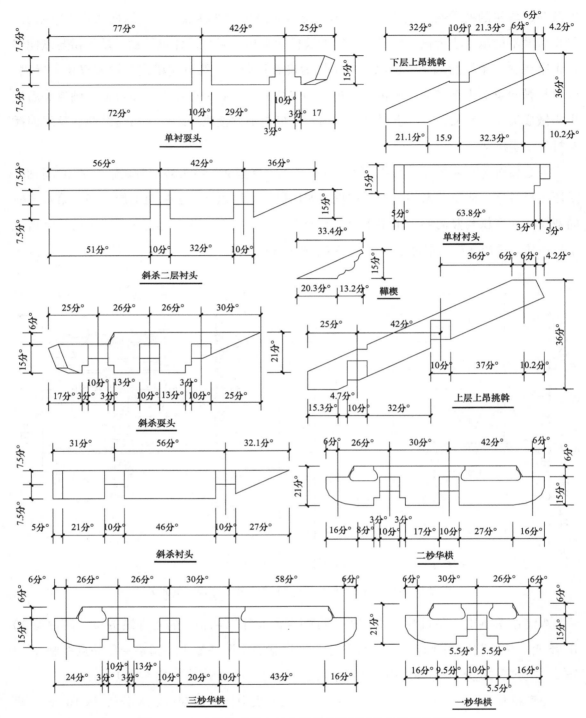

图 5-13-2　八铺作重栱出双上昂正身补间铺作斗栱部分构件

上面向里 10 分°为散斗底，散斗底的中位应栽上暗销。在慢栱中位按照齐心斗底和散斗底的尺寸向下 2 分°画线，此线以上做平底栱眼。慢栱两端下面向里 12 分°分 4 份，向上 9 分°分 4 份做四瓣卷杀，两端做出栱眼板槽口深 1～1.5 分°。

瓜子栱长 62 分°，高 15 分°，厚 10 分°。瓜子栱中位上面刻口宽 8 分°、深 10 分°，两端上面向里 10 分°为散斗底，散斗底的中位应栽上暗销。在瓜子栱中位按照齐心斗底和散斗底的尺寸向下 2 分°画线，此线以上做平底栱眼。泥道栱两端下面向里 16 分°分 4 份，向上 9 分°分 4 份做四瓣卷杀。

令栱长 72 分°，高 15 分°，厚 10 分°，令栱中位上面刻口宽 8 分°、深 10 分°，两端上面向里 10 分°为散斗底，散斗底的中位应栽上暗销。在令栱中位按照齐心斗底和散斗底的尺寸向下 2 分°画线，此线以上做平底栱眼。令栱两端下面向里 20 分°分 5 份，向上 9 分°分 5 份做五瓣卷杀。

华栱一跳全长 68 分°，全高 21 分°，絜高 6 分°，厚 10 分°。中位线下面刻口宽根据泥道栱厚度而定，刻口宽 10 分°，高 5 分°，华栱中位两面留做泥道栱包肩，包肩宽同刻口，深 1 分°，刻口前后按照栌斗刻口内包耳尺寸高 4 分°、厚 3 分°做出包耳刻口。华栱两端上面向下 6 分°、向里 12 分°为交互斗底，由两端上面向里 14 分°为交互斗腰，由此向下做出交互斗腰位置刻口，最后在交互斗底的中位栽上暗销。在华栱中位按照齐心斗的尺寸两面画线，由交互斗底边线和齐心斗底边线向下 2 分°画线，此线以上做平底栱眼。华栱两端头下面向里 16 分°分 4 份，向上 9 分°分 4 份做四瓣卷杀。

华栱二跳全长 110 分°，全高 21 分°，絜高 6 分°，厚 10 分°。中位线下面刻口宽根据正慢栱厚度而定，刻口宽 10 分°，高 5 分°，华栱中位前端 30 分°瓜子栱位置刻口宽 10 分°，高 5 分°，华栱前端上面向下 6 分°、向里 12 分°为交互斗底，由前端上面向里 14 分°为交互斗腰，由此向下做出交互斗腰位置刻口，最后在交互斗底的中位栽上暗销。在华栱中位按照齐心斗的尺寸两面画线，由交互斗底边线和齐心斗底边线向下 2 分°画线，此线以上做平底栱眼。华栱前端头下面向里 16 分°分 4 份，向上 9 分°分 4 份做四瓣卷杀。华栱后端偷去瓜子栱，长短偷半跳，其他做法与前端相同。

华栱三跳全长 152 分°，全高 21 分°，絜高 6 分°，厚 10 分°。从中位起始向前素枋、慢栱、瓜子栱位置刻口宽 10 分°，高 5 分°，华栱前后两端上面向下 6 分°、向里 12 分°为交互斗底，由前端上面向里 14 分°为交互斗腰，由此向下做出交互斗腰位置刻口，最后在交互斗底的中位栽上暗销。在华栱交互斗两面底边线向下 2 分°画线，此线以上做平底栱眼。华栱前后两端头下面向里 16 分°分 4 份，向上 9 分°分 4 份做四瓣卷杀。华栱后端偷去厢栱、瓜子栱，长短偷半跳，其他做法与前端相同。

斜杀衬头木长 119 分°，高 15 分°，厚 10 分°。斜杀衬头木从中位起始按照慢栱、前端罗汉枋位置刻口，宽 10 分°，高 5 分°，两面留做慢栱、罗汉枋包肩，包肩宽同刻口，深 1 分°。斜杀衬头木端头做银锭榫与外端罗汉枋丁字搭接，中位线后端按照上昂挑斡的斜度做反角斜杀，栽上止滑销压在上昂挑斡背上。

斜杀截头衬头木全长 134 分°，高 15 分°，厚 10 分°。截头衬头木与中位素枋里跳慢栱十字相交，素枋刻口宽 10 分°、深 7.5 分°，中位慢栱刻口宽 10 分°、深 7.5 分°，中位后端按照上昂挑斡的斜度做反角斜杀，栽上止滑销压在上昂挑斡背上。

双层上昂挑斡各宽 15 分°、厚 10 分°，下层上昂挑斡水平长 79.5 分°，上层上昂挑斡水平长 119.2 分°，昂头上端安置交互斗。上下层上昂挑斡中处于素枋、泥道栱、慢栱、瓜子栱的刻口宽 10 分°，刻口深度则对应其慢栱、瓜子栱位置而定。

鞾楔水平长 33.4 分°，宽、厚 10 分°，下角插入连珠斗刻口中紧贴上昂挑斡，底面做成顶珠莲花式。

外截头里耍头全长 144 分°，高 15 分°，厚 10 分°。截头耍头中位线后端做出里跳罗汉枋、令栱刻口，刻口宽 10 分°，罗汉枋刻口深 7.5 分°，令栱刻口深 5 分°，两面留做包肩宽同刻口，深 1 分°。外端按照分七份的方法做出蚂蚱头即可。其上承托压槽枋。

截头衬头木全长 76.8 分°（包括榫长），高 15 分°，厚 10 分°。衬头里跳罗汉枋刻口宽 10 分°，深 7.5 分°。端头做银锭与外端罗汉枋丁头扣搭，里端与压槽枋搭扣。

素枋高 15 分°，厚 10 分°，长随开间定尺。素枋随着间广中斗栱铺作的分配位置在上面刻口，刻口的宽度 8 分°，深 7.5 分°。

罗汉枋高 15 分°，厚 10 分°，长随开间定尺。罗汉枋随着间广斗栱铺作的分配位置，在内侧对应衬头木银锭榫做出银锭卯口即可。

压槽枋截面见方 21 分°，长随间广。

栌斗广见方 32 分°，高 20 分°，斗底高 8 分°，斗腰高 4 分°，斗耳高 8 分°，斗底做𩑔弧深 1 分°。栌斗顺向刻口广 10 分°，纵向刻口广 10 分°，刻口深 8 分°，刻口内做包耳（袖肩榫）厚 3 分°、高 4 分°。按照栱眼板尺寸在栌斗顺身两端做出栱眼板槽口，槽口深 1～1.3 分°。

齐心斗见方 16 分°，高 10 分°，斗底高 4 分°，斗腰高 2 分°，斗耳高 4 分°、厚 3 分°。斗底做𩑔弧深 0.5 分°，齐心斗顺向刻口广 10 分°，刻口深 4 分°。

散斗广 14 分°，宽 16 分°，高 10 分°，斗底高 4 分°，斗腰高 2 分°，斗耳高 4 分°、厚 3 分°，斗底做𩑔弧深 0.5 分°。散斗顺向刻口广 10 分°，刻口深 4 分°。

交互斗广（宽）18 分°，厚 16 分°，高 10 分°，斗底高 4 分°，斗腰高 2 分°，斗耳高 4 分°、厚 3 分°，斗底做𩑔弧深 0.5 分°。交互斗顺向刻口广 10 分°，刻口深 4 分°。

连珠斗宽与广 16 分°，高 20 分°，外形做法如同两个齐心斗重叠在一起，上斗开槽口宽 10 分°，深 4 分°。

八铺作重栱出上昂挑斡斗栱各类构件在使用样板套画过线后，用锯剌出蚂蚱头刮光、铲光，用小锯剌出卷杀栱瓣刮光，然后用小锯开出槽口、榫卯，再用凿子、扁铲剔出槽口、榫卯，最后用小刨子净光，以备组装。

八铺作重栱出上昂挑斡斗栱的各类构件制作完成，应按照顺序进行试组装，然后按照组装的顺序编号并写在构件上，再以位置进行大编号，编号完成后以整朵为单位存放，为在建筑安装时提前做好准备，预防安装出现错位，造成质量问题。

（二）内档骑斗偷心跳转角铺作

八铺作三重栱出双上昂挑斡斗栱转角铺作共层，随着所选择的里外面，转角会出现两种不同的阴阳角做法：

一是挑斡杆阳角华栱阴角，阳角华栱做法基本与五铺作重栱二杪转角斗栱铺相同，只是阴角转角为上昂挑斡做法（图 5-13-3～图 5-13-7）。

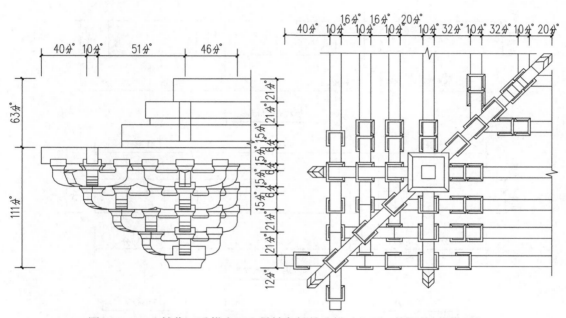

图 5-13-3　八铺作三重栱出双上昂转角挑斡斗栱（立面、仰视）（华栱面）

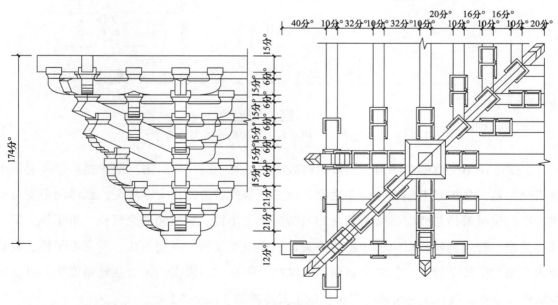

图 5-13-4　八铺作三重栱出双上昂转角挑斡斗栱（立面、仰视）（挑斡面）

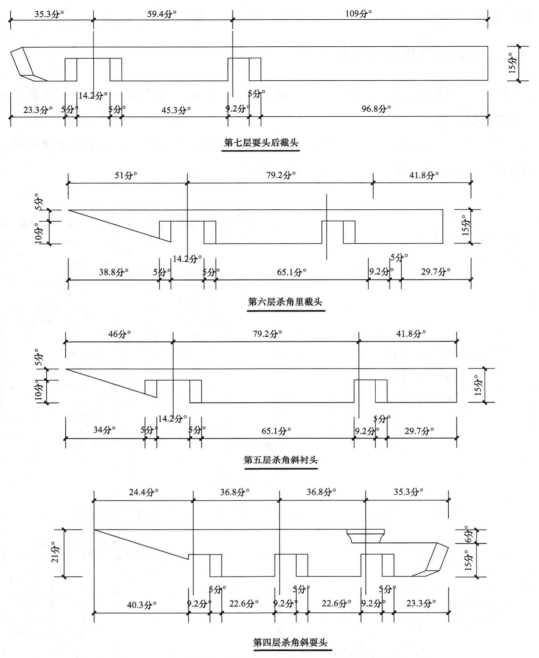

图 5-13-5　八铺作三重栱出双上昂转角斗栱部分构件（一）

　　二是华栱阳角挑斡杆阴角，阳角挑斡做法的，第一层栌斗。第二层华栱后带泥道栱十字搭交与斜头华栱三卡腰交于栌斗之中。第三层华栱后带慢栱十字搭交，纵横向搭交瓜子栱。第四层挑斡昂与鞾楔后带杀角素枋与转角斜杀华栱，纵横向搭交慢栱、瓜子栱。第五层挑斡昂、转角挑斡昂对应转角斜杀要头，纵横向罗汉枋、搭交慢栱、搭交瓜子栱、鸳鸯令栱。第六层转角衬头，纵横向素枋、罗汉枋、平棊枋、慢栱。第七层转角要头，纵横向罗汉枋、令栱。第八层衬头木与平棊枋以上置压槽枋（图 2-7-1）。

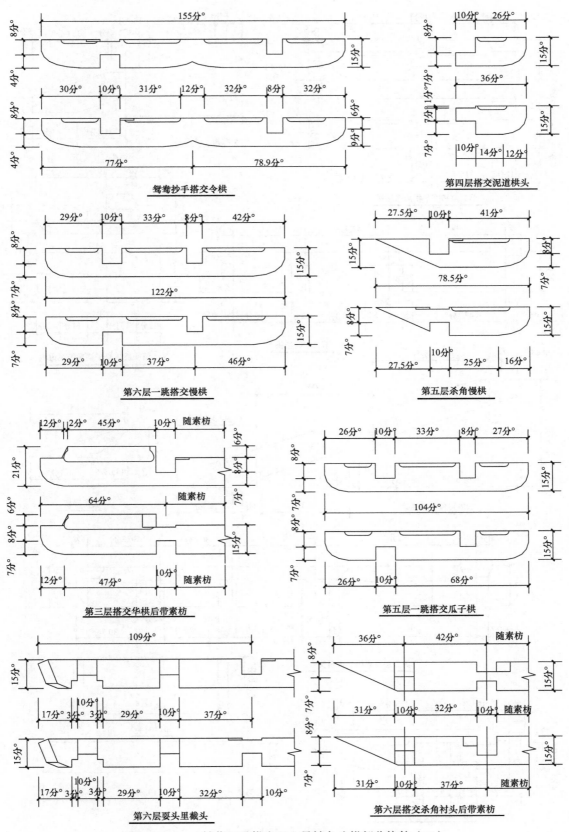

鸳鸯抄手搭交令栱

第四层搭交泥道栱头

第六层一跳搭交慢栱

第五层杀角慢栱

第三层搭交华栱后带素枋

第五层一跳搭交瓜子栱

第六层耍头里截头

第六层搭交杀角衬头后带素枋

图 5-13-6　八铺作三重栱出双上昂转角斗栱部分构件（二）

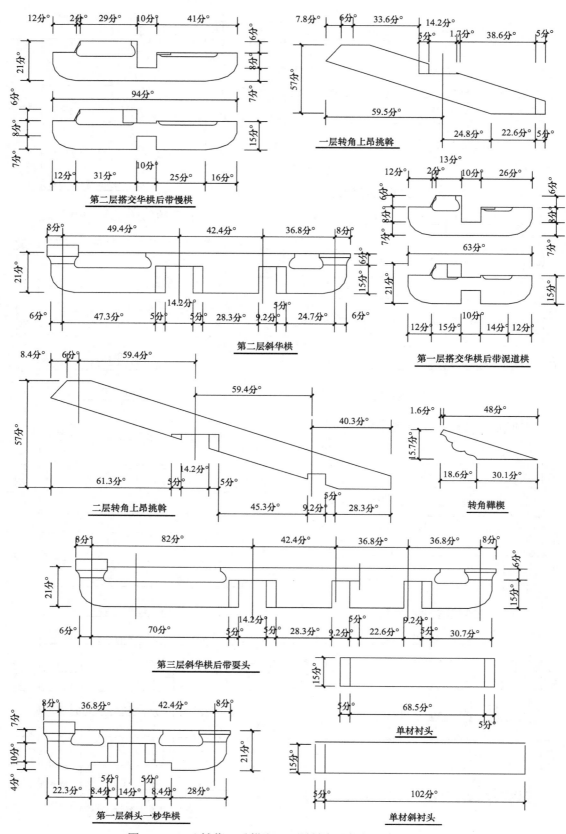

图 5-13-7 八铺作三重栱出双上昂转角斗栱部分构件（三）

八铺作三重栱出上昂挑斡斗栱转角铺作每层按照里外跳瓜子栱、慢栱位置，对应斜头挑斡昂、华栱、耍头等斜构件，配套做交里外跳出搭瓜子栱、慢栱、令栱鸳鸯交手等构件都应采取山压檐做法。

搭交华栱后带泥道栱全长 63 分°，厚 10 分°，其中华栱长 29 分°，高 21 分°，泥道栱长 31 分°，高 15 分°。华栱前端上面向下 6 分°、向里 12 分°为交互斗底，由端头上面向里 14 分°为交互斗腰，由此向下做出交互斗腰位置刻口，最后在交互斗底的中位栽上暗销。后端泥道栱端头向里 10 分°为散斗底，在散斗底的中位栽上暗销。由散斗底边线和交互斗底边线向下 2 分°画线，此线以上做平底栱眼，搭交华栱端头下面向里 16 分°分 4 份，向上 9 分°分 4 份，做四瓣卷杀。后带泥道栱端头下面向里 12 分°分 4 份，向上 9 分°分 4 份，做四瓣卷杀。檐面华栱上面轴线中位十字搭交刻口宽 10 分°深 14 分°，山面华栱上下面轴线中位十字搭交刻口宽 10 分°，上口深 7 分°，下口深 7 分°，腰为 7 分°，山压檐 90°十字搭交。按照斜头华栱的宽度 10～12 分°开出 45°搭交斜头华栱刻口。

搭交华栱后带慢栱，长 94 分°，全高 21 分°，慢栱高 15 分°，厚 10 分°。华栱前端上面向下 6 分°、向里 12 分°为交互斗底，由端头上面向里 14 分°为交互斗腰，由此向下做出交互斗腰位置刻口，最后在交互斗底的中位栽上暗销。后端慢栱端头向里 10 分°为散斗底，在散斗底的中位栽上暗销。由散斗底边线和交互斗底边线向下 2 分°画线，此线以上做平底栱眼，搭交华栱端头下面向里 16 分°分 4 份，向上 9 分°分 4 份，做四瓣卷杀。后带慢栱端头下面向里 12 分°分 4 份，向上 9 分°分 4 份，做四瓣卷杀。檐面华栱上面轴线中位十字搭交刻口宽 10 分°深 14 分°，山面华栱上下面轴线中位十字搭交刻口宽 10 分°，上口深 7 分°，下口深 7 分°，腰为 7 分°，山压檐 90°十字搭交。按照斜头华栱的宽度 10～12 分°上面开出 45°搭交斜头华栱三卡腰刻口。中位线前端瓜子栱位置刻口宽 10 分°、深 7 分°，刻口前后刻出交互斗包耳槽口，槽口宽 3 分°、高 4 分°。

搭交华栱后带素枋，前端华栱头长 64 分°，全高 21 分°，慢栱高 15 分°，厚 10 分°。华栱前端上面向下 6 分°、向里 12 分°为交互斗底，由端头上面向里 14 分°为交互斗腰，由此向下做出交互斗腰位置刻口，最后在交互斗底的中位栽上暗销。搭交华栱端头下面向里 16 分°分 4 份，向上 9 分°分 4 份，做四瓣卷杀。檐面华栱上面轴线中位十字搭交刻口宽 10 分°、深 14 分°，山面华栱上下面轴线中位十字搭交刻口宽 10 分°，上口深 7 分°，下口深 7 分°，腰为 7 分°，山压檐 90°十字搭交。按照斜头华栱的宽度 10～12 分°上面开出 45°搭交斜头华栱三卡腰刻口。后端素枋高 15 分°，长随间广。

搭交泥道栱头长 36 分°，高 15 分°厚 10 分°，中位线三卡腰榫宽 10 分°，下榫厚 7 分°。留腰榫 7 分°，山压檐 90°搭交，其上按照转角衬头的宽度刻出 45°三卡腰刻口。

斜杀头慢栱，全长 78.5 分°，高 15 分°，厚 10 分°，前端随上昂挑斡斜度做杀角，中位线三卡腰刻口宽 10 分°，上口深 14 分°，下口深 7 分°，留腰 7 分°，山压檐 90°搭交，其上按照转角衬头的宽度刻出45°三卡腰刻口。后端慢栱端头向里10分°为散斗底，在散斗底的中位栽上暗销。由散斗底边线和交互斗底边线向下2分°画线，此线以上做平底栱眼，慢栱端头下面向里12分°分4份，向上9分°分4份，做四瓣卷杀。

杀角衬头长后带素枋外跳长78分°、高15分°，后端素枋随间广，前端随上昂挑斡斜度做杀角，慢栱位置刻口宽10分°、高7分°，刻口两面留做包肩，包肩宽同刻口，深1分°，檐面衬头上面轴线中位十字搭交上刻口宽10分°、深10分°，山面衬头下面轴线中位十字搭交刻口宽10分°，下口深5分°，腰为5分°，山压檐90°十字搭交。按照斜衬头的宽度10~12分°开出45°搭交斜衬头刻口，

里截头耍头，前端出跳109分°、高15分°，后端长截头随两跳，厚10分°，檐面耍头上面轴线中位十字搭交上刻口宽10分°、深10分°，山面耍头下面轴线中位十字搭交刻口宽10分°，下口深5分°，腰为5分°，山压檐90°十字搭交。按照斜耍头的宽度10~12分°开出45°搭交斜耍头刻口，耍头前端罗汉枋位置刻口宽10分°、高7分°，令栱位置刻口宽10分°、高7分°，刻口两面留做包肩，包肩宽同刻口，深1分°，令栱刻口前后留做交互斗包耳宽3分°、高4分°。前端耍头按照分七份的方法做出蚂蚱头。

衬头长102分°、高15分°，前后端做燕尾榫，与平棊枋和压斗枋相交。

第一跳搭交瓜子栱，长104分°，全高15分°，厚10分°。中位刻口宽8分°、深8分°。中位前端转角十字搭交刻口宽10分°，上口深7分°，下口深7分°，留腰7分°，山压檐90°，其上按照斜头昂或斜华栱的宽度刻出45°三卡腰刻口，中位后端做出1/2的瓜子栱。

第一跳搭交慢栱，长122分°，全高15分°，厚10分°。中位刻口宽8分°、深8分°。中位前端转角十字搭交刻口宽10分°，上口深7分°，下口深7分°，留腰7分°，山压檐90°，其上按照斜头昂或斜华栱的宽度刻出45°三卡腰刻口，中位后端做出1/2的慢栱。

搭交鸳鸯令栱，长155分°，全高15分°，厚10分°。中位刻口宽8分°、深8分°。中位前端转角十字搭交刻口宽10分°，上口深7分°，下口深7分°，留腰7分°，山压檐90°，其上按照斜耍头的宽度刻出45°三卡腰刻口，前后两端做出令栱卷杀头。

转角一杪华栱全长95.2分°，高21分°，厚10~12分°。前端做散斗，后端斗盘连做，斗盘贴耳采用销榫结合，以下面中位轴线为准做出45°交叉90°的三卡腰刻口，刻口深14分°，华栱头下端向上9分°分4份，向里16分°分4份做出四瓣卷杀。

转角二杪华栱全长144.6分°，高21分°，厚10~12分°。前端做散斗，后端斗盘连做，斗盘贴耳采用销榫结合，以下面中位轴线为准做出中位与里跳搭交瓜子栱45°交叉90°的三卡腰刻口，刻口深14分°，前后华栱头下端向上9分°分4份，向里16分°分4份做出四瓣卷杀。

转角三杪华栱全长214分°，高21分°，厚10~12分°。前端做散斗，后端斗盘连做，斗盘贴耳采用销榫结合，以下面中位轴线为准做出中位搭交慢栱与里跳搭交瓜子栱45°交叉

90°的三卡腰刻口，刻口深 14 分°，前后华栱头下端向上 9 分°分 4 份，向里 16 分°分 4 份做出四瓣卷杀。

转角杀角斜耍头全长 133.3 分°，高 21 分°，厚 10～12 分°。后端耍头斗盘连做，斗盘贴耳采用销榫结合，以下面中位轴线为准做出中位与内外跳搭交素枋、慢栱、瓜子栱、鸳鸯搭交令栱 45°交叉 90°的三卡腰刻口，刻口深 14 分°，前端随着转角上昂挑斡斜度做出杀角，后端按照分七份的方法做出蚂蚱头耍头。

转角衬头全长 167 分°，高 15 分°，厚 10～12 分°。以下面中位轴线为准做出中位慢栱与外跳搭罗汉枋、平棊枋、45°交叉 90°的卡腰刻口，刻口深 7 分°，前端随平棊搭交角度做出合角槽口。

合角上昂挑斡，一层水平长 79.5 分°，二层水平长 153.5 分°随仰起定高，厚 10～12 分°。按照瓜子栱、慢栱定位置刻口，顶端做出斗盘平底栽销即可。

转角上昂挑斡，一层水平长 111.9 分°，二层水平长 173.5 分°随仰起定高，厚 10～12 分°。按照瓜子栱、慢栱定位置刻口，顶端做出斗盘平底栽销即可。

转角鞾楔，水平长 49.6 分°，高 15.7 分°，厚 10～12 分°，下端卡入斗内紧贴上昂挑斡，底面做成顶珠莲花式。

转角方形栌斗见方 36 分°，高 20 分°，斗底高 8 分°，斗腰高 4 分°，斗耳高 8 分°，斗底做頔弧深 1 分°。转角方栌斗顺向与纵向十字刻口宽 10 分°，刻口深 8 分°，纵向刻口内做包耳（袖肩榫）厚 3 分°、高 4 分°，栌斗与转角栿梁头搭扣面按照栿梁头的宽窄尺寸刻平。

转角圆形栌斗直径 36 分°，高 20 分°，斗底高 8 分°，斗腰高 4 分°，斗耳高 8 分°，斗底做頔弧深 1 分°。转角栌斗顺向与纵向十字刻口宽 10 分°，刻口深 8 分°，纵向刻口内做包耳（袖肩榫）厚 3 分°、高 4 分°，栌斗与转角栿梁头搭扣面按照栿梁头的宽窄尺寸刻平。

转角斗盘安装在转角三搭交的转角华栱头、上昂挑斡头之上，承托上层搭交构件，宽与广见方 18 分°、厚 6 分°，盘顶厚 2 分°，盘底厚 4 分°，盘底做頔弧深 0.5 分°。斗底栽销座插在华栱、批竹昂头之上，斗盘连做时贴耳应采用燕尾销榫插接。

齐心斗、散斗、交互斗做法与正身铺作相同。

转角斗栱各类构件在使用样板套画过线后，用锯剌出昂嘴、蚂蚱头，剌出栱瓣，用小锯开出槽口、榫卯，然后再用凿子、扁铲剔出槽口、榫卯，最后用刨子刮平，小刨子净光，分类码放以备组装。

六铺作转角上昂挑斡斗栱的各类构件制作完成，应按照顺序进行试组装，然后按照组装的顺序编号并写在构件上，再以转角位置进行大编号，编号完成后以整朵为单位存放，为在建筑安装时做好准备，预防安装出现错位，造成质量问题。

十四、偷心造扶壁栱（影子栱）

在唐代前期偷心造斗栱铺作，华栱与挑斡昂基本都是单臂出跳，匠人门通常把它称之为扶壁斗栱（也叫影子栱），这种类斗栱铺作相对做法比较简单实用、省料，唐、宋早期普遍应用。宋代以后由于建筑上装饰的需要，计心造斗栱铺作逐渐取代了偷心造做法，从《法式》"大木功限一·栱斗等造作功"与图例中便可看到，基本都是计心造做法。在梁思成先生的《注释》"大木作制度图样十"中也只给出了五个偷心造铺作类型，其实偷心造斗栱在早期唐、宋建筑铺作中是非常普遍的。

（一）偷心造五铺作二杪里挑斡斗栱

偷心造五铺作二杪里挑斡斗栱，第一层是栌斗，第二层横向泥道栱与纵向华栱十字搭交卡入下面栌斗之中，泥道栱、华栱两端头安装散斗。第三层横向慢栱与纵向华栱十字搭交，慢栱、华栱两端头安装散斗。第四层横向素枋、外跳令栱与纵向杀角耍头十字搭交，耍头后端杀角压上昂挑斡。第五层横向慢栱纵向杀角衬头十字搭交，衬头后端杀角压上昂挑斡（图 5-14-1）。

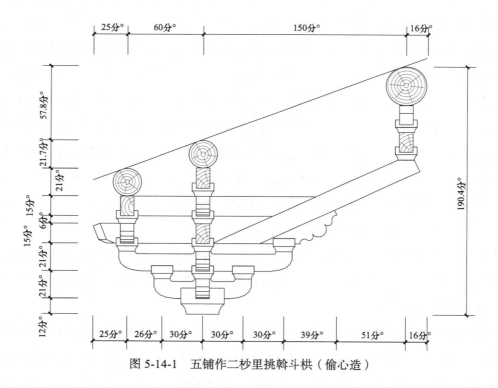

图 5-14-1　五铺作二杪里挑斡斗栱（偷心造）

（二）偷心造五铺作一杪一昂斗栱

偷心造五铺作一杪一昂斗栱，第一层是栌斗，第二层横向泥道栱与纵向华栱十字搭交卡入下面栌斗之中，泥道栱、华栱两端头安装散斗。第三层横向慢栱与纵向杀角华栱十字搭交，慢栱、华栱两端头安装散斗。第三层、第四层之间里外二层挑斡。第四层横向素枋、外跳令栱与纵向杀角要头、挑斡昂十字搭交，要头后端杀角压上昂挑斡。第五层横向慢栱纵向杀角衬头十字搭交，衬头后端杀角压上昂挑斡（图5-14-2）。

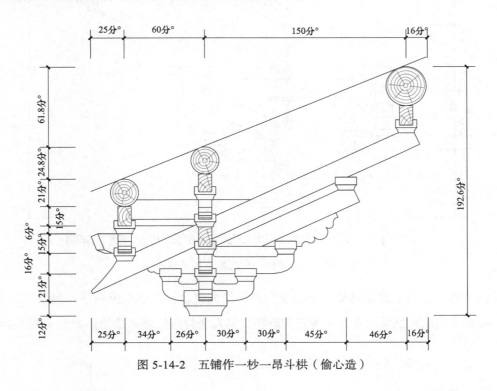

图 5-14-2　五铺作一杪一昂斗栱（偷心造）

（三）偷心造六铺作一杪二昂斗栱

偷心造六铺作一杪二昂斗栱，第一层是栌斗，第二层横向泥道栱与纵向华栱十字搭交卡入下面栌斗之中，泥道栱、华栱两端头安装散斗。第三层横向慢栱与纵向华栱十字搭交，慢栱、华栱端头安装散斗，慢栱外跳随挑斡做杀角。第三层、第四层之间里外二层挑斡。第四层横向素枋、外跳瓜子栱与纵向挑斡昂十字搭交，第五层横向瓜子栱与纵向挑斡昂十字搭交，外跳要头后端杀角压挑斡昂，里跳装鞾楔。第六层横向慢栱与纵向杀角衬头十字搭交，衬头后端杀角压上昂挑斡（图5-14-3）。

（四）偷心造六铺作二杪一昂斗栱

偷心造六铺作二杪一昂斗栱，第一层是栌斗，第二层横向泥道栱与纵向华栱十字搭交卡入下面栌斗之中，泥道栱、华栱两端头安装散斗。第三层横向慢栱与纵向华栱十字搭交，慢栱、华栱两端头安装散斗，第四层横向素枋、瓜子栱与纵向华头子华栱十字搭交，瓜子栱、华栱端头安装散斗，华栱另一端做杀角华头子。第四层、第五层之间里外二层挑斡。

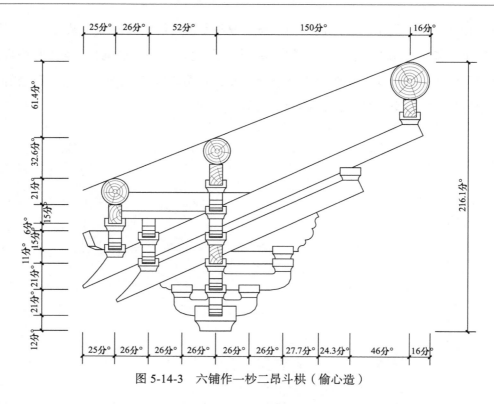

图 5-14-3　六铺作一抄二昂斗栱（偷心造）

第五层横向瓜子栱与里跳昂挑斡十字搭交，外跳横向慢栱、令栱与纵向下昂挑斡、耍头十字搭交，耍头杀角压在挑斡之上，里跳安装鞾楔。第六层衬头后端杀角压挑斡昂（图 5-14-4）。

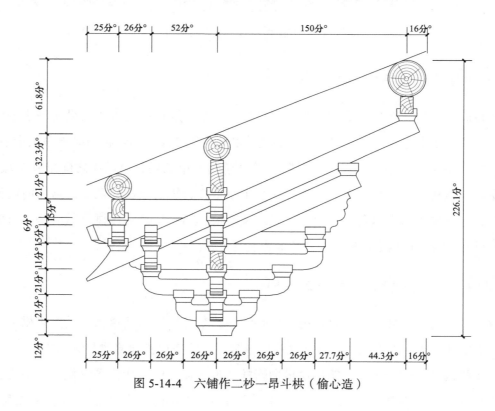

图 5-14-4　六铺作二抄一昂斗栱（偷心造）

（五）偷心造七铺作二杪二昂斗栱

偷心造七铺作二杪二昂斗栱，第一层是栌斗，第二层横向泥道栱与纵向华栱十字搭交卡入下面栌斗之中，泥道栱、华栱两端头安装散斗。第三层横向慢栱与纵向华栱十字搭交，慢栱、华栱两端头安装散斗，第四层横向素枋、瓜子栱与纵向华头子华栱十字搭交，瓜子栱、华栱端头安装散斗，华栱另一端做杀角华头子。第四层、第五层之间里外三层挑斡。第五层横向瓜子栱与里跳挑斡昂十字搭交，外跳横向慢栱与纵向下昂挑斡十字搭交，要头杀角压在最上层挑斡之上，里跳安装鞾楔。第六层衬头后端杀角压挑斡昂（图5-14-5）。

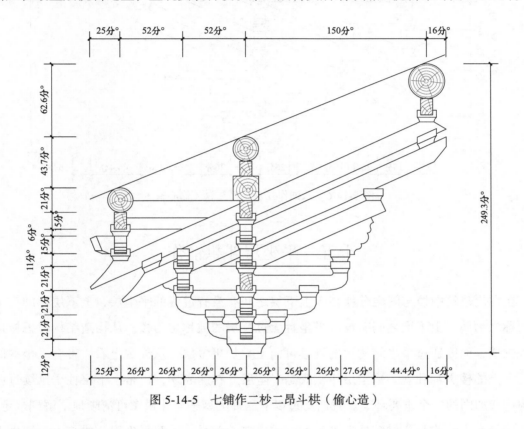

图5-14-5　七铺作二杪二昂斗栱（偷心造）

（六）偷心造八铺作二杪三昂斗栱

偷心造八铺作二杪三昂斗栱，第一层是栌斗，第二层横向泥道栱与纵向华栱十字搭交卡入下面栌斗之中，泥道栱、华栱两端头安装散斗。第三层横向慢栱与纵向华栱十字搭交，慢栱、华栱两端头安装散斗。第四层横向素枋与纵向华头子华栱十字搭交，华栱端头安装散斗，华栱另一端做杀角华头子。第四层、第五层之间里外四层挑斡。第五层横向慢栱、瓜子栱与里跳挑斡昂十字搭交，外跳横向慢栱与纵向下昂挑斡十字搭交。第六层要头与令栱相交，要头杀角压在最上层挑斡之上，里跳安装鞾楔。第七层衬头后端杀角压最上层挑斡昂（图5-14-6）。

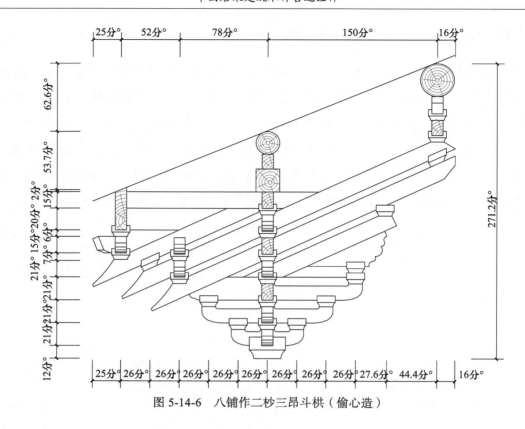

图 5-14-6　八铺作二杪三昂斗栱（偷心造）

十五、平坐层斗栱铺作

在古代建筑中楼与阁之分就在于上下层之间有没有过渡的平坐层，上下层之间有平坐层的称之为阁，上下层之间有没有平坐且无过渡层的被称之为楼。从构造结构考虑楼最高不过三层，而阁通过平坐结构层的延续可向上叠加更多层，从外观上看，带有平坐的阁也比无平坐的楼更加壮观。平坐层斗栱既是平坐层外在的表现，也是上下层柱子延续过渡中结构构造加固的一个重要环节。我们通过以下三种类型平坐斗栱图可清晰地了解到永定柱、叉柱造等大木结构与斗栱缠柱造之间的结构构造的关系，了解平坐层斗栱与上下层大木构造之间的结构做法特点。

（一）五铺作重栱三杪平坐斗栱

如图 5-15-1 所示。

（二）六铺作重栱三杪平坐斗栱

如图 5-15-2 所示。

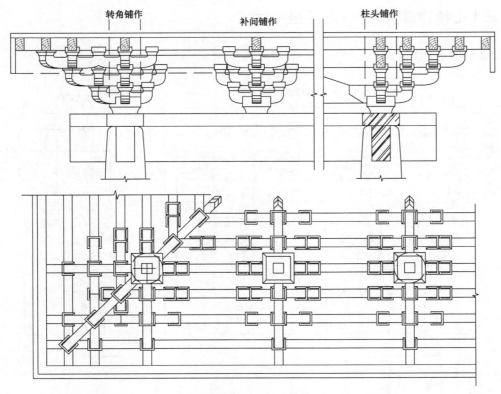

图 5-15-1 五铺作重栱三杪平坐斗栱（其上叉柱造）

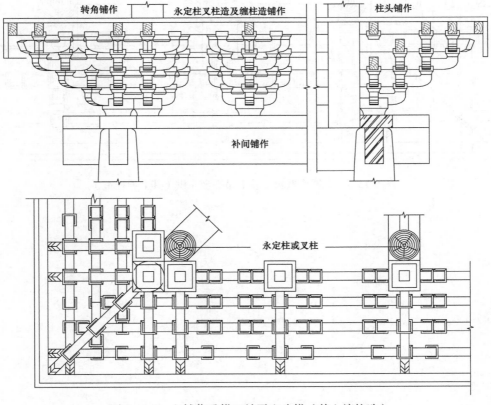

图 5-15-2 六铺作重栱三杪平坐斗栱（其上缠柱造）

（三）七铺作重栱二杪上昂平坐斗栱

如图 5-15-3 所示。

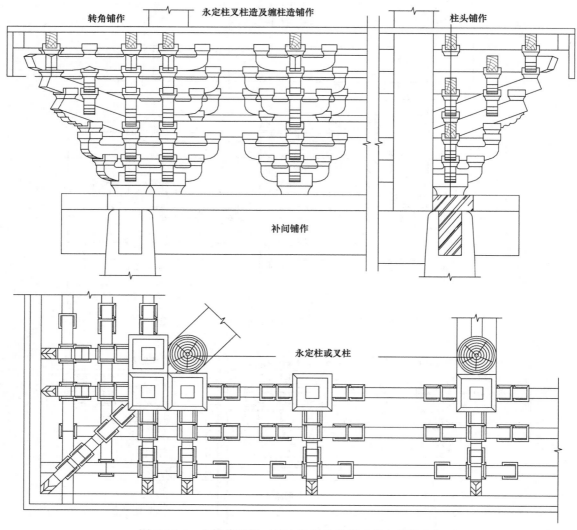

图 5-15-3　七铺作重栱二杪上昂平坐斗栱（其上缠柱造）

附录一　古建筑中的棂星门

　　早在西汉时期，汉高祖刘邦祭天祈福时就祭祀天田星，期望国泰民安、风调雨顺。古人把天空分为东南西北四大区域，分别由青龙、白虎、朱雀、玄武四神主管。棂星起源于道家，棂星就是天田星，道家祭祀天地则有二十八星宿之说，即每方七宿共二十八宿。东方青龙的第一宿是角宿，也就是龙角，有两颗星组成，天田星就是龙角的左角，天门星就是龙角的右角，相传黄道从青龙双角之间经过，所以古人认为这两颗星就是天门的象征，两星之间的区域被称为天关。后来人们以为门的形状中有窗棂，两颗星之间必如窗棂一样，就把代表着天门的角宿二星又称之为棂星。

　　古代皇帝祭天，要先祭祀棂星，宋代开始盛行道教，在历代帝王推崇之下，建立文庙，元武宗于山东曲阜设置至圣庙。崇宁年间在各圣庙内加圣像，将大殿定名为大成殿，孔庙的大门修棂星门，以示祭祀孔子如同祭天，后来人们也把棂星叫作天镇星、文曲星或者魁星，古人认为"天镇星主得士之庆，其精下为灵星之神"，主管教化，以棂星命名孔庙大门，象征着孔子可与天上施行教化的天镇星（文曲星）堪比，也象征着孔子在中国古代儒家教育至圣的泰斗地位和贡献，意味着天下文人学士统一汇聚于儒学门下。

　　洪武十五年明太祖修文庙，象征祭孔如同尊天。如今的孔庙棂星门是明代的建筑，孔庙的棂星门有三个门，古代举行祭祀孔子的大典时，只有身份最高的主祀人员，才可以从棂星门的中门进入。有品级的官员走西门，无品级的士子走东门。《龙鱼河图》中有言，"天镇星主得士之庆，其精下为灵星之神"，故以棂星名门，取得士之义。又因相传天上星系"有二十八宿"，其中一个掌管文化的星叫"棂星"，又名"文曲星"，以"棂星"命名学宫的大门，表示天下文人学士集学于此。

　　棂星门上蹲着的动物，是中国上古瑞兽之一的麒麟，古人认为凡麒麟出没的地方必有祥瑞，也把杰出的人才比喻为麒麟。孔子在整理春秋时，曾记有鲁哀公西狩获麟，因此感伤到"唐虞世兮麟凤游，今非其时来何求，麟兮麟兮吾心忧"。从此绝笔，不久后去世。相传孔子出生以前，他的母亲也曾见到麒麟，而生下了他。遇麟而生，获麟而死，后世儒家认为麒麟是孔子的象征，所以在棂星门上设有麒麟。后来民间根据孔子出生的传说，渐渐便有了麒麟送子的说法，家中喜得贵子，也多称为麒麟儿，简称麟儿，至今麒麟仍然是我国百姓最爱的瑞兽之一。

　　另外，还有一种说法，说棂星（文曲星）掌管着世间的五谷丰登，是最重要的星，所以呢，古代皇帝祭天，都要先祭祀棂星。由此可见古代文庙用棂星门做大门的原因了，同时也可看出孔子在中国历史中不可取代的重要作用。

附录二 "七水""八木"禅口

在古建行业中，工匠为了传承技艺和宣扬自己的技术能力，都会利用一些口诀、口头禅、说活盘道等方式进行彰显，其中瓦作、木作工匠除了各自都有一些技术口诀以外，在说活盘道时还经常讲一个"七水""八木"的禅口，所谓"七水"其实就是瓦作当中的七类名词的说法，而"八木"则同样是木作当中的八类构件的名词与用途，这种禅口其实就是对于自家匠作技能的一种传承方式，也是工匠匠作文化中显摆本事的一种宣扬。

"七水"

散水：在建筑台明外侧铺装防止上檐雨水滴落砸坑、浸泡基础的瓦作铺装做法。

泛水：瓦作院落地面铺装与屋面找坡，引导雨水流向的施工做法。

滴水：用于瓦屋面檐头带花边或瓦滴子的瓦。

披水：是瓦屋面两山封山的一种施工方法，也是小式瓦作中最简单的做法。

分水：是瓦、石作砌筑桥墩时，为了减小水流冲击桥墩，把桥墩迎水面砌筑成三角形的施工做法。

吃水：是屋面皮条脊下，披水山清水脊两端山尖披水上扣的猫头小勾头，这块猫头瓦通常要小于屋面上使用的猫头筒瓦。

滚水：是指瓦屋面封后檐做法中，遇到后檐有起脊院墙时，屋檐落水砸墙、雨水不易外排，则用瓦在墙上做一趟承接雨水、向外滚排水的施工方法。

由于瓦作"七水"说法版本不一所以还有一种"回水"的说法：

回水：也叫"砸水"，是指泛水铺装时，坡度控制在上檐雨水大砸在散水上，向外流水而不向内流水，防止浸湿台明陡板的范围。

"八木"

扶脊木：用于大式建筑脊檩上的压椽栽脊桩子的大木构件。

枕头木：用于古建筑翼角椽起翘垫角的三角木构件。

踏脚木：用于歇山建筑两山，安装草架柱子山花板、搏风板的大木构件

菱角木：用于古建院落中屏门上，以及木影壁上支撑顶部檩枋的构件。

里口木：用于老檐椽的连檐，是小连檐与闸档板连做的做法。

撑头木：用于斗栱最上层的构件。

过木：用于门窗洞口的木过梁。

沿边木：用于旧时土炕、火炕最外边角的硬楞木。

由于木作"八木"说法版本不一，所以还有一种"替木"的说法：

替木：用于柱头增加承托梁、枋受力面的支撑构件。

附录三　古代建筑中使用的传统木作工具

旧时人们把掌握一定专业技能并会手工操作的工匠统称之为"手艺人"。手艺人在劳作过程中都会使用一些专用的工具，这些专用的工具匠人们自己称之为"家伙式"，这些工具"家伙式"大部分基本都是由工匠自己制作。在传统木作中，木匠艺人所使的工具也都是自己制作的。木匠的手艺技术水平，内行人通过观看他手使的工具就能知道，因为一个好手艺的工匠会把自己手使的工具修整得非常整洁实用，并且对工具保养也非常讲究。另外，人们通过这个匠人会不会修正自己的"家伙式"，也能知道这个匠人的技术水平高低。一个匠人的工具精细好使，他所制作出的木匠活成品质量相对也就会所保障。对于匠人的工具，在《论语·卫灵公》中就有表述"子贡问为仁。子曰：工欲善其事，必先利其器"，白话译文即是：子贡在问怎样实行仁德。而孔子说做工的人想把活做好，就必须先使他的工具锋利。这句话在民间早已为人们所熟知，也就是说工匠要想把活做好，首先要有好使的工具。在过去的木匠手艺行中，有一句常讲的老话："一要手艺巧，二要家式妙，磨刀不误砍柴工。没有金刚钻，别揽瓷器活"，说的就是工具的重要性，木匠做活好不好，那就要看他制作使用的工具精细不精细，工具精细木匠做出来的活质量就好就漂亮。

在古代营造行业中木匠的工具最多。木作行业除了大木作盖房、小木作的装修外，还划分出了很多专业行当，其中有柴木家具、小器作做硬木家具、打大车、攒轿子、寿材、箍桶、投犁铧，哪个专业技能都有着自己顺手的木作工具。而且木匠在做活中为了做一些花活，还会随时制作一些专用小工具，手巧的木匠通常会接触到很多不同类型、不同式样的活，也会遇到使用很多不同软、硬木料的活，所以很多活都要有针对性地制作一些相关的应手的工具。活干得越多攒的工具也就越多，一个好木匠的工具要装几袋甚至几箱。平时木匠使顺手了的各种工具是不会借人的，因为工具借出去以后再还回来，自己再用就可能不顺手了，干活就会受到影响。若有人来借，不借又抹不开面子，所以木匠就准备出一些自己用不着的大路货，或使着太顺手比较陈旧的工具借给别人，例如锤子、斧子、钳子、小锯、二锯、二刨子、三分、四分凿子等，如果亲戚朋友或街坊四邻借用，就让他们拿走使用，也不会伤了和气。

木匠从学徒时开始就要学着制作工具。可以说在从业的一生当中都在制作工具或修理校正工具，平时碰到好硬木，够刨出料掏刨子，够做锯拐的则摽锯，小料则做个裁口刨，或做个线刨子等。只要有块好硬木料，适合做哪种类型的工具，就都会去制作。工具日常保养有磨刨刃、平刨底、掰锯料、伐锯齿、磨斧刃、磨凿子，木匠闲时就会修整工具，因为木匠的工具是木匠安身立命之本，好木匠手艺精、工具多。工具好使，做活时才会彰显出木匠的好手艺。

木作行业都把"鲁班"奉为祖师爷，木匠手艺其实也是术业有专攻，在古建营造行业中，工匠分工是很明确的，加工尺寸、体量较大房屋木构件的木匠被称为"大木匠"，做斗栱经验比较丰富的木匠叫"斗栱匠"，专做宫殿门窗隔扇、菱花芯屉经验较丰富的木匠叫"菱花匠"，从事建筑雀替、花牙子、裙板、绦环板、挂檐板、花板等雕刻的木匠被称为"雕刻匠"，善于制作室内装修中的各种花罩、落地罩、纱橱（包括部分柴木家具）的木匠被称之为"装户匠"把从事制作硬木家具行当的木匠称之为"小器作"。除了营造行业，在民间从事农具制作投犁铧的木匠叫"犁铧把式"，还有打大车攒轿子的叫"大车匠"，把做寿材的叫作"棺材匠"，专做木盆、木桶的叫作"箍桶匠"等等。在木匠行业中，这么多的匠作手艺，各自都有针对性的各种专业工具，木匠工具中除了木制工具以外，有着很多配套的金属工具，如锛子头、斧子头、各种刨子刃、凿子头、锯条等。所以木匠在制作工具时，那些金属部分也是需要铁匠帮助的，旧时哪个铁匠铺师傅打制出来工具的钢口好，耐用、使着顺，木匠师傅就会慕名前去找那位师傅帮忙制作所需工具。木匠所有木制的工具都要由本人自己制作，也有刚开始学徒的木匠或因自己手艺不太强的木匠，会去找手艺好的老师傅帮他制作工具。

在营造业中，大木匠常用的工具有锛子、斧子、锤子、大锯、二锯、小锯、挖锯、刀锯、镂弓子、刮刃（刮刀刮树皮用）、大刨子、二刨子、小刨子，槽刨、单线刨、裁口刨、线刨子、凹面刨子、盖面刨子、小铁刨、勒刀子、木工钻，凿子、扁铲、雕铲、雕刀等，以及鲁班尺、寸尺、米尺、墨斗、画扦、铅笔、方尺、搬增活尺、割角尺等丈量放线画线的工具，还有羊角撬、料拨子、钢锉、木锉、磨刀石、鳔胶锅等辅助类工具。

一、锛　子

锛子是盖房时梁和檩条等大木构件初加工所使用的工具，是大木匠的主要工具之一。学会制作和使用锛子是一个大木匠必须会的技艺，锛子的形状主要构造由锛头（锛刃），锛展（锛体）和锛把和组成，锛子的重量与锛把的长短要因人而异。通常锛展是由长一尺二寸（300～400mm）左右、直径不小于锛刃的硬质（洋槐木、花梨木）圆木制作，奔头舌榫长1寸2分、仰起0.5～1分，锛子后翘有的还会做成向后弯曲的形状，锛展前方后圆加套箍，锛把长短二尺五～三尺（800～1000mm），因人而异，一般长不过肚脐。锛把与锛展榫卯位置前后要加防裂箍。木匠制作锛子，行家有一句谚语"锛子尺三，不砍自钻"，说的是锛展的长度与锛展至锛把顶端的距离，在这个距离中锛展上奔头仰角度与锛尾翘起角度都在这个半径圆弧线之上，把锛刃装在榫舌上，锛刃自然带有一定的角度。这样锛子在锛砍木料时，木匠身体只要略微向前倾斜一点，锛刃就会与料面趋于平行，所以锛砍起就会轻快好使，砍出的料面也会比较平整。如果不在这个距离的弧线角度上安装上锛刃，锛砍木料时人身体就必须向前倾斜、高抬后肘，同时也会带动身体重心前移，很容易将锛刃砍在脚面上。同样锛把太短，干活就必须弯腰，自然锛砍木料的速度慢，锛出的料面质量也不好，并且人干活时间长了还会腰腿酸疼。所以木匠制作锛子的时候，一定是因人而异，以适合自身高矮条件进行制作。

二、斧　子

斧子也是古老的木作工具之一，其中有大板斧、大斧子、小斧子。不同地域的木匠由于使用习惯以及木工作业的区别，又分为圆刃斧、直刃斧、单刃斧、双刃斧。

大板斧（也叫开山斧）是古代木匠伐树使用的主要工具，它的重量一般在 2.5～3.5 斤左右，斧把长度大约在 50～60 厘米左右。它也是大木匠加工大木构件时，除了锛子以外的另一种砍圆木的工具。这种斧子基本上不常用。

圆刃斧的斧刃两端向上翘起成圆弧状，我国南方常见使用，它的特点适合砍、削结合，适用于竹、木加工制作。

北方木匠常用的斧子大致可分为两种：一是双刃斧，在加工木料时木匠的左、右手可以轮换使用；二是单刃斧，左面磨平、右面开刃。两种斧子在使用时各有所长，一般木匠会根据自己的习惯选择性的使用。斧子主要的作用是砍料、锤打、钉钉、劈楔。在木匠大木立架时，斧子是不可或缺的重要工具。

三、锤　子

锤子也叫榔头，木匠所使用的锤子有两种类型：一是锤底是方型，锤头如同鸭嘴扁平，叫作鸭嘴锤；二是圆底或方底的羊角锤。木工作业时，会根据不同作业变化选择使用不同的类型。

四、锯

根据作业的变化，锯有以下类型：有开解大料的二人抬锯、伐树打截的快马子锯、平常使用的大锯、二锯、小锯、大挖锯、中挖锯、小挖锯、刀锯、搂子锯、搜弓子（钢丝锯）等，各有各自的功能用途。

1. 二人抬锯

二人抬锯，尺寸较大，约有 1.6 米左右，锯两端横锯拐较长，中间一根锯梁，一边锯条、一边摽绳，摽绳外锯拐出头。为了防止锯拐长时间受力变形，每次使用后都应松掉摽棍，用时随使随摽。匠人在锯解大木料时，通常采用三脚架木把圆木一头架高，一人在上、一人在下，上下拉锯开解板枋材等规格大料。或把打截好的圆木立起来，两人登高平行拉锯。旧时此类抬锯是大木匠不可缺少的专用圆木开料工具，后因电锯房的出现，逐步淡出人们的视线。二人抬锯属于顺料锯，锯齿掰料为左右中三路，伐锯为 45°刃齿，干活开料快而省力。

2. 快马子锯

快马子锯也叫大肚子锯，与二人抬锯不一样，尺寸较大，也约是 1.6 米左右，锯片较厚、中间大肚，两端插一小把，便于手握，是两个人使用的伐树打截树身和粗大木材的专用大锯（俗称拉大锯）。快马子锯属于截料锯，锯齿掰料为左右二路，伐锯为 45°刃齿，干活打截快而省力。

3. 大锯

大锯是大木匠平常使用尺寸体量相对较大的锯，约有 1.2 米左右，锯拐长 600mm，中间一根锯梁，一边锯条、一边摽绳，与普通二锯形状一样。可一人亦可两人使用，适合两人开解中小型规格料，也可以两人打截中小型规格料，它属于开料、截料多功能锯，例如大木开解翼角翘飞等。锯齿掰料为左右中三路，伐锯为 90°平齿。为了防止锯拐长时间受力变形，每次使用后都应松掉摽棍，用时随使随摽。

4. 二锯

二锯是木匠干活时随手使用的工具，也是出门干活随身携带的工具之一。二锯尺寸较大，约有 75 厘米左右，锯拐长 400mm，中间一根锯梁，一边锯条一边摽绳，与普通大锯形状一样。可一人用亦可两人用，适合一人开解厚二寸以下板材或小型规格料，也可以打截中小型规格料，木作中开料、打截、开榫大木断肩离不开二锯。它属于手使多功能的锯，锯齿掰料为左右中三路，伐锯为 90°平齿。为了防止锯拐长时间受力变形，每次使用后都应松掉摽棍，用时随使随摽。

5. 小锯

小锯也叫腕子锯，是木匠随身随手使用的工具，也是出门干活随身必备的工具之一。锯拐长 300～350mm，中间一根锯梁，一边锯条一边摽绳，手把拐与普通二锯形状一样，下拐不使锯钮，拐头八字斜角，锯条安在斜角面上。小锯用于开榫、断肩、飘肩、小料打截等，用途广泛不可或缺。锯齿掰料为左右中三路，伐锯为90°平齿。为了防止锯拐长时间受力变形，每次使用后都应松掉摽棍，用时随使随摽。

6. 挖锯

挖锯是木匠挖圆剌弧的工具，有大挖锯、中挖锯、小挖锯三种尺寸，锯的形状与二锯相同，尺寸与大锯、二锯、小锯相同，只是锯条窄小约8~12mm左右。挖锯属于顺料锯，锯齿掰料为左右中三路，伐锯为90°平齿。为了防止锯拐长时间受力变形，每次使用后都应松掉摽棍，用时随使随摽。

7. 刀锯

刀锯也是木匠常用的工具，刀锯锯片在前，锯把在后，夹在锯片后面，刀锯有双边齿和单边齿两种形制。刀锯外形多样，有长直把刀锯、有手槽把刀锯，通常双齿刀锯都是长直把刀锯，刀锯的锯片根据使用功能的需要有长有短。一般双齿刀锯较宽，单齿刀锯较窄。刀锯在使用上有两种功能：一是顺料开解；二是横料打截，所以锯齿掰料也要根据使用功能分为三路与二路开伐，三路料为90°平齿，二路料为45°刃齿。一般双齿刀锯掰料会采用一边三路、一边二路的开法。

8. 搂子锯

搂子锯是一种超小型刀锯，锯把置于锯背之上，锯齿为顺锯三路料。主要功能是在组装成品、半成品构件时，榫卯肩膀不严，刹活时使用。

9. 搜弓子

搜弓子也叫钢丝锯，它的形状如同一张射箭的弓，弦则是一根代剌齿的钢丝，弓的大小75厘米左右，半圆弧形。传统弓的制作有两种材料：一种是荆条弓，一种是竹板弓。旧时北方很少找到毛竹，所以搜弓子采用韧性较好、粗细适合的山荆条做弓。其后南方毛竹逐渐贩运到北方，便有了竹板弓，竹板弓所选用的毛竹要越厚越好，竹节越长越少越好，弓子板宽寸半左右，磨平竹节、刮平里面四角圆楞，青水浸泡后用绳循序渐进打摽，经过几次紧摽定型，阴干后修整成型，两端打眼装上钉子钩即可，弦丝则是采用一根钢丝，用合金刀头在钢丝上分中路、左路、右路戗出齿路，最后两端挽扣绷紧挂在弓子钉钩之上，至此搜弓子制作完成。搜弓子主要功能，就是在制作棱花芯、花牙子及各种花活中，可以在构件表面随形镂剌、随型开孔。为了防止弓子泄劲变形，每次使用前后都应摘掉弦丝，用时随使随挂。

五、凿子、扁铲、雕铲、雕刀等

旧时木匠凿卯有句谚语叫作："木匠凿卯左臀坐料，右手持斧左手把凿。身姿端正锤斧力均，一凿三摇容易拔凿。前凿后跟越凿越深，手腕用力凿渣出窍。"这里讲的就是木匠怎么使用凿子凿卯。

凿子、扁铲是木匠制作榫卯凿眼时必须使用的重要工具，凿子、扁铲由硬木凿鱼和铁凿身、铁铲身组成，凿鱼长为 120～150mm，为了防止凿鱼捶打冒顶劈裂，凿鱼上要加皮箍或铁箍，早期的凿箍一般都是皮箍，由木匠自己用牛皮绳编制。说到凿鱼还要讲到木雕工匠使用的铲把，木雕工匠干活时铲、削、刻的工作量大，通常铲把是顶在肩头用力，所以铲把要根据匠人自身干活的习惯定长，一般铲把长为 200～250mm。

凿子、扁铲长 20～25mm，凿子的尺寸按照下端凿刃宽度定制，有一分、一分半、二分、二分半、三分、四分、五分、六分，共八种定制，其中还有与一分半以上至六分同宽的正反圆凿。扁铲的尺寸同样也是按照下端凿刃宽度定制，六分、七分、八分、九分、一寸，共五种定制，除了以上木匠常规的凿子、扁铲，还有雕刻匠人使用的平铲、斜铲、双面铲、圆铲、翘头铲以及大小不等的雕刀、龙须刀等。

木匠的凿子、扁铲好使不好使，其实主要是开刃的角度合适不合适，一般刃角在 40°最合适，小于 40°角时凿头吃料太狠费力不好掏揸，大于 40°角时凿头太浅不入料、费力不出活，所以凿子、扁铲在开刃时应特别注意开刃的角度。同样雕刻工匠使用的各类铲、刀开刃也应注意刃角的大小，怎样好使、用着方便省力才是最好的开刃佳角。

六、刨　　子

刨子是木匠的重要工具之一，刨子根据使用的性质形制种类很多，有平面刨子（包括大刨子、二刨子、小刨子）、圆弧盖面刨子、凹弧洼面刨子、圆弧跟头刨子、大小盖面线刨、边角线刨、单线刨、大小裁口刨、槽刨、牛角刨（小铁刨）等。

1. 平面刨子

这里讲的平面刨子实际上就是木匠长用的三种刨子，即大刨子（也叫拼缝刨子）、二刨子（也叫二虎头）、小刨子（也叫镜面刨子），平面刨子制作木匠称之为"投刨子"（也叫"抠刨子"）。制作刨子必须使用坚硬耐磨的硬木，常用木料有洋槐木、黄檀木、柞木（红柞最好）、铜糙木，讲究的木料有紫檀木、老红木、花梨木、香草木等。

大刨子主要用于板材拼缝，亦可用于大板面刮找平面。刨料长 600mm，甚至有的长到 700mm。宽是按照使用的刨刃尺寸确定，使用二寸刨刃的刨料截面宽 80～85mm，厚55～65mm。当然也要根据到手的刨料适当薄一点亦可使用。使用一寸半刨刃的刨料截面宽70～75mm，厚 55～65mm。平薄板缝用一寸半刨子，平厚板缝用二寸刨子。

二刨子主要用于毛料加工成规格料时使用，亦可用于板面的找平面。刨料长

350～400mm，宽是按照使用的刨刃尺寸确定，使用二寸刨刃的刨料截面宽 80～85mm，使用一寸半刨刃的刨料截面宽 70～75mm，厚 50～55mm。平面找平多用二寸刨子。

小刨子主要用于净面，刨料长 180～200mm，宽也是按照使用的刨刃尺寸确定，使用二寸刨刃的刨料截面宽 80～85mm，使用一寸半刨刃的刨料截面宽 70～75mm，厚50～55mm。小料镜面一般使用一寸半小刨，大料或板面镜面通常会使二寸小刨。

平刨的制作要根据使用功能确定，一般刨刃在刨堂内略小于 45°角，也就是在 45°角的基础上，按照刨床子的厚度的 1/10 向前加大角度，使刨刃上部适当前倾，这样在刮刨过程中对于一些小的戗槎可起到不戗的作用，木匠叫作拿堲。尤其是小净刨的刨刃前倾角度还可适当再大一点。刨刀开刃也应注意刃角的大小，怎样好使，用着方便省力才是最好的开刃佳角。掏凿出的刨堂应以出花不塞堂为准。

平刨的外形有前翘压角后弧形和四方直顺形。由于南北方的差异，木匠使用的习惯不同，刨子有穿把做法和牛角把做法两种形式。刨身的样式也是根据木匠自身的喜好进行修饰。刨子在长期使用中要经常维护保养，不使用时刨刃和刨楔要退松，或将刨刃和刨楔取下来避免"千金"因长久受力出现撑裂。刨底由于长时间使用或长期搁置，会产生刨底磨损及微小变形，所以经过一段时间就要对刨底变形进行修整"平刨底"，刨底平后刨口增大，木匠便会使用硬木条或铜片对刨口进行镶嵌修补，使其刨口保持原有的宽度。

2. 专用定型刨子

专用定型的刨子主要是定制成某种形制的专用刨子，通常这类刨子长 300～350mm 长，刃宽根据加工材料尺寸形制定制，圆弧盖面也是根据所需弧度的大小设定，凹弧洼面刨子亦是如此，刨刃根据所需圆弧反口打磨。线型盖面（也包括线型压面）刃宽根据加工材料尺寸形制定制，刨刃根据所需线型反口打磨，刨刃与刨床的角度与小净刨相同，刨堂以出花不塞堂为准。

跟头刨是中间厚、前后两头薄的圆弧形刨子，通常这类刨子长 180～200mm，使用一寸半刨刃，宽 70～75mm，中间厚 50～55mm。制作方法同小净刨。这种刨子只是用于刮刨内圆弧用。

3. 异形功能刨子

这里所讲的异形功能刨子，包括单线刨（扫膛刨）、线刨（边角起线用）、槽刨、小铁刨等各类小型刨子类型的工具。

单线刨长槽刨宽（高）80～90mm，厚 6 分（18mm）、8 分（24mm）两种。左面开槽安刃，斜旋堂口出花。主要功用修整槽口与裁口。

线刨长 180～250mm，宽（高）65～70mm，厚以刃宽计算，有 3 分（10mm）、4 分

（12mm）、5分（15mm）线，在此刃宽的尺寸上4分（12mm）即线刨槽口的厚度。线刨左面开槽安刃，斜旋堂口出花。主要功用制作边楞线角。

槽刨有双手双把起宽槽的大槽刨，有单手使用的小槽刨。

大槽刨通常起3分槽、4分槽，槽刨长300mm左右，刨床宽36mm左右，厚60mm左右，刨底中间留梗宽略小于3分（9mm）、高10mm，刨床子中间掏堂宽6分（18mm）角度与小净刨相同，使用时3分（10mm）刃与4分（12mm）刃可随意调换，刨床左侧前端安靠墙以不妨碍手把为宜。

小槽刨通常起1分（3mm）槽2分（5mm）槽，槽刨长200mm左右，刨床宽27～30mm，厚50～65mm，刨底中间留梗采用厚2.8mm的铜板镶嵌，梗高10mm，刨床子中间掏堂宽3分（10mm）角度与小净刨相同，使用时1分（3mm）刃与2分（5mm）刃可随意调换，刨床右侧安靠墙与刨床同长，高在刨床高的基础上增加槽深份。

小铁刨为铁制成品，主要用于较小于圆弧曲线形不规则的小料刮削修整。

七、墨　斗

墨斗是木匠掌线的重要工具，旧时传说墨斗就是鲁班爷的鞋（古代的云头鞋），木匠掌作、掌线基本都是作头，属于木匠中手艺最好、掌握木作知识最全面的人。木匠使用墨斗放线、画线、甚至还会使用墨斗吊线，行内俗语叫作"巧眼不如拙线"。总之，墨斗也是木匠必不可少的随身家伙之一。

根据木匠使用习惯，墨斗有的大一点、有的小一点，一般长8～9寸（256～288mm），宽2～2.5寸（64～80mm），云头高3～3.5寸（96～112mm），墨仓高2～2.5寸（64～80mm）。墨斗云头起峰不大于宽度的1/4，两面雕刻三弯九转，墨斗前后两仓，前仓置棉盛墨，后仓置铜线轴穿铜勾辘铲把。比较讲究的墨斗前端墨仓之内镶铜墨盒，前端墨仓前与前后墨仓上边包铜皮，云头之上装炮钉。

墨斗除了云头鲁班鞋的形式，实际上民间木工使用的墨斗样式很多，有鱼形墨斗、单把墨斗等，这些都是根据木匠自己的喜好而做。

说到墨斗就离不开画扦，通常用竹片制作，长约200～250mm，宽头20～25mm削成斜尖刀形，另一头削成笔尖形，刀形头画线笔尖头点点。

八、木　钻

木钻也是木匠使用的传统常备的工具，材质采用硬木。是由钻杆、钻帽、钻头卡子与拉杆牛皮绳组成。操作起来需要左右手同时配合，像拉胡琴一样。通常钻杆、钻帽通过转轴连为一体，总长一般长度 1.5 尺（480mm）左右，直径 7 分（22mm）～2 寸长，杆径 1.5 寸（48mm）左右，钻帽上圆头，钻下面安装抱卡与套箍，钻头都是匠人打制的两刃或三楞刃口的箭形锥头。水平拉杆长 2 寸（64mm），直径 6 分（19mm）。使用牛皮绳缠绕钻杆，两头拴在拉杆两端绷紧即可使用。

九、尺　　子

　　木匠的尺是有一定的说法的，旧时营造行中有"九杆尺"的说法。在这个说法中，首先要讲的是门光尺（也叫鲁班尺），门光尺是旧时古建营建宅门门口一种封建迷信规制，门口尺寸大小的确定都要从门光尺上选择。门光尺上共有八类门的说法，其中有四类主吉、四类主凶：吉门中以贵人门最大，依次为义顺门、官禄门、福本们（也叫福德门），各有两路门口宽窄吉祥尺，对应吉门吉尺还有四十种吉利词解。同样凶门中以疾病门为大尺，其次为离别门，其后是劫盗门与伤害门，同样对应凶门、凶尺还有四十种凶辞。在门光尺中还有金、木、水、火、土，五行命相，应对开门三十二吉凶的说词。旧时宅门营建讲究聚气、防漏、避邪、阴侵，有春不开东、夏不开南、秋不修西、冬不造北的说法。造门要讲好年好月好日子，要不然犯了禁忌招灾祸。这些都是封建迷信不可相信。但是我们还是应当关注一下门光尺中各类吉门的尺寸，对于研究了解与保护修缮文物建筑会有一定的帮助。

　　在九杆尺中仗杆也是其中之一，总仗杆、分仗杆各类仗杆都有各自对应的构件尺度做法，都是对应某项工程的临时尺杆。还有一些木匠干活临时制作不常用的尺子，在这里也不再细说。下面我们只讲木匠干活画线常用工具中必备的尺。

　　木匠干活画线必不可少的常用尺有木折尺（尺寸）、割角尺（45°）、六方割角（上角30°、下角60°）、大方尺、小方尺（拐子尺）、活尺（搬增尺）。

　　木折尺长有 1 米尺和 2 米尺，是从市场购买的公制尺，必不可少。其他木尺都需自制。通常材质都会选择紫檀、红木、花梨等高档硬木。

　　割角尺直角边长 6 寸左右（200mm），尺苗宽 8～9 分（25～28mm），厚 2 分（6mm），尺苗 45°搭角做加皮榫或刻半粘贴，尺砖宽与厚不大于尺苗宽、不小于尺苗宽的 8/10，尺砖上端与尺苗直角边做卡口与尺苗榫卯插接，尺砖下端与尺苗 45°角边做卡口与尺苗榫卯插接。割角尺制作角度必须准确无误差才能使用。

　　六方割角尺长直角边作为上面，长边 7.5 寸左右，尺苗宽 8～9 分（25～28mm），厚 2 分（6mm），尺苗 30°搭角做加皮榫或刻半粘贴，尺砖宽与厚不大于尺苗宽、不小于尺苗宽的 8/10，尺砖上端与尺苗直角边做卡口与尺苗榫卯插接，尺砖下端与尺苗 60°角边做卡口与尺苗榫卯插接。六方割角尺制作角度必须准确无误差才能使用。

　　钢尺大方尺、小方尺（大小弯尺）是公制尺，从市场购置。木制大方尺自制，形制与割角尺类似，只是在大割角尺的基础上，上边尺苗向外延伸加长，上面尺苗总长 2 尺（64mm）左右，下面 45°尺苗长 8～9 寸（250～288mm），尺苗宽 1.2 寸（38mm）左右，厚 2.5 分（7～8mm），尺砖宽不大于尺苗宽、不小于尺苗宽的 8/10，厚 8～9 分（25～28mm）。制作方法与割角尺相同。

木制小方尺（拐子尺），就是一根尺苗一块尺砖 90°直角，只作为刮料、攒活搭靠找方用，通常不作为画线尺。尺苗长 5～6 寸（160～192mm），宽 8～9 分（25～28mm），厚 2 分（6mm），尺砖长 4 寸（128mm）左右，宽、厚不大于尺苗宽、不小于尺苗宽的 8/10。

活尺（搬增尺）是用尺砖一头卡口夹在尺苗长短 2/5 位置上，利用转轴旋钮制成，尺苗长一尺（320mm），宽 8～9 分（25～28mm），厚 2 分（6mm），尺砖长 4～5 寸（128～160mm）左右，宽、厚不大于尺苗宽、不小于尺苗宽的 8/10。

十、勒 刀 子

勒刀子也是木匠做活时常用的工具，当木匠成批制作一种规格门窗或构件榫卯时，使用铅笔需要多次烦琐重复画线时，既费时费力，还容易出错，就用勒刀子固定好尺寸，重复勒线，既省时省力、画线准确，又不容易出错，所以勒刀子也是木匠不可缺少的工具之一。

制作刀勒子有两种方式，早期使用靠板双插勒刀子，后改进为靠板钉子磨刃。制作方法是选择一块长 6～7 寸长的硬木板，宽 2.5 寸（80mm），厚 7～8 分（22～25mm）。做成山下圆弧形，按照弧型分中打钉眼，使用六寸大钉子钉帽，打磨成钝刃，装钉在靠板钉眼之上即可。

十一、羊 角 撬

羊角撬也叫鸭嘴撬，是木匠大木立架安装时使用的工具，是用铁棍制作而成的工具，其一端勾头开口成羊角形，另一端直顺压扁成鸭嘴形。羊角撬有大小两种，长度不一样，粗细也不一样。旧时都是铁匠铺打制，如今都是五金店购置。小撬一般长度 1.5 尺（480mm）左右，直径 7 分（22mm）。大撬一般长度 3～4 尺（960～1280mm）左右，直径 8～9 分（25～28mm）。

十二、磨 刀 石

木匠使用磨刀石最少三块，一块最平整的粗石专用磨刨刃，另一块粗石磨凿子、扁铲等各类刀刃，第三块是天然出浆的细石作为二次打磨备刃用。旧时木匠的磨刀石都是天然石料，如今粗石全部使用人工烧制的油石。

十三、鳔 胶 锅

铸铁鳔胶锅是木匠必备的熬鳔胶的胶锅，胶锅有大小两种尺寸，小胶锅直径 3 寸 5 分，深 2 寸 5 分，大胶锅直径 5 寸，深 3 寸 5 分，锅底有三个尖脚站立，小锅单耳大锅双耳。通常木匠会在锅耳上安装一个端锅防烫的木把。

附录四 《营造法式》木作营造中的字、词释义

　　由于北宋《营造法式》成书距今已有一千多年，其中很多专业术语、字词与现代词语不同，与清工部《工程做法则例》中词语也不同。我们在研读与应用《营造法式》时，有些构件一件重复多名，有些做法也是换位重复多解，很多字、词难以让人理解，个别繁体字也难以查找，只能参照现存建筑实物构件位置进行比对确定。在这当中有些字、词按照现代字义词解应属错别字体，出于尊重保持古版原作原则，我们在编著《中国唐宋建筑木作营造诠释》中对于这类错别字词有些不予纠正，只是按照现今专业术语进行了释义解读，为了方便初学者尽快掌握理解唐宋建筑木作营造技术，我们参照《营造法式》中的字、词，并补充了部分容易出现理解差异的匠作术语，按照笔画检字排序编写了相关字、词的释义如下。

二　　画

丁栿：　　　　　建筑两山上横向使用的栿（梁）。

丁头栱：　　　　用于栿（梁）、枋插柱榫卯下的斗栱头［相当于栿（梁）、枋榫卯下面的替木］。

丁华抹颏栱：　　屋顶脊槫下面蜀柱上面斗栱的纵向构件（宋叫丁华抹颏栱，明清叫耍头）。

八角井：　　　　藻井第一层是四方形，也叫四角井；第二层变八角形，也叫八角井。

九脊殿：　　　　也叫曹殿（明清称为歇山殿）。

九脊小帐：　　　寺庙殿堂中相对较小的歇山形式神龛（神龛的一种做法）。

三　　画

大木作：　　　　从事建筑柱、栿（梁）、枋、槫（桁、檩）、椽、望等木结构加工制作的专业工种。

大角梁：　　　　飞檐冲出檐角的出挑下面的梁（明清叫老角梁）。

小木作：　　　　从事建筑上斗栱、室内外门窗、装饰装修等木构造加工制作的专业

工种。

门限： 也叫"地栿版（板）"，明清是指门框下槛。

门额： 门框上槛。

门簪： 固定鸡栖木（明清叫连楹）的大头楔榫，大头在外呈六方或圆形，
是门口上的装配饰件。

门砧： 门轴下面的门枕木（可采用石质门砧）。

门管： 即门闩，也叫手闩、门插关。

门关： 即大门横杠。

门拐： 即支撑门的斜杠。

口襻： 檐口安挂水槽用的木条与装填壁板槽口两边的边条。

山子版（板）： 露篱顶子两侧山头出挑的小挂檐（小搏风板）。

飞魁： 檐口飞檐上横向串联椽头的木料（明清称谓大连檐）。

飞子： 檐口的二层檐椽，也叫飞椽（明清也叫飞头）。

飞昂： 唐宋对建筑斗栱中昂的总称，也叫挑斡昂、挣昂、矮昂（明清称为
昂翘斗栱，也叫象鼻子昂）。

飞檐： 檐槽出檐后，在上面的第二层飞子檐。

飞陛： 就是阁、塔的平坐（座），也叫阁道、鼓坐、墱道。

子荫： 斗栱纵向构件上榫卯卡口的槽口（明清称为刻袖或袖肩）。

子涩： 叠涩座座腰上下的弧圆混边，也叫芙蓉瓣（莲瓣）。

子角梁： 飞檐冲出檐角大角梁上面出挑的二层梁。

义手： 即平梁上对称支撑脊槫的人字架木，宋称"杈手"（后世称为义手，
亦有人称为叉手）。

叉子： 用于衙署门卫道路的路障栏杆，也叫"拒马叉子"。

下昂： 有象鼻子昂嘴向下斜杀昂头的总称，其中有批竹昂、琴面昂等形制做法。

下槭： 梭柱下部1/3收杀至柱根做法所在位置的叫法。

下屋： 楼阁层的下层屋。

下涩： 叠涩坐（帐座）倒数第二层龟脚之上的拔檐。

上屋： 楼阁层的上层屋。

上涩： 叠涩坐（帐座）倒数第四层车槽束腰之上的拔檐。

四　　画

云栱： 它不是斗栱铺作中的构件，而是钩阑寻杖下面蜀柱所对应的鹅项顶

斗，被称为"云栱"。

切几头：	就是木作中对于一些构件端头进行抹角处理的形制做法。
井亭子：	建在水井上方保护水源的亭子，有四柱、六柱、八柱，可采取攒尖顶、盝顶等多种形式。
井屋子：	井上比较简陋的四柱棚子，与井亭子功能相同。
井口木：	架在井口上的八角井口，起到保护水井、防止杂物坠井的作用。
井匿版（板）：	井口上的盖板。
井口榥：	帐龛上平棊顶子的四面边框。
木浮沤：	唐宋建筑宫门上门钉的叫法。
牙板：	胡梯两侧齿形踏步榜板。
牙缝：	就是企口缝的做法。
牙脚帐：	寺庙殿堂中档次相对比较简洁的神龛（神龛的一种做法）。
牙头板护缝：	装填门芯板条之间看面不小于 8 分（25mm）的企口压缝榥条被称为护缝，牙头板是装填门芯板条上下两头对应横向做成牙齿形的压板，上面称为牙头，下面称为牙脚。
乌头门：	唐宋时期的院落大门，后世演变成仪门和棂星门。
日月版：	也叫"日月云"，仪门和棂星门两侧柱子门楣上端象征日月的云纹雕刻装饰构件。
仓廒：	仓即是库房，廒是大房子，仓廒即为大的库房。
内槽：	唐宋把椽档称之为槽（也叫椽槽），把外檐的柱子称为檐柱，把外檐柱以内的柱子称为内柱，同样把内柱以内的椽槽称为内槽，而把与檐柱相邻的椽槽称为外槽。
分心：	就是对称。
分心槽：	建筑前后檐中间使用一排山柱，把屋架椽槽从中对称一分为二划分就叫分心槽，分心槽多见于门庑。
勾片造：	即芯板栏杆中的雕刻芯板栏杆做法。
勾头搭掌：	普拍枋对接时的榫卯做法。
月梁：	在宋、辽、金建筑中不管是什么位置的栿（梁），只要是露明造，都会做成像弯月一样起拱的形制，这种栿（梁）被统称为"月梁"。
计心造：	斗栱铺作出跳的每个里外层次都是栱子不增不减的实做。
斗口跳：	即栿（梁）头做成华栱头与栌斗相交，出一跳挑搭撩檐枋的做法。
斗（枓）槽板：	有两种说解： （1）斗栱铺作朵与朵之间装填的隔板，唐宋叫泥道板，也称为斗槽

板（明清叫坐斗板）。

（2）铺作中装在罗汉枋与素枋空档上的盖板（明清称之为盖斗板、切斗板）。

斗尖：	是指亭榭尖顶的做法，唐宋称谓"斗尖"（明清称为"攒尖"）。
斗子匮：	如同斗一样四面有花边的匮。
斗子蜀柱：	钩阑寻杖下云斗下面支撑斗的短柱。
斗八藻井：	使用斗栱的八方藻井。
牛脊榑：	用于橑檐枋里侧斗栱铺作中线上的"榑"。
车背：	攒尖亭榭转角位置大角梁、续角梁折角上压的三角木。
车槽：	帐座下面倒数第三层的退台束腰部分。
山子版（板）：	架在榻头木上的三角形厚木板，其上铺装屋面板形成两个防水坡面。
山华蕉叶：	佛道帐上面的如意花牙边（也叫僧帽牙子）。
水槽：	屋檐下木制的屋面排水沟。
马衔木：	用于拒马叉子、叉子两边的人字叉木。
天宫楼阁：	神龛、经橱顶子上象征天上宫阙的小型楼阁群（相当于模型）。
五脊殿：	一条正脊、四条岔脊的殿阁，明清称之为"庑殿"。
厅：	在宋代《营造法式》中显示为等级低于殿的建筑。
手栓：	大门上的小插管，通常大门上使用的"手栓"都是左右上下对插。
方井：	藻井最下面的方形边框。
心斗：	也叫"齐心斗"，用于斗栱泥道位置的"斗"。
心间：	建筑正中的房间，也叫"当心间"（明清称之为"明间"）。
心柱：	大木中墙体包裹的柱子叫"心柱"（明清称之为里包金、外包金）。 在小木作中槛框中间立使的短柱也被称为"心柱"（明清称之为间柱或槛柱）。
双补间：	补间中放二朵斗栱。
山板：	井亭子上露顶的屋面铺板或盖板。
从角椽：	转角位置的椽子（明清称为翼角椽）。
瓦垄条：	即藏橱、帐龛屋面木制的筒瓦用瓦口。
瓦口子：	即檐口的瓦口。
瓦头子：	是佛道帐屋檐上木制筒瓦的檐头瓦（猫头）。

五　画

平栿:	露明造建筑中最上面的栿（梁）。
平榑:	牛脊榑（檐檩）与脊榑（脊檩）之间各椽槽的榑（檩）都叫"平榑"，只是根据不同位置再加以位置名称。
平屋榑:	用于露顶井亭子上井口的脊榑。
平柱:	当心间左右的两根柱子。
平坐（座）:	木阁、木塔层与层之间的过渡层，在此层之中接驳上下的柱子，使用戗棍于此层内加固结构，确保上下结构整体贯通安全。
平盘斗:	用于角部转角华栱、昂头上的斗盘。
平棊:	唐宋建筑中大方格子如同棋盘一样的天花板顶棚（明清称为枝条天花）。
平闇:	唐宋建筑中棂条较小的小方格子天花板顶棚。
平闇板:	盖在平闇格子上的天花板。
平闇椽:	唐宋建筑中，用在副阶的一种如同椽望形式的天花顶做法。
出际:	在悬山与歇山建筑中，榑（檩）挑出山面的长度叫作"出际"，也叫"屋废"。
出头木:	平坐（座）斗栱铺作衬头枋出挑部分，出头上挂钉雁翅板。
外槽:	内柱以外紧挨檐柱的椽槽。
生起:	自当心间（明间）柱子起始，两端所有的柱子都按照等比例尺寸递增，逐渐加高。
生出:	指檐角的水平冲出，也叫出冲。
生头木:	建筑为了两端翘起形成弧度屋面，在两端榑上附加的三角木。
立旌:	也叫"搏柱"，隔截（隔断墙）框架芯中竖向分隔用的木框，其中镶填木板或竹编造（竹席），再用灰泥抹面，如同现代的板条抹灰隔断墙。
立颊:	榑柱（抱框）以内门两边竖立的门框。
立桥:	竖向使用遮掩门立缝的门栓。
立柣（zhi）:	断砌门下卡地栿板的边框，有木作或石作两种。
永定柱:	贴在檐柱后面承托其上缠柱造平坐（座）层铺作，且落地的柱子。
瓜子栱:	斗栱中横向构件（明清称为里、外拽瓜栱，也叫单材瓜栱）。
瓜楞柱:	也叫蒜瓣柱，一种多瓣形制拼攒成的柱子。

令栱：	斗栱中横向构件（明清称为厢栱）。
平坐：	阁、塔上下层之间带有平台与斗栱铺作层的加固过渡层。
札牵：	也被称为剳牵、草牵，是处于乳栿（梁）最上面一椽架的小暗梁。
由额：	处于阑枋之下的枋子。
由昂：	转角斗栱角上不使耍头，改成昂替代的构件。
汉殿：	也叫曹殿、九脊殿（明清称为歇山殿）。
四阿殿：	也叫屋脊殿、吴殿，（明清称为庑殿）。
四裴：	即"徘徊"之意，是四面的"围廊"。
卯：	即"榫"。
卯口：	即对应"卯（榫）"的孔洞。
白版（板）：	即顺使的屋面板。
外跳：	斗栱向外的出跳。
用材植：	是木材选配打截木料的做法规矩，要求先考虑选择截面大而长的料。

六　　画

地盘：	建筑首层的柱网布局平面。
地钉：	加固地基所打的防腐处理过的柏木桩子，或耐腐的硬木桩子。
地棚：	即建筑地面采用磉墩、地枋（龙骨）地板架空，地板下面可透气防潮。殿堂地板双层铺设，古人席地而坐，起到防潮湿作用（如今天日本榻榻米做法就是传自于此）。仓廒也做地棚，但是地板单层铺设，要比殿堂的做法简陋。
地栿：	柱根下面连接的枋子，隔截（隔断）最下面的枋子也叫地栿（下槛）。
地栿版（板）：	断砌门下面可摘卸的活门槛。
地面版（板）：	地棚上铺装的地板。
地霞：	用于芯板钩阑下面的花牙子。
华栱：	斗栱中纵向构件（明清称为翘）。
华头子：	斗栱中纵向构件，里侧槽内为华栱卷杀的卷头，檐外置于挑斡昂下做二花瓣斜杀。
华托柱：	寻杖栏杆中替代盆唇木，连做一通到底至地栿的楻柱。
交互斗：	斗栱构件中用于中心纵向轴线的斗（明清称为十八斗）。
压槽方：	压在补间铺作与柱头铺作斗栱正中的通长枋子。
压脊木：	用于露篱尖顶子上面的横木条。

压厦板：	小木作中铺作用的盖板。一词多用，有时（踢脚板）也被称之为"压厦"。
阳马：	也叫觚棱、厥角、角梁、梁抹，它是转角位置上梁的总称，其中包含了大角梁（老角梁）、子（仔）角梁、隐角梁（由戗）。
合角：	木构件转角的角对角做法。
合柱：	是瓜楞柱、蒜瓣柱、包镶柱等所有拼合柱的总称。
合楷：	用于蜀柱下面增强梁受力面的垫木，相当于上下反使的替木。
合板软门：	薄板拼装较小的门，常用于室内里外间上的门。
关头栿：	用于九脊殿丁栿之上，夹际柱上的栿（梁）（明清称为踩步金梁）。
伏兔：	门窗上面安在额上，与鸡栖木功能相同，与搏肘配套的构件（明清称之为单楄，或双楄）。
托柱：	坐凳下面支撑凳面的托。
夹际柱：	用于九脊殿丁栿之上，檐槽后端位置的短柱（明清建筑中踩步金位置的瓜柱）。
当心间：	即房屋建筑正中间的房间。
行廊：	独立的廊子（明清称为游廊）。
齐心斗：	斗栱横向中心泥道位置的斗（明清称为槽升子）。
交互斗：	华栱出跳与横向栱子相交位置的斗（明清称为十八斗）。
交栿斗：	栿（梁）头里侧挨着卷杀斜肩线下的斗。
安勘：	在木作制安装中进行校核榫卯、节点严紧的施工做法（明清称之为讨退，其意思就是对应的结合严紧密实）。
讹杀：	也叫卷杀，就是凸起的弧面。
寻杖：	栏杆最上面的扶手。
阶唇：	胡梯踏步的边沿。
阶龈：	胡梯踏步的挡板。
阶齿：	胡梯踏步两侧牙板。
欢门：	藏经橱、佛道帐、神龛等上部的吊挂挂落装饰，后面有时也会配挂一些帘子幕帐等。
竹网木贴：	殿阁檐下斗栱部位使用防雀竹编网子的木压条。
曲阑搏脊：	露顶建筑上的扶脊木，也相当于地栿，用于栏杆望柱生根用。
仰阳板：	佛道帐山花蕉叶下面的小陡板。
仰托榥：	佛道帐紧挨欢门上面的枋子。
曲椽：	角上的飞椽（明清叫翘飞）。

七　画

材：	《营造法式》中的"材"讲的不是材料，它是宋代建筑度量衡比例选择的尺度，所谓八等"材"即八个规定不同等级的比例尺度。
足材：	《营造法式》中的"材"把尺度规定成一个矩形截面，底宽（横向）分成 10 分°，长（竖向）分为 15 分°，叫作"单材"，在其上再加高 6 分°成为 21 分°，就叫作"足材"。
间广：	房间横向柱中至柱中的间距（明清称之为面宽）。
间缝：	间与间柱距的中心线被称为"缝"，大木梁架编号通常以缝为单位。
扶壁栱：	补间中的影子栱。
批竹昂：	昂头上面斜杀为平直的昂。
齐心斗：	斗栱构件中用于横向中心轴线的斗（明清称为槽升子）。
补间：	柱头斗栱每间的空档就叫做补间，补间中的铺作斗栱就叫作补间铺作。
乳栿：	与檐柱头铺作联在一起横跨二个椽架的栿（梁）（明清称为双步挑尖梁）。
余屋：	在唐宋建筑群中，通常把进深较小的附属房屋，且前后只用两根檐柱的建筑称之"余屋"（明清建筑中较小的耳房、厢房、连廊都属于"余屋"范畴）。
厦两头：	唐宋时期把两山的最末一间称之为厦间，由于建筑屋顶形制的变化，便有了厦两头与不厦两头的做法，悬山出际称为"不厦两头"，歇山建筑称为"厦两头"。
彻上明造：	内外槽都不使用平棊、平闇，所有栿（梁）都是露明的做法。
角梁：	见"阳马"词条。
肋：	乌头门门扇一侧上下出头做门轴或安装门楗门轴的边框料。
肘版（板）：	板门两边安门轴的边板。
鸡栖木：	安装在门上框装门轴用的构件（明清称之为连楹）。
拔梖：	用于门上下能够旋转的门管柚，功能相当于插销。
条楻：	也叫棂子，门窗中用于编排镂空装饰的横竖木条。
串：	在大木作中连接两柱的枋子叫串，小木作中有些中间拉接的楻子也叫串。
沥水版（板）：	也叫沥水牙子，挂在屋子板（屋面板）下边的滴水板条。

护缝：	压板缝的木条，可起到防风、防水渗漏的作用。
束腰：	重台钩阑中盆唇与地栿平行的栒。
花盆：	带有雕刻栱眼壁的别名。
花盘：	平棊方格内盖板上的圆盘雕刻。
两际：	建筑两侧的上面。
折槛：	意为断开的阑槛，房屋带槛的门连窗做法。
抢柱：	实为戗柱，乌头门前后两面斜着支撑的柱子。
连珠斗：	上昂斗栱中华栱头上，两个斗落在一起承托上昂的斗。
连梯（di）：	拒马叉子下面纵横相连的木框。
吴殿：	也叫"五脊殿"（明清称为庑殿）。
里跳：	斗栱向里的出跳。
佛道帐：	寺庙、道观中殿阁内规格等级较高的神龛。
身口板：	合板软门、板门肋板中间拼攒在一起的门板。
余屋：	殿堂、厅堂、楼阁以外的各类房屋的总称。
角栱：	转角铺作的斗栱。
角神：	转角铺作斗栱上的宝瓶。
角蝉：	藻井由四方抹角变八方时，所切的四个四方角叫做角蝉。
龟脚：	须弥座最下面四个角着地的托脚。
角脊：	藏橱、帐龛屋顶上面木制的岔脊。
龟头屋：	殿、堂等建筑前面正中加建的房屋（明清称之为抱厦）。
芙蓉瓣：	佛道帐叠涩坐（座）腰身上的花瓣。
坐腰：	叠涩坐（座）从上面向下第三层的回收束腰部分。
坐面涩：	叠涩坐（须弥座）最上层的出边压面。

八　　画

单材：	《营造法式》中"材"把的尺度规定成一个矩形截面，宽（横向）分成 10 分°，长（竖向）为 15 分°，叫作"单材"。
杪：	《营造法式》中"杪"就是斗栱中纵向华栱卷杀的栱头，也叫跳头，所谓几杪即出挑的几个卷杀栱头。
杪栱：	也叫华栱，其意为出跳的栱。
卷头：	《营造法式》中"卷头"是斗栱中纵向足材华栱出跳的栱头，顾名思义为"卷杀的栱头"。可指华栱头，亦可指其他栱头。

卷杀：	在斗栱中，华栱、泥道栱、瓜子栱的栱头分四份，慢栱的栱头分三份，形成不同数量的栱瓣，这种做法就叫作卷杀。另外，在大木构件制作圆弧时，按照规定的标准尺度分段做控制线，用此线做出的圆弧，称为"卷杀"。
泥道：	凡是处于中轴线需要空间分隔封闭的位置，都叫作"泥道"，例如隔截上的固定装填的芯板也叫作泥道板。
泥道栱：	横向与栌斗交合在一起的栱（明清叫正心瓜栱）。
泥道版（板）：	截间板帐中装填的芯板。
明栿：	处于平棊、平闇（天花）以下，采用月梁做法的露明栿（梁）。
驼峰：	驼峰有二种形制，一是卡在蜀柱脚上的角背，二是宽一材处于上下栿（梁）之间上置隐斗的梁垫。
衬方头：	斗栱中耍头上面的构件（也叫撑头木）。
侧脚：	即柱根外掰升。
侏儒柱：	也叫蜀柱、浮柱、上楹，就是短柱意思，在唐宋建筑中蜀柱通常置于平梁之上，也用于重檐檐槽之上。
表楬：	乌头门与棂星门的别称，也叫"阀阅"。
浮沤：	门钉，有木浮沤、铁浮沤、铜浮沤几种不同做法。
软门：	有牙头护缝软门、合板软门，凡是使用边框腰串装芯板、楻条的门都可称为软门。
版（板）帐：	室内隔截（分隔）空间，采用槫柱、心柱、横楻分成若干个装填芯板的隔断。
拒马叉子：	也叫"叉子"，是用横木把三角形交叉木串联起来，作为衙署门卫道路的路障栏杆。
单补间：	补间中只放一朵斗栱。
枓槽板：	用于藻井、藏橱、神龛中单面出跳的1/2斗栱做法时，开槽口的背板。
抹角：	90°直角45°弦切的角。
抹角栿：	90°直角45°弦切的角位置的栿（梁）。
抱赛：	固定榫卯防止拔榫的销子。
抱槫口：	即栿（梁）上开的檩椀。
卧关：	阑槛钩窗的横窗栓。
卧柣：	断砌门下面两边的短框。
卧楻：	横着使用的门窗棂条。
昂栓：	在上下两昂后尾缝隙间单加的棨料被称之为昂栓。

罗汉枋：铺作斗栱上面的枋子。

罗文楅：乌头门下障水板背面对角的斜戗桯。

罗文榥：佛道帐帐座内的斜支戗。

金口：立栿侧面插入地栿板的槽口。

金箱斗底槽：殿阁地盘柱网除了外围柱子，里围对应还有一层柱子的地盘形制。

股卯：也见写成“鼓卯”，即“榫卯”

单斗只替：榑下一斗一替木的做法。

宝瓶：转角斗栱上支托角梁的瓶式构件。

宝藏神：一种雕刻成仙人形式的宝瓶。

定平：确定地盘标高的叫法。

承棂串：门窗棂条上下分配分隔的桯子。

承拐楅：门上承拐的横楅（明清称之为通连楹）。

拢深：即前后的总长（明清称之为通进深）。

帐：木质的神龛。

帐带：佛道帐、藏经橱等欢门两侧垂下来的垂柱，相当于幔帐垂下来的带子穗。

帐坐：佛道帐下面的底座，有须弥座、叠涩座等形制。

明金板：叠涩坐（座）上面与猴面板一样镶嵌雕刻花纹不同的板。

转轮：是转轮藏的中轴与橱架木构造的总简称。

转轮藏：可转动的七层八面藏经橱。

抨墨：是木材构件下料放线时，考虑长短、粗细、薄厚搭配，以达到节约用料的要求。

九　画

栌斗：斗栱构件中最大的斗（明清称为坐斗）。

柱础：柱子下面的柱顶石。

柱头枋：处于斗栱正中泥道栱之上且把每朵斗栱串联在一起的横枋子。

柱门拐：门上开启用的转轴桯。

柱脚枋：缠柱造中支撑上层柱子的枋木。

柱梁作：柱子直接支撑梁、不使用斗栱的民居做法。

罗汉枋：处于斗栱里、外跳瓜子栱、慢栱之上，且把每朵斗栱串联在一起的横枋子。

阁道：	见"飞陛"词条。
草栿：	处于平棊、平闇（天花）以上不露明四棱见方不修饰的暗栿（梁）。
草牵：	见"札牵"词条。
浮柱：	也叫侏儒柱、蜀柱、上楹，就是不着地的短柱，在唐宋建筑中这种柱子通常生根在栿（梁）之上。
屋：	《营造法式》中视为等级较低的建筑。
屋废：	见"出际"词条。
栋：	即"檩"，在唐宋建筑中习惯称之为"槫"或"栋"。
榑：	也叫替木、复栋、复槫，通常用于每缝搭接槫头的下面。
复栋：	见"榑"词条。
点草架：	即是大木架侧样（剖面）的放大样，其中包含了铺作、梁、枋、椽架、举折等全部尺寸与做法。
阀阅：	见"表楬"词条。
栿：	多音字也念"栿"，如"地栿（栿）""卧栿（栿）"。
挟屋：	殿堂两侧的房子（明清称之为耳房）。
挟门柱：	院落中较矮小的乌头门两侧夹持稳固门扇栽入地下的方形柱子。
版引檐：	挂在屋檐上可向外接出用于遮阳防雨的棚板。
版栈：	铺在椽子上的木板（明清称之为望板）。
版壁：	使用木框架装填木板的挡墙或隔断。
屏风骨：	唐宋时期一种在上面糊布、糊纸作画的屏风的木龙骨。
垂脊木：	用于露篱两侧悬山上装饰性的垂脊条。
屋垂：	泛指屋檐。
屋子板：	露篱顶子上两面坡的面板。
垂鱼：	用于悬山、歇山搏风板正中的对应出际遮挡槫头的挂饰构件。
垂莲：	斗八藻井中心的下垂莲花雕刻装饰。垂莲雕刻装饰有时也用在垂柱头之上。
垂柱：	倒挂或悬在上面的柱子。
垂脊：	建筑两山相对平行向下的脊。
钩阑（勾栏）：	即栏杆，有寻杖钩阑（勾栏）、芯板钩阑（勾栏）等各式形制的栏杆。
胡梯：	室内外带有钩阑的木楼梯。
盆唇木：	栏杆中寻杖下面的构件，与"撮项"在寻杖栏杆中的作用相同。
枨杆：	斗尖亭子屋顶中心的悬空柱子（明清称之为雷公柱）。
草架：	平棊、平闇之上平直不做任何装饰栿（梁）构架。

草栿：	平棊、平闇之上平直不做任何装饰栿（梁）。
草牵：	平棊、平闇之上平直不做任何装饰的剳牵。
草襻：	平棊、平闇之上的拉接枋子。
挑斡：	补间铺作斗栱中昂向上的后身挑杆被称之为"挑斡"。
耍头：	斗栱出跳橑檐枋下面与令栱相交的构件。
背板：	平棊、平闇背后使用的通长板。
贴：	平棊、平闇背板下面框桯四周防止背板篡位的小木条。
贴生：	用于井亭子之上装饰的包镶木贴板。
虹梁：	意指如同彩虹弓起的栿（梁）。
重台：	意指楼阁中的平坐（座）层，如重台钩阑，即楼阁上的栏杆。
重檐：	即殿阁的双层檐。
重栱：	意指斗栱铺作中位线上的泥道栱和慢栱，其中也包含里外每层出跳在一条垂线上的的瓜子栱与慢栱。
促板：	胡梯踏步之间的垂直踢脚板。
阑头栿：	九脊殿丁栿之上的承托两山檐槽椽子的栿（梁）（明清称之为踩步金梁）。
绞割：	木件制作安装过程中，针对节点榫卯加工的全过程。
举折：	屋面利用调整槫的高低尺度，使坡屋面上下形成弧形坡面的规定做法（匠人称之为"摔囊"，明清称之为"举架"）。
拽后棍：	靠墙的帐龛、藏橱与墙壁拉拽的木桯子。
贴络：	在小木作中装饰性构件镶贴做法的习惯叫法，即平棊、分隔框内贴的雕刻花纹。

十　　画

栔：	《营造法式》中的"栔"是在材的基础上，划分出来的一种计算尺度，"栔"的尺度也规定成一个矩形截面，长（竖向）为 6 分°、宽（横向）为 4 分°。
栱：	在整朵斗栱中，凡是栱头做卷杀的构件都叫栱。根据不同位置不同层次栱有着不同的尺寸和名称。如纵向称华栱，横向正中泥道栱，里外跳有瓜子栱、慢栱、令栱等。
栱瓣：	在斗栱中不同位置的栱头做卷杀，其卷杀的分份数量也不同，通常是华栱、泥道栱、瓜子栱分四份，慢栱分三份，令栱分五份，按份

做出的卷杀小面就叫做"栱瓣"。

栱眼：	补间铺作中，每朵斗栱之间的空档称之为"栱眼"。
鸳鸯交手：	转角斗栱处于内外跳搭交的栱子连瓣做法叫"鸳鸯交手"。
素枋：	处于斗栱里、外跳令栱之上，且把每朵斗栱串联在一起的横枋子。
素平：	木作中没有任何装饰要求的构件。
栿：	也叫梁，根据栿横跨几个椽架（档），被称为几椽栿。
铁锏：	门上安装的铁门轴，对应的是铁鹅台。
铁钏：	大门肘轴上安装的铁箍，对应的是鸡栖木上安装的铁套筒。
铁鞾臼：	在门砧的肘窝中安装的耐磨的铁椀。
楬：	见"条楬"词条。
难子：	装填芯屉、芯板时用的八字角压边木条。
透栓：	板门中的暗穿带。
绰楔：	门外侧可摘卸的活门槛。
隔截：	区域空间的分隔被称为"隔截"。
造：	在《营造法式》中"造"就是"做法"的意思。
堂：	建筑室内中间向周边对称辐射较大空间的总称。
格子门：	宋代建筑中把使用横竖楬条编花形制的隔扇称之为格子门。
格子窗：	宋代建筑中把使用横竖楬条编花形制的槛窗称之为格子窗。
纴木：	夯土墙内木骨架中的横木。
纴柱：	夯土墙内木骨架中的立木。
起突卷叶华：	木雕的技法，也叫剔地突起华，要求雕刻层次分明，枝条穿枝过梗相压有序，花叶卷翻逼真，类似于后世的落地雕刻和镂空双面对称雕刻。
剔地洼叶华：	木雕的技法，不要求穿枝过梗，类似于版画和后世的落地雕刻。
透突：	木雕的技法，后世称之为透雕。
破仔楬：	唐宋时期室外漏窗的一种立楬形制做法，以四方木条对角破开，形成45°弦的三角形楬条的窗楬。
柴栈：	屋面板上的防滑木条。
狼牙板：	檐口宽瓦用的瓦口。
虚柱：	悬在半空的垂柱，也叫垂头柱子。
细面板：	帐龛平棊顶子上的盖板。
壶门背板：	帐龛中神像后面的罩板。
壶门牙头：	帐龛中神像后面的罩板上的花牙边。

十一画

桯：	小木作中构成主体结构构造的边框、棂条、帽头等，也用常于木框中分隔拉结的横、竖构件。
棂子：	小木作格子门窗芯屉中的窗棂。
棂星门：	与乌头门类似，且形制等级高于乌头门的祭祀形制门。
偷心造：	斗栱铺作里外层出跳的令栱、慢栱不全做，根据所减层次数量，做偷几跳。只要是里外层减了瓜子栱、慢栱的铺作方式就叫作"偷心造"。
剳牵：	见"札牵"词条。
副阶：	唐宋建筑中的房廊被称为副阶（明清建筑中称为前廊后厦）。
隐斗：	安置在驼峰的斗，与栿（梁）头卡在一起。
隐角梁：	转角位置与大角梁、子角梁后尾交接向上延续的梁（明清称为由戗）。
梭柱：	宋代建筑中檐柱的一种做法，柱子上下 1/3 段都要做收杀，柱头做卷杀，柱子形状如同梭子。
峻（竣）脚椽：	即补间斗栱之间，中心素枋向外出跳至橑檐槫之间，遮挡椽望用的装饰椽，简称"峻脚"。
梁抹：	见"阳马"词条。
曹殿：	见"汉殿"词条。
敦桥：	木墩、垫木。
厢壁板：	水槽长向两侧的槽板。
盘造：	胡梯分成几跑就叫几"盘造"。
绰幕：	唐宋时期殿堂内悬挂的幕帐。
绰幕枋：	也叫顺栿串、顺槫串，唐宋时期殿堂内悬挂幕帐用的枋子。

十二画

铺作：	建筑上安装斗栱的做法就叫铺作，根据斗栱大小等级和层次多少的区分铺栱，被划分成若干个不同的铺作形制，例如：四铺作、五铺作、六铺作、七铺作、八铺作等。
铺板枋：	也叫"地面方"，铺钉地板的枋子。
插昂：	也叫挣昂、矮昂或插头昂，插昂只是四铺作以下才会使用。
普拍枋：	处于阑额与柱头之上的扁枋，其上置斗栱的栌斗。

雁翅版（板）：	平坐（座）层位置的挂檐板。
楹：	在《营造法式》中"楹"就是柱子，"柱，其名有二：一曰楹，二曰柱。"在明清建筑中"楹"则是门上下安装门轴的构件。
梁：	在《营造法式》中是"栿"的总称，根据建筑构造的明、暗的位置，栿（梁）有草栿与月梁栿两种不同做法。
骑槽：	"槽"即是椽槽（椽档），所谓骑槽就是架在两个椽槽之间的做法。
觚棱：	见"阳马"词条。
搏风版（板）：	也称为荣，简称搏风，用于九脊殿厦两头和出际屋两山头的挂檐板（明清称为博缝板）。
替木：	见"栌"词条。
雁脚钉：	是铺装椽子后尾不绞掌，与上面的椽子错位搭头的做法。
鹅台：	门上安装门肘的铁筒子（铁曲屈）。
惹草：	用于悬山、歇山搏风板上对应出际遮挡槫头的挂饰构件。
混棱：	做完的大木构件必须把棱角用刨子倒棱裹成圆棱。
散斗：	斗栱出跳横向栱子两端用的斗（明清称为三才升）。
厦头：	厦两头做法的坡面檐头。
厦两头：	其意为厦间两个山头的做法，歇山建筑的两山做法。
厦瓦板：	用于藏橱、帐龛上，木制如同搓板一样的底瓦板。
阑额：	柱与柱之间与柱头在一个平面连接柱头的大枋子（明清称之为额枋）。
阑槛：	窗子下面的窗槛。
阑槛钩窗：	用于阁楼一层以上，临街带坐槛栏杆的槛窗。
鹅项：	美人靠的靠背腿子，形同鹅的颈部。
鹅台：	室内门下用来承门轴比较硬的木构件，与门砧作用相同。
棵笼子：	庭园露天通透形同笼子的围栏。
楷头：	绰木枋的出头部分，作用与替木相同。
楷子：	与绰幕枋的出头形制相同做法的替木。
颊：	意为两侧或两腮。
栿：	蜀柱、童柱下面的垫木。
辋：	转轮藏里面转轴上的支撑架与灯笼框架构造犹如轮辋的做法。
棚栿：	即地棚梁，或楼板梁，其间铺设地面枋或楼面枋，上面铺设地面板或楼面板。
棚架：	即杉篙架木搭设的施工大棚。
雁翅板：	平坐（座）层周边的挂落的檐板。

雁脚钉：	平棊上面椽子错位搭头的做法。
葱台钉：	固定椽子的方形铁钉。
搭掌：	犹如上下搭掌的榫卯做法，被称为搭掌。
搭头木：	永定柱头上的阑额，其意是平坐（座）上柱根缠柱造的垫木。
隔截：	室内空间分隔的隔断。
隔斗板：	帐、藏等柱子阑额下面欢门上的装饰板。
隔截横钤立旌：	用横钤立旌做骨架的室内隔断。
隔减窗坐造：	有坎墙的窗子做法。
隔口包耳：	华栱与交互斗相交位置的斗耳刻口 。
混肚枋：	佛道帐顶子山花蕉叶下面压边的半混小枋子。
就余材：	在木材配料和加工过程中，对于边角料和下脚料也要尽其所用、不可浪费的做法要求。

十三画

跳：	《营造法式》中"跳"是指斗栱纵向里外出挑的层次（明清称为里拽、外拽）。
跳头：	华栱的出跳头。
跳椽：	襻拽挂搭版引檐或水槽子的椽子。
鼓坐：	见"飞陛"词条。
厥角：	见"阳马"词条。
蜀柱：	见"侏儒柱"词条。
搏肘：	也叫"门肘"，用于薄板门、格子门、格子窗开启的转轴大棍杆。
障水版（板）：	小木作中门扇下面装填的门芯板。
障日版（板）：	外檐门窗、门扇上面横披装填的芯板。
照壁：	也被称之为屏风。
照壁板：	固定在殿堂当心间的板壁式的屏风。
照壁屏风骨：	安装于殿堂当心间后面两内柱之间屏风的木龙骨。
睒电窗：	唐宋时期窗棂形制独特做法的窗子。
错口缝：	就是板缝之间做裁口。
毡头板：	水槽的端头封堵的板。
裹栿板：	用于栿（梁）两侧包镶下面装底板的雕刻装饰用板。
蒜瓣柱：	见"瓜楞柱"词条。

搕锁柱：	也叫搕鑛柱，门两侧架门关的的半柱。
辐：	转轮藏轴与框橱之间如同车条一样的条桯。
暗柱：	用于墙壁内不露明的柱子。
腰串：	格子门中间的分隔横桯、窗上的腰桯（明清称之为腰抹头）。
腰华板：	也叫腰花板，门腰抹头中间装填的芯板（明清称之为绦环板）。
锯作：	拉大锯专门锯解原木，加工成板枋材的专业工种。
叠涩坐：	也叫须弥坐（座），在小木作中通常用于龛帐、藏橱等底坐（座）。
缝：	建筑中纵向柱子轴线的位置。
缠柱造：	柱子上开卯口，斗栱不使栌斗（大斗）。直接插在柱身之上，斗栱铺作如同缠在柱子上的做法。
缠腰：	围绕在正房外层加建一层的房檐。
猴面板：	叠涩坐（座）上面如同猴子脸一样的如意镶嵌雕刻花纹板。

十四画

慢栱：	斗栱中横向构件（明清处于坐斗正中的叫正心万栱，处于里外拽的称为里、外拽万栱，也叫单材万栱）。
遮椽版（板）：	斗栱里外跳上的盖板在（明清叫盖斗板）。
遮羞版（板）：	封堵地棚四周外露部分的护板。
槛面版（板）：	也叫窗台板（明清称之为窗榻板）。
槟：	就是椽，也叫橑。
额：	明清小木作中叫"上槛"，唐宋称之为"额"。
楄锁柱：	安装在门立颊上穿挂门栓的构件。
截间：	室内间与间之间的分隔被称为截间。
截间格子：	殿、堂内间与间分隔的隔扇式隔断（明清称之为碧纱橱）。
截间板帐：	用木板做的室内隔断。
榻头木：	用于露篱横钤之上，架山子板的通长大横桯。
遮羞板：	用于仓廒、库房地棚的地板与砖地面的结合部位，且与门道结合部位的横向沿边版。
槛面板：	槛窗下面的窗榻板。
摔囊：	见"举折"词条。
楎：	即木作中的木枋（桳子），横使为横楎，竖使为立楎。
槏柱：	截间板帐框架中间立使的木枋子。

算程枋： 斗栱铺做里挑令栱上的枋子，也是承托平棊的边枋。

蝉肚绰幕： 雕刻成蝉肚式样的绰幕枋出头做法。

裹栿板： 包镶在明栿两侧和底面的雕刻花板。

裹里槽坐： 佛道帐上面安装天宫楼阁的底座平台。

牌： 殿、堂、楼、阁上的斗子匾，唐宋对于匾额的叫法。

牌面： 匾额刻字用的面板。

牌首： 匾额上端的花边板。

牌舌： 匾额下端的花边板。

牌带： 匾额两侧的花边板。

十五画

槽： 椽档称之为槽，也叫椽槽。

墨： 即木匠做活时用墨斗弹在构件上的中线和有用的墨线。

槫： 也叫檩、栋。

槫柱： 也叫槫颊（明清称之为抱框）。

槫栿版（板）： 建筑两山椽架槫栿之间三角空档的封护板，明清建筑中被称为象眼板，其外山出际悬挂搏风板。

影子栱： 在补间铺作中轴线上只做一趟横向的斗栱（明清称为一斗三升）。

墱道： 见“飞陛”词条。

踏版（板）： 胡梯上的踏步面板。

踏道： 胡梯的每层阶梯，多层的台阶也被称为踏道。

簇角梁： 五脊殿中大角梁后尾每槽向上延伸的梁（明清称之为由戗）。

横钤： 隔截上下分隔时横着使用的木框，明清称为槛框中横使的上槛、腰槛。

撮项： 寻杖栏杆云栱下面的短柱。

撮尖： 也叫斗尖（明清称之为攒尖）。

增出： 即出际。

十六画

橑： 见“榱”词条。

橑檐枋： 令栱之上承托檐椽的枋子，也是处于前后檐紧贴檐椽下最外面的枋子（明清称为挑檐枋）。

橑风槫：	承托檐椽的槫，与橑檐枋的位置相同。
颐：	在唐宋建筑中把凹弧的做法都称之为颐，如明栿造月梁之制要分瓣做颐、斗栱的斗底要做颐。
擗帘杆：	挑搭门窗帘子的杆子。
雕作：	雕刻工匠的专业总称谓。
雕混作：	雕刻工匠的专业中人物、鸟兽、植物镂空立体三维雕刻的称谓。
雕插写生华：	一般是在栱眼位置的背板上雕刻花朵或花草，属于浅雕刻或线雕刻。
缴背：	构件上层叠加的一层附件。
缴贴：	在构件上增加的附着物。
壁帐：	靠墙而立的神龛佛龛。
壁藏：	靠墙而立的经橱。

十七画

檐：	在《营造法式》中所指的就是屋檐，也叫屋宇、屋楣，简称宇、楣、垂等。
檐栿：	凡是处在檐头的栿（梁），不管是明栿、暗栿或是几椽架的栿，都可称之为檐栿，或称几椽檐栿。
檐版（板）：	版引檐所用的棚板。
檐额：	也被称之为阑额，间与间柱头上的拉结大枋子。
爵头：	斗栱上的构件，《营造法式》中讲："其名有四：一曰爵头，二曰耍头，三曰胡孙头，……"（明清叫耍头，也叫蚂蚱头）。
藏：	寺庙中收藏经书的木橱。
螳螂头：	用于阑额、槫头的榫。
簇角梁：	五脊殿中大角梁后尾每槽向上延伸形成折线的角梁，斗尖亭榭大角梁后尾形成折线的角梁，也叫隐角梁（明清称之为由戗）。

十八画

藕批榫：	梁、枋榫头左右拍掌对头插入柱身卯口中，且使用穿掌销子的拍掌榫做法名称。
鹰架：	上面挂大绳的高大的起重吊装架子，形象比喻上面能落老鹰。

覆盆： 柱础的名称，形象如同倒扣的铜盆。

镯（铤）脚版（板）： 与腰华板一样，装填在门的最下面（明清称之为踢脚板）。

十九画

藻井： 在平棊、平闇中凹起带有装饰的穹顶。

瓣： 在构件卷杀做法中分出的每"份"就叫作"瓣"。

鞾（靴）楔： 一头大一头尖的薄片木楔子。

鞾（靴）臼： 门轴上的铁件。

二十一画

露篱： 室外园中分隔区域的木框（填竹编芯）篱笆墙。

二十四画

襻间： 间与间各缝梁架驼峰隐斗栿下面水平相连的枋子。

后 记 一

历尽千百年沧桑，如今我国已经进入了高速发展的现代化社会，在今天的现代化城市规划建设中，传统建筑文化保护与传承问题尤显突出，特别是文物建筑的保护与修缮。我们在文物建筑修缮过程中虽然强调了各种保护措施，强调了修缮的基本原则，以及从材质使用到工艺做法的不同要求，但是对其传统施工工艺技术的传承不够重视，忽视了千百年来工匠技术师承传授这个非物质文化遗产的课题。在生产力飞速发展的今天，传统工匠技艺传承延续的模式已经不再适应现代社会的发展，导致了处在濒于失传的窘境。今天的年轻人已不再愿意进行体力劳动强度高、又脏又累的匠作技术学习，尤其是传统建筑中瓦匠、木匠这种手工艺匠作技术更是无人学习。老一辈的高超技术工匠、手艺人几乎都已逝去，活着的也都是六十岁以上的高龄退休人员。如今在古建行业基层的施工操作中，使用的基本是农民工，这些农民工平均年龄四十岁以上。农村的年轻人同样也不再学习瓦、木工匠这种手工艺技术，而且在建筑一线施工的农民工，大部分是未经过传统建筑专业工种技术等级的系统培训。拿把斧头就是木匠、拿把瓦刀就是瓦匠，这类滥竽充数的工人占绝大部分。在这种行业用工现状下，由于传统技艺、规矩、做法传承的缺失，很多文物老建筑经过所谓的修缮，导致其原有文物历史信息严重损失。如今的设计人员也是鱼龙混杂，在文物建筑修缮设计中，缺少对于历史各阶段古建筑构造技术的了解，使所做出的设计不伦不类，设计深度肤浅达不到设计行业标准，设计文件漏洞百出，不能指导施工。古建设计与新建设计不同，设计交底没有理由要求施工企业为之深化设计，而设计人员自己又不懂传统营造工艺做法，做不出节点榫卯详图，为了推卸责任，反而要求施工人员要按照传统规矩制作。规矩是什么，恐怕连设计人员自己都不知道。在一些建筑遗址复建与仿古设计中，他们的设计同样也是不伦不类。在这种现状下，我们如何做好文物建筑的修缮与保护，做好非物质文化遗产——中国传统建筑营造技艺的传承工作，已经成为当今亟待解决的重要课题。

现在，行业中的很多有识之士看到了这个问题，提出了文物建筑保护修缮的创新思路，利用现代科学技术的优势和手段，对于文物建筑本体有针对性地进行维护以及保护性抢险加固，满足了文物建筑现状结构的安全，以最小干预为原则，尽量保持文物建筑原状。由于中国古代建筑结构主体主要是天然有机的木材，在多年使用过程中其结构受力会逐渐退化，在自然环境中受到风雨等气候变化的影响也会糟朽，出现炭化降解，这就必须进行保护性大修。当文物建筑大修时，其基本的原则就是使用原材料、原工艺、原做法：使用原材料（包括建筑上保留的原始材料），就是要求用于更换的材料与原始建筑上构件的材质相同；原工艺、原做法，就是要求修复与复制构件的操作施工工艺标准及建筑构件的各个节点、榫卯规矩做法，都要与原文物建筑相同。文物建筑之所以能够历经千百年至今，主要还是与历代的修缮分不开的，基于中国古代建筑木结构的天然有机材质特性，历代的修缮措施基本是对于糟朽、破损材料进行更换，通过更换该构件来保证结构安全稳定，这样才使得古建筑保留至今。同样，历代的修缮也都是古代工匠们匠作技术传承的结晶，千百年的建筑除了外在的表现，那些细部节点的做法，榫卯交接的特点，也是从古至今古建筑结构安全的重要保障，同时也是体现当时历史阶段工匠匠作技术水平的重要环节，更是古代建筑结构构造中的精华，其中蕴含着那个时代的文化背景与古代工匠技术发展的结晶。

中国古代建筑史，是一部古代工匠匠作传承的发展史，工匠技艺传承是靠着口传心授的师承，以及弟子学徒心领神会操作技艺的潜移默化。有道是"师傅领进门，学徒在个人"，师傅讲解传授是一方面，徒弟通过实践操作领会是另一方面，祖祖辈辈相传，千百年来匠作技艺积累不衰。今天，老的工匠匠作技艺传承方式，已经不能适应现代社会生产力结构的发展变化，作为非物质文化遗产的工匠匠作技艺，其传承方式也要适应时代发展，与时俱进。传统的工匠传承方式体现在两方面：一是知识面的应知应会，二是劳作动手做活的实操水平。应知应会方面，如今可以通过学校教育就可达到目的，只是当前学校教育中对于匠作应知的知识还不能够满足教学的需求，在古建筑专业教学中，建筑史学讲的较多，文物保护法律法规讲解较多，详细讲解关于古建筑结构构造的课程较少（其中恰恰又缺少了相关构造节点榫卯做法的详解），学生的古建筑制图实习课程较少，缺少了木结构古建筑的结构力学及材料力学的讲解，学生毕业前缺少在古建行业实践实习的过程。如果学校补足以上教学的短板，也就充实了古建匠作传承方式中应知应会这个方面的教学内容。当学生毕业入行就业，就不再会产生那种如同绘画与文字游戏般的设计了，而是如设计机加工构件图一般，平、立、剖、大样图、榫卯节点详图、材料做法、设计做法等说明一应俱全。至于施工操作，工人则可依照设计文件，照图施工，再也不应该是设计人员只会"绘画"，其后转嫁给施工企业进行深化的不负责任设计。施工企业中那些技术管理人员经过学校的专业学习，同样再也不会听任民工任意操作而不知所措，施工一线的民工通过照图施工操作得到反哺，反而学到应知应会的知识，在生产力高度发达的今天，这就成为了一种促进工匠匠作技艺得以继续传承与发展的有效方法。

北京城建亚泰建设集团有限公司是资信等级 AAA 级的国家大型建筑企业，拥有市政公用、建筑装饰、古建、文物保护、钢结构、建筑机电安装等 6 个国家一级资质，还拥有建筑工程设计甲级资质。多年来致力于北京市的城市建设与发展工作，承揽多项国家重点基本建设项目，并参与"一带一路"工程建设项目。该公司具有承担工业与民用建筑、装修装饰、市政、古建园林、文物建筑修缮、钢结构、高速公路与桥梁、水电设备安装等设计与施工能力，还具有房地产开发及商品混凝土生产能力。该公司古建专业技术实力雄厚，拥有配套设施完备的古代建筑培训实习基地，具有配合大专院校组织学生进行古建筑修缮实操、实践培训的能力。在《中国唐宋建筑木作营造诠释》编著过程中，北京城建亚泰建设集团有限公司从人力、物力上都给予了大力的支持，在此我们表示衷心的感谢！

同时衷心感谢河南省文物建筑保护研究院的张高岭副研究员和浙江大学建筑设计研究院文化遗产所的刘国胜高级工程师为本书文前相关宋代建筑照片提供的无私支持及科学出版社的吴书雷副编审对本书不辞辛苦的审校！

由于唐、宋、辽、金历史时期跨越时间较长，我们在研读《营造法式》《营造法式注释》时，以及本书编写过程中，对于我国唐宋时期建筑木作做法的理解和释译上难免有疏误、不足与遗漏，在此敬请业内同行专家不吝指教。

李永革　郑晓阳

2021 年 5 月

后 记 二

　　永乐四年（1406年）明成祖朱棣迁都御敕建造北京皇宫，在全国各地征募了大约30万工匠及民工为役作，当时招募的工匠中有四位出名的工匠掌作：即苏州香山帮匠人蒯祥、阮安与河北的匠人梁九、马天禄。在紫禁城建成以后，明成祖朱棣很是高兴，便对四人加以封赏，其中蒯祥被任命为工部营缮司营缮所丞，被授予"营缮匠"。阮安、梁九二人进入工部当了造匠长班。而马天禄不愿为官，只想干自己的老本行，兴办木厂子继续为皇家兴建宫殿、园林、宗庙、陵寝，从此便有了皇家御用的兴隆木厂子。清末北京木厂子有"八大柜：兴隆、广丰、宾兴、德利、东天河、西天河、聚源、德祥"和"四小柜：艺和、祥和、东升、盛祥"，都以兴隆为首柜，直至民国兴隆木厂子更名为恒茂木厂子。兴隆木厂子的工匠传承也伴随着北京紫禁城营建的历史，经历了600余年延续至今。民国时期北京古建行木厂子中有五位非常知名的木作掌作师傅：杜伯堂、陆建堂、马进考、张兰亭、杨文启，其中杜伯堂、陆建堂、马进考（本家）三位师傅都是兴隆柜上的第十三代传人，他们的徒弟、兴隆柜上的第十四代传人，一位叫张中和、一位叫戴季秋，这师兄弟二人在古建行业中也都是很出名的木作大师，在这当中也包括了兴隆本家，被尊称为少掌柜的马旭初先生。

　　我的师傅李永革和师叔郑晓阳都是兴隆木厂子木作的第十五代传人。我有幸拜师于师傅门下，向师傅与师叔求教实感荣幸之至。每次在工作中遇到技术难题和古建修缮的"疑难杂症"，我都会向师傅、师叔请教，而两位老人家不管多忙都会悉心解答、出谋划策。同时，他们还会不厌其烦地给我详细讲解做法的来龙去脉，并且从传统建筑形制与结构构造变化等多个角度引导我加以分析，来提出自己的见解和观点，使我总有一种抛出一滴水而得到整片大海的感觉。

　　两位师傅还经常和我讲他们在学徒时发生的故事和师门长辈那些传承的记事，以及行里的传说和逸闻趣事等那些辈辈相传的往事，也许这就是古建筑文化的传承吧。2018年师傅和师叔出版了《中国明清建筑木作营造诠释》著作，如今两位师傅又撰写出了《中国唐宋建筑木作营造诠释》一书。我的师傅是国家级官式古建筑非物质文化遗产传承人，师叔也是北京传统建筑非物质文化遗产传承人，他们通过对于（宋）《营造法式》、（清）《工部工程做法》等古籍、图典的研究，通读梁思成、刘敦桢文集，以及陈明达、傅熹年等前辈的著作，结合自身在文物建筑保护修缮一线多年的实践经验，从工匠匠作传承角度出发，把自己在古建行业中从业40多年的工作技术经验加以总结，编著出了上述两部通俗易懂且实用的工具教科书。

在这里我想起拜师时，师傅在赠书上写的一句勉励我的话："携手同心做好传统建筑的保护工作"，其实这句话正是我的师傅与师叔他们自身的写照，也是他们 40 多年来对于文物建筑工作传承与热爱的最好体现。在此我有幸先读了新书《中国唐宋建筑木作营造诠释》的完稿，衷心地为师傅与师叔点赞，并祝愿此书能够早日出版发行，惠及我等弟子学习。

赵 坤

2021 年 5 月